环境工程实用技术丛书

固体废物处理处置及资源化技术

GUTI FEIWU CHULI CHUZHI JI ZIYUANHUA JISHU

刘意立 韩融 主编

化学工业出版社
·北京·

内容简介

本书以问答形式，深入浅出地介绍了固体废物处理处置领域的基础知识、关键技术、实际操作及最新进展，确保信息的易读性和实用性。全书从基本知识出发，探讨了固体废物的定义、分类、环境影响以及国内外处理现状，详细阐述了固体废物的管理、收集、预处理、处理、处置和资源化利用的各个环节，力求覆盖固体废物处理处置及资源化的全貌。

本书资料翔实、实用性强，可供基层企事业单位的环保技术人员、管理人员阅读，也适合高等院校环境相关专业师生、环保爱好者和宣传工作者参考。

图书在版编目（CIP）数据

固体废物处理处置及资源化技术 / 刘意立，韩融主编. -- 北京 : 化学工业出版社，2024. 8. --（环境工程实用技术丛书）. -- ISBN 978-7-122-45883-4

Ⅰ. X705

中国国家版本馆 CIP 数据核字第 2024GZ1689 号

责任编辑：左晨燕　　装帧设计：史利平
责任校对：李露洁

出版发行：化学工业出版社（北京市东城区青年湖南街 13 号　邮政编码 100011）
印　　装：北京建宏印刷有限公司
787mm×1092mm　1/16　印张 16¼　字数 366 千字　　2025 年 3 月北京第 1 版第 1 次印刷

购书咨询：010-64518888　　售后服务：010-64518899
网　　址：http://www.cip.com.cn
凡购买本书，如有缺损质量问题，本社销售中心负责调换。

定　　价：138.00 元

前言

随着经济的发展，固体废物产生量逐年攀升，对环境质量和人类健康构成了严重威胁。固体废物的有效处理和处置不仅关乎环境保护，也是实现国家可持续发展战略、“双碳”战略及“无废城市”建设的关键。《固体废物处理处置及资源化技术》一书正是在此背景下应运而生，旨在为固体废物管理提供一本全面、实用的技术指南。

本书以问答形式构建，深入浅出地介绍了固体废物处理处置领域的基础知识、关键技术、实际操作及最新进展，确保信息的易读性和实用性。我们从基本知识出发，探讨固体废物的定义、分类、环境影响以及国内外处理现状，随后详细阐述了固体废物的管理、收集、预处理、处理、处置和资源化利用的各个环节，力求覆盖固体废物处理处置及资源化的全貌。

本书编写过程中，我们广泛参考了国内外权威文献资料，力求内容的科学性和权威性，同时也注重理论与实践的融合。我们希望，无论是从事固体废物处理及资源化的专业技术人员、管理人员，还是环保领域的学生和研究者，甚至是关注环保的公众，都能从中找到所需的信息，共同推动固体废物处理处置及资源化技术的进步与环境的可持续发展。

由于编者水平有限，书中难免存在不足之处，恳请同行和读者批评指正。让我们携手，以本书为媒介，开启一场关于固体废物处理处置及资源化的探索之旅，共同努力，为社会主义生态文明建设添砖加瓦。

编者

2024.6

目　录

一、基本知识　1

二、固体废物管理　10

基本知识

1 什么是固体废物?

根据《中华人民共和国固体废物污染环境防治法》（以下简称《固废法》），固体废物是指在生产、生活和其他活动中产生的丧失原有利用价值或者虽未丧失利用价值但被抛弃或者放弃的固态、半固态和置于容器中的气态的物品、物质，以及法律、行政法规规定纳入固体废物管理的物品、物质。经无害化加工处理，并且符合强制性国家产品质量标准，不会危害公众健康和生态安全，或者根据固体废物鉴别标准和鉴别程序认定为不属于固体废物的除外。

不能排入水体的液态废物和不能排入大气的置于容器中的气态物质，由于多具有较大的危害性，一般也归入固体废物管理体系。

2 固体废物主要可分为哪几类?

根据不同的方法，固体废物的分类也有所不同。按照来源，大体可以分为生产废物和生活废物等；按照组成成分，可以分为有机废物和无机废物等；按照形态，可以分为固态、半固态、液（气）态等；按照污染特性，可以分为一般废物和危险废物等。

按照《固废法》中的相关规定，通常将固体废物分为以下六大类。

① 工业固体废物　指在工业生产活动中产生的固体废物。包括生产和加工过程及流通中所产生的废渣、粉尘、污泥、废屑等。有些著作将矿业固体废物从工业固体废物中单独列出分成一类，但《固废法》中仍将矿业固体废物归入工业固体废物中。

② 生活垃圾　指日常生活中或者为城市日常生活提供服务的活动中所产生的固体废物，以及法律、行政法规视作城市生活垃圾的固体废物。

③ 建筑垃圾　指建设单位、施工单位新建、改建、扩建和拆除各类建筑物、构筑物、管网等，以及居民装饰装修房屋过程中产生的弃土、弃料和其他固体废物。

④ 农业固体废物　指农业生产建设过程中产生的固体废物。主要来自植物种植业、动物养殖业及农用塑料残膜等。

⑤ 危险废物　指列入国家危险废物名录或者根据国家规定的危险废物鉴别标准和鉴别方法认定的具有危险特性的固体废物。简单来讲，就是含有高度持久性元素、化学品或

化合物的废物，且该废物对人体健康和环境具有即时的和潜在的危害。

⑥ 其他　列入《固废法》管理的其他废物。如废弃电子产品、废弃机动车船、废旧铅蓄电池/车用动力电池、城镇污水处理厂污泥等。

3 固体废物的属性特点有哪些?

固体废物的属性特点如下。

① 资源与废物的相对性　固体废物作为无使用价值而被人们丢弃的物品，并非绝对的没有价值，而是对应一定的科学技术条件下对于相对的过程和特定的人而言的。

② 富集终态和污染源头　固体废物往往是许多污染成分的终极状态（如烟气治理富集的飞灰、污水处理产生的污泥、废物焚烧产生的灰渣等）。但这些“终态”物质中的有害成分，又会转入大气、水体和土壤，成为污染“源头”。

③ 危害的潜在性、长期性和灾难性　固体废物呆滞性大、扩散性小，对环境的影响主要是通过水、气和土壤进行的。其中污染成分的迁移转化是一个比较缓慢的过程，其危害可能在数年以致数十年后才能发现。从某种意义上讲，固体废物，特别是危险废物对环境造成的危害可能要比废水、废气造成的危害严重得多。

4 城市生活垃圾有哪些来源?

城市生活垃圾产生源按城市区域性质和产生的生活垃圾特性划分为居民区、办公区、公共场所、文教区、医疗机构、餐饮机构、集贸市场、其他产生源八类。

① 居民区产生源包括居民社区以及企事业单位、商业区内的居民楼等。

② 办公区产生源包括党政机关，科研、文化、出版、广播电视等事业单位，协会、学会、联合会等社团组织，各类企事业单位等用于办公的场所及用房。

③ 公共场所产生源包括道路、公路、铁路沿线，以及桥梁、隧道、人行过街通道（桥）、机场、港口、码头、火车站、长途客运站、公交场站、轨道交通车站、公园、旅游景区、河流与湖泊水面等。

④ 文教区产生源包括幼儿园、中小学、大学及各种专职培训机构等。

⑤ 医疗机构产生源包括医院、疗养院、门诊部、诊所、卫生所（室）以及急救站等。

⑥ 餐饮行业产生源包括各类集中生产加工和提供餐饮的场合，如只提供餐饮的酒楼、饭店、食品店、餐饮店等，兼有提供餐饮和住宿的宾馆、公寓、酒店等，以及食品加工机构、企事业单位的食堂等。

⑦ 集贸市场产生源包括农贸市场、专业市场、农产品批发市场等，以及独立或附属于商贸大厦或其他机构或居民区内经营蔬菜、瓜果、肉禽、水产等零售或批发的场所。

⑧ 未列入上述产生源的归类为其他产生源。

5 城市生活垃圾具有哪些特点?

城市生活垃圾具有以下特点。

① 产生总量大　城市生活垃圾是人民日常生活所必然排放的固体废物，庞大的人口数量决定了城市生活垃圾巨大的数量。随着人口的增加、生产力的发展、居民生活水平的提高，商品消费量迅速增加，城市生活垃圾的产生量也随之增长。

② 成分复杂而且多变　城市生活垃圾成分本来就复杂，由于各地气候、生活水平与习惯、能源结构等差异，造成城市生活垃圾成分和产量更加多种多样，而且变化幅度也很大。

③ 产生量不均匀　主要指城市生活垃圾的排出量在一年四季明显不同，并呈现一定的变化规律。另外，从居民生活习惯及环卫部门每天收集的垃圾数量看，一天之中也有明显波动，并呈现一定的规律，这和各城市垃圾收集时间、方式及居民习惯有一定关系。

6 工业固体废物有哪些种类?

工业固体废物涵盖范围十分广泛，几乎所有的工业生产过程都会产生固体废物。其中，具有代表性的有以下几种。

① 矿冶工业固体废物　主要包括矿山开采、选矿、冶炼、成形等加工过程所排出的固体废物，如尾矿、废矿石、废渣、剥离物等。

② 能源工业固体废物　主要包括煤炭、电力等部门所排出的固体废物，如粉煤灰、炉渣、废金属、烟尘等。

③ 钢铁工业固体废物　主要包括黑色冶金工业等部门在钢铁的冶炼以及加工过程中所排出的固体废物，如炉渣、废金属、废模具、废橡胶等。

④ 化学工业固体废物　主要包括无机盐、氯碱、磷肥、纯碱、硫酸、有机和合成、染料、感光等化学原料和材料的生产过程中所产生的固体废物，如废催化剂、废化学药品、废酸碱等。

⑤ 有色金属工业固体废物　主要包括冶炼、稀有金属、铝轻金属等在生产过程中所产生的固体废物，如浸出渣、净化渣、炉渣等。

⑥ 石油化学工业固体废物　主要包括炼制、石油化工、石油化纤等生产过程中所产生的固体废物，如废催化剂、废化学药剂、废酸碱、油泥、焦油、页岩渣等。

⑦ 食品工业固体废物　主要包括食品生产过程中所产生的固体废物，如排弃的谷物、下脚料、渣滓、菜蔬、果品等。

除此以外，还有机械制造业、橡胶及塑料产业、皮革业、编织业、服装业、木材及制品业、纸业、印刷业、军事工业、建材业等所产生的固体废物，这里就不一一详述了。

7 危险废物的主要来源有哪些?

根据《国家危险废物名录》，危险废物来自国民经济的几乎所有行业。其中化学原料及化学制品制造业、有色金属冶炼及压延加工业、有色金属矿采选业、造纸及纸制品业和电气机械及器材制造业 5 个行业所产生的危险废物占到危险废物总产量的一半以上。

8 如何确定某固体废物是否属于危险废物?

确定某固体废物是否属于危险废物，通常有两种方法：名录法和鉴别法。

联合国环境规划署《巴塞尔公约》列出了“应加控制类”45 组和“须加特别考虑类”2 组共计 47 组危险废物，并且给出了其危险特性清单以及特征说明。我国也已经颁布实施了《国家危险废物名录》，将危险废物划分为 47 类，并分别将各类危险废物的来源、常见危害组分等一一列出，以供检索。《固废法》中针对危险废物的特殊情况，也作出了专章和特别规定。

另外，我国《危险废物鉴别标准》（GB 5085）分别从废弃物的腐蚀性、急性毒性、浸出毒性、易燃性、反应性、毒性物质含量等方面规定了危险废物的鉴别标准。

9 危险废物具有哪些特性?

通常所称的危险废物一般具有以下五种性质中的一种或几种。

① 易燃性　指该废物能够因产生热和烟而直接造成破坏，或者间接地提供一种能使其他危险废物扩散的媒介，或者能使其他非危险废物变成危险废物等。

② 腐蚀性　指易于腐蚀或溶解组织、金属等物质，且具有酸性或碱性的性质。

③ 反应性　指该废物可能通过自动聚合而与水或者空气发生强烈反应，或者对热和物理冲击不稳定，或者易反应释放有毒气体和烟雾，或者易爆炸，或者具有强氧化性等。

④ 毒性　指能够对人体、动植物造成毒性伤害，一般分为浸出毒性、急性毒性、水生物毒性、植物毒性等。危险废物的毒性分为急性毒性和浸出毒性。浸出毒性是指固态的危险废物遇水浸沥，其中有害的物质迁移转化，污染环境。浸出的有害物质的毒性称为浸出毒性。急性毒性是指机体（人或实验动物）一次（或 24h 内多次）接触外来化合物之后所引起的中毒甚至死亡的效应。

⑤ 感染性　指细菌、病毒、真菌、寄生虫等病原体，能够侵入人体引起的局部组织和全身性炎症反应。

此外，对不排除具有危险特性，可能对生态环境或者人体健康造成有害影响的固体废弃物，也需要按照危险废物进行管理。

10 常见的工业危险废物包括哪些？其危害特性如何?

大部分化学工业固体废物具有急性毒性、化学反应性、腐蚀性等特性，对人体健康和环境有危害或潜在危害。常见的化学工业危险废物及危害特性如下。

① 铬渣　对人体消化道和皮肤具有强烈的刺激和腐蚀作用，对呼吸道造成损害，有

致癌作用。铬蓄积在鱼类组织中对水体中动物和植物均有致死作用，含铬废水影响小麦、玉米等作物生长。

② 氰渣 可引起头痛、头晕、心悸、甲状腺肿大，急性中毒时呼吸衰竭致死，对人体、鱼类危害很大。

③ 含汞盐泥 无机汞对消化道黏膜有强烈的腐蚀作用，吸入较高浓度的汞蒸气可引起急性中毒和神经功能障碍；烷基汞在人体内能长期滞留；甲基汞会引起水俣病。

④ 无机盐废渣 铅、镉对人体神经系统、造血系统、消化系统、肝、肾、骨骼等都会引起中毒伤害。含砷化合物有致癌作用，锌盐对皮肤和黏膜有刺激腐蚀作用。重金属对动植物、微生物有明显的危害作用。

⑤ 蒸馏釜液 包括苯、苯酚、腈类、硝基苯、芳香胺类、有机磷农药等，会对人体中枢神经、肝、肾、胃、皮肤等造成障碍与损害。芳香胺类和亚硝胺类有致癌作用，对水生生物和鱼类等也有致毒作用。

⑥ 酸、碱渣 对人体皮肤、眼睛和黏膜有强烈的刺激作用，导致皮肤和内部器官损伤和腐蚀，对水生生物、鱼类也有严重的有害影响。

11 何谓放射性固体废物？来源是什么？

所谓放射性是一种不稳定原子核（放射性物质）自发地发生衰变的现象，同时放出带电粒子（α射线或β射线）和电磁波（γ射线）。能够产生放射性衰变的固体废物称为放射性固体废物。环境中的放射性污染源主要来自以下几种途径。

（1）核武器试验

20世纪80年代以前成百上千次进行的大气层核试验造成的环境污染，面积覆盖全球。随着核爆炸试验转入地下，大气层和地表所受的放射性污染已有所降低，但对核素的地下迁移仍需继续加以监控。

（2）核设施事故所释放的放射性废物

典型的核设施事故是1986年苏联发生的切尔诺贝利核电站事故和2011年日本的福岛核事故。

（3）核工业各系统及核技术（包括核能）应用部门放射性三废物质泄出

在操作或处理放射性物料过程中均会不可避免地产生具有放射性的气、液或固态废物（前两者大多最终也以固态形式存在）。所有这些释入环境的放射性物质是形成环境放射性污染的主要来源。

（4）城市放射性废物

位于城市内的使用核技术的单位（科研中心、学校、医院等）均可能产生“城市放射性废物”，通常以以下形式出现：①沾有放射性的金属、非金属物料及劳保用品；②受放射性污染的工具、设备；③散置的低放射性废液固化物；④以放射性同位素进行试验的动、植物尸体或植株；⑤超过使用期限的废放射源；⑥含放射性核素的有机闪烁液。尽管这些废物的比活度不高，但若管理不当，对人口密集的城市，仍属潜在威胁。

12 放射性废物具有哪些污染特点?

在自然环境中，放射性废物可通过不同途径造成放射性污染，放射性废物的污染特点有以下几方面。

① 放射性具有电离性质，其污染通过不同射线（α、β、γ 等）所夹带的不同穿透能力而不为人们的感觉器官所觉察，因此，其污染效应是隐蔽和潜存的。

② 放射性物质不能用化学（通过化学药物）、物理（通过温度、压力等外界条件）或生化方法加以去除，只能靠其自然衰变而减弱，一般需减至千分之一（0.1%）即减少十个半衰期，方可达到无害化程度。

③ 放射性核素的毒性一般远超过化学毒物，由于其污染浓度低，而要求的净化系数高，这就增加了治理难度。

④ 放射性废物的种类复杂，在形态、核素半衰期、射线能量、毒性、比活度等方面均有极大的差异。无论处理或是处置方法都是严格、复杂而且费用高昂的。

13 固体废物对环境及人类健康的主要危害是什么?

固体废物对环境及人类健康的主要危害体现在以下几个方面。

① 侵占土地　城市生活垃圾如不能得到及时处理和处置，将会占用农田，破坏农业生产以及地貌、植被、自然景观等。

② 污染土壤　固体废物如果处理不当，有害成分很容易经过地表径流进入土壤，杀灭土壤中的微生物，破坏土壤结构，从而导致土壤健康状况恶化。

③ 污染水体　固体废物可以随着天然降水或者随风飘移进入地表径流，进而流入江河湖泊等水体，造成地表水污染。

而除了上述途径以外，有些固体废物还可能造成燃烧、爆炸、接触中毒、腐蚀等特殊损害。另外，固体废物还可能通过植物和动物间接地对人类的健康造成危害，例如重金属污染等。

14 如何进行固体废物的污染控制?

固体废物的污染控制，主要应从以下几方面加以考虑。

① 改进生产工艺。通过采用清洁生产工艺，选取精料，提高产品质量和使用寿命等方式，从源头减少固体废物的产生量。

② 发展物质循环利用工艺和综合利用技术。通过使某种产品的废物成为另一种产品的原料，或者尽量回收固体废物中有价值的成分进行综合利用，使尽可能少的废物进入环境，以取得经济、环境和社会的综合收益。

③ 进行无害化的处理和最终处置（图 1-1）。

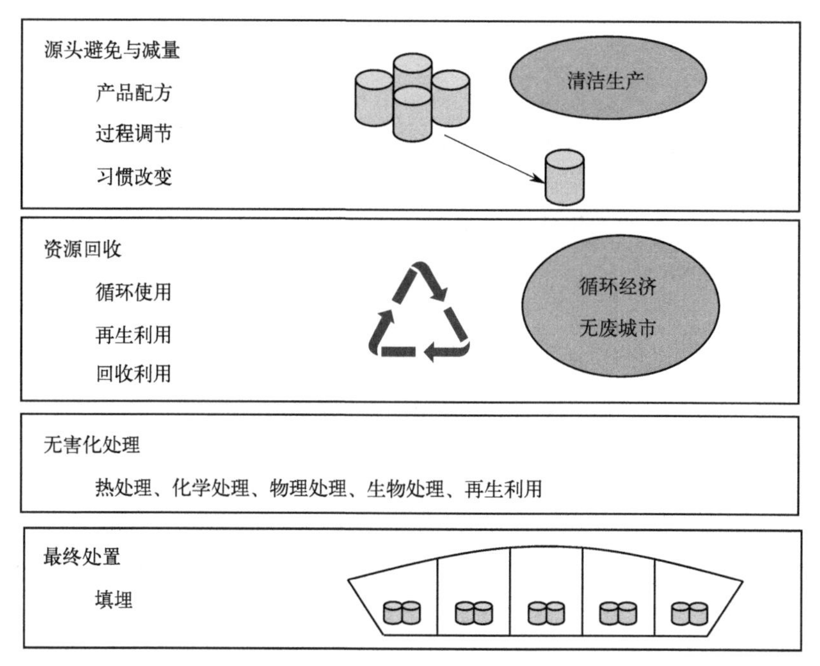

图 1-1　固体废物管理层级

15 什么是固体废物的处理和处置?

固体废物的处理，指通过不同的物理、化学、生物方法，将固体废物转化为便于运输、储存、利用以及最终处置的形态结构的过程。

固体废物的处置，指将已无回收价值或确定不能再利用的固体废物（包括对自然界及人类自身健康危害性极大的危险废物）长期置于符合环境保护规定要求的场所或设施而不再取回，从而与生物圈相隔离的技术措施。广义上所说的固体废物的处置，通常包括很多固体废物处理方法，如焚烧等。狭义上所说的固体废物的处置，通常指解决固体废物最终归宿的手段，即土地填埋或地下封存等处置技术，故也称最终处置技术。

16 固体废物的处理方法主要有哪几类?

固体废物的处理方法主要有以下几类。

（1）物理法

利用固体废物的物理性质，从中分选或分离有用或有害物质。根据固体废物的特性可分别采用重力分选、磁力分选、电力分选、光电分选、弹道分选、摩擦分选和浮选等分选方法。

（2）物理化学法

一些工业生产产生的含油、含酸、含碱或含重金属的废液不宜直接焚烧或填埋，要通过物理化学处理。经处理后的水溶液可以再回收利用，有机溶剂可以做焚烧的辅助燃料，浓缩物或沉淀物则可送去填埋或焚烧。因此，物理化学方法也是综合利用或预处理过程。

（3）生物法

通过微生物的作用，使固体废物中可降解有机物转化为稳定产物的处理技术。生物处理分为好氧堆肥和厌氧消化。好氧堆肥是在充分供氧的条件下，用好氧微生物分解固体废物中有机物质的过程，产生的堆肥是优质的土壤改良剂和农肥，厌氧消化是在无氧或缺氧条件下，利用厌氧微生物的作用使废物中可生物降解的有机物转化为甲烷、二氧化碳和稳定物质的生物化学过程。

（4）热处理法

固体废物热处理方法按处理温度由低到高可分为热解、焚烧、烧结和熔融等。其中热解技术是在氧分压较低的条件下，利用热能将大分子量的有机物裂解为分子量相对较小的易于处理的化合物或燃料气体、油和炭黑等有机物质。热解处理适用于具有一定热值的有机固体废物。热解应考虑的主要影响因素有热解废物的组分、粒度及均匀性、含水率、反应温度及加热速率等。

焚烧是一种高温热处理技术，即以一定的过剩空气与被处理的有机废物在焚烧炉内进行氧化分解反应，废物中的有毒有害物质在高温中氧化、热解而被破坏。焚烧的主要目的是尽可能焚毁废物，使被焚烧的物质变成无害且最大限度地减容，并尽量减少新的污染物质产生，避免造成二次污染。

（5）填埋法

将废物放置或储存在封闭环境中，使其与环境隔绝的处置方法，也是经过各种方式的处理之后所采取的最终处置措施。目的是割断废物和环境的联系，使其不再对环境和人体健康造成危害。所以，能否阻断废物和环境的联系便是填埋处理成功与否的关键。

17 固体废物的处置分哪几种类型?

按照处置场所的不同，固体废物的处置主要分为海洋处置和陆地处置两大类。

（1）海洋处置

这是以海洋为受体的固体废物处置方法，主要分海洋倾倒与远洋焚烧两种。近年来，随着人们对保护环境生态重要性认识的加深和总体环境意识的提高，海洋处置已受到越来越多的限制，目前海洋处置已被国际公约禁止。

（2）陆地处置

主要包括土地耕作、工程库或储留地储存、土地填埋以及深井灌注几种。其中土地填埋法是一种最常用的方法。

18 什么是城市静脉和循环产业园?

城市静脉和循环产业园是垃圾回收和再资源化利用的产业，又被称为“静脉经济”、第四产业，如图 1-2 所示。其实质是运用循环经济理念，有机协调当今世界发展所遇到的两个共同难题——“垃圾过剩”和“资源短缺”，通过垃圾的再循环和资源化利用，最终使自然资源退居后备供应源的地位，自然生态系统真正进入良性循环的状态。

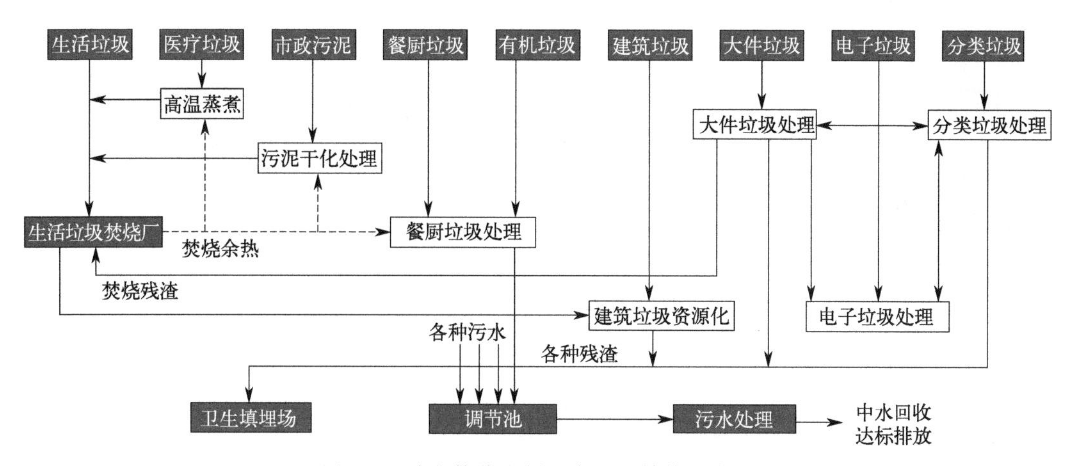

图 1-2　城市静脉和循环产业园结构示意图

固体废物管理

19 固体废物管理主要包括哪些方面？

固体废物管理主要包括以下几个方面。

① 产生者 按照相关规定，力求减少固体废物产生，同时做好分类、包装、标记、登记等工作。

② 容器 对不同的固体废物应该采用适当的容器进行盛装，防止暂存过程中的污染和泄漏。

③ 储存 对固体废物进行处理和处置前的储存过程应该严加控制。

④ 收集和运输 对固体废物的收集方法、运输过程等进行设计和控制。

⑤ 综合利用 对固体废物中有价值的物质应该进行合理而有效的回收。

⑥ 处理和处置 包括前面所述的各种适当的处理方法和有控堆放、卫生填埋、安全填埋等处置方法的管理和控制。

20 固体废物管理具有哪些特点？

固体废物管理主要分为过程管理和风险管理两个阶段，各阶段的特点如下。

(1) 过程管理

固体废物对环境的污染是在其从收集到最终处置（包括综合利用）的整个生命周期过程中产生的二次污染，其污染形式主要表现为水污染和大气污染，因此固体废物的污染控制贯穿其整个生命周期过程，即过程管理。

(2) 风险管理

固体废物来源广泛，种类繁多，可能含有的污染物质和有毒有害物质不胜枚举，不可能采用类似水污染、大气污染物排放的有限标准加以管理，需要根据不同废物的特性，采用环境风险评价的方法确定控制指标。

21 什么是固体废物的“三化”处理？

固体废物的“三化”处理，指无害化、减量化和资源化。

（1）无害化

指对已产生但又无法或暂时无法进行综合利用的固体废物进行对环境无害或低危害的安全处理、处置，还包括尽可能地减少其种类、降低危险废物的有害浓度，减轻和消除其危险特征等，以防止、减少或减轻固体废物的危害。

（2）减量化

减量化意味着采取措施，减少固体废物的产生量，最大限度地合理开发资源和能源，这是治理固体废物污染环境的首要要求和措施。

（3）资源化

指对已产生的固体废物进行回收加工、循环利用或其他再利用等，即通常所称的废物综合利用，使废物经过综合利用后直接变成产品或转化为可供再利用的二次原料。实现资源化不但减轻了固体废物的危害，还可以减少浪费，获得经济效益。

固体废物的“三化”处理是固体废物处理最重要的技术措施，其中无害化是前提，减量化和资源化是发展方向。

22 固体废物管理过程中的控制次序是怎样的？

根据固体废物的“三化”处理原则，首先生产者应通过调整产品配方、调节生产环节、改变生活习惯等方式，从源头减少各类固体废物的产生。其次，产生的固体废物应采取循环使用、再生利用、回收利用等方式实现产品、功能和材料的回收，减少资源浪费。再次，难以利用的部分可通过热处理、化学处理、物理处理以及生物处理等方式进行无害化处理。无害化处理过程中，在保证处理效果的前提下应尽可能地回收废物所蕴含的能量。最后，难以处理的部分应进入填埋场进行最终处置。

23 固体废物管理相关法律法规体系是怎样的？

固体废物管理相关法律法规体系由法律、法规、规章、国际公约、标准构成。

① 法律　包括《环境保护法》《固体废物污染环境防治法》《清洁生产促进法》《大气污染防治法》《水污染防治法》等。

② 法规　包括《危险化学品安全管理条例》《危险废物经营许可证管理办法》《医疗废物管理条例》《消耗臭氧层物质管理条例》等。

③ 规章　包括《危险废物转移联单管理办法》《危险废物出口核准管理办法》《电子废物污染环境防治管理办法》《医疗废物管理行政处罚办法》《固体废物进口管理办法》等。

④ 国家公约　包括《关于持久性有机污染物的斯德哥尔摩公约》《控制危险废物越境转移及其处置的巴塞尔公约》等。

⑤ 标准　包括《危险废物贮存污染控制标准》《危险废物鉴别标准》《生活垃圾填埋场污染控制标准》等。

24 固体废物管理标准体系是怎样的？

我国固体废物管理的标准体系可分为四大类，如图 2-1 所示。

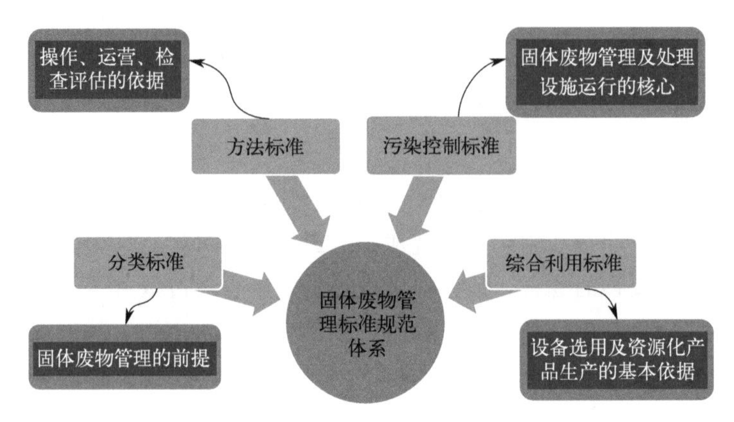

图 2-1 固体废物管理标准体系

（1）分类标准

如《国家危险废物名录》《危险废物鉴别标准 通则》（GB 5085.7—2019）、《一般固体废物分类与代码》（GB/T 39198—2020）等。

（2）方法标准

包括固体废物样品采样、处理及分析方法的标准，如《危险废物鉴别技术规范》（HJ 298—2019）、《生活垃圾采样和分析方法》（CJ/T 313—2009）等。

（3）污染控制标准

可分为废物处置控制标准和设施控制标准两类。其中废物处置控制标准是对某种特定废物的处置标准、要求，如《医疗废物处理处置污染控制标准》（GB 39707—2020）、《含多氯联苯废物污染控制标准》（GB 13015—2017）；而目前已经颁布或正在制定的标准大多属于设施控制标准，如《一般工业固体废物贮存和填埋污染控制标准》（GB 18599—2020）、《生活垃圾填埋场污染控制标准》（GB 16889—2024）、《生活垃圾焚烧污染控制标准》（GB 18485—2014）等。

（4）综合利用标准

为推进固体废物的“资源化”，并避免在废物“资源化”过程中产生“二次”污染，国家制定了一系列有关固体废物综合利用的规范和标准，如《废塑料再生利用技术规范》（GB/T 37821—2019）、《废铅酸蓄电池回收技术规范》（GB/T 37281—2019）等。

25 哪些政府部门会参与固体废物管理？

根据《固废法》规定，国务院生态环境主管部门对全国固体废物污染环境防治工作实施统一监督管理。地方人民政府生态环境主管部门对本行政区域固体废物污染环境防治工作实施统一监督管理。

另外，海关负责进口货物疑似固体废物属性鉴别委托及管理；工业和信息化主管部门主要负责推动工业固体废物综合利用；环境卫生主管部门主要负责生活垃圾、建筑垃圾的污染环境防治工作；农业农村主管部门负责农业固体废物的监督管理；市场监督管理部门负责过度包装的监督管理；商务、邮政等主管部门负责电子商务、快递、外卖等行业包装物的监督管理；城镇排水主管部门负责城镇污水处理设施产生的污泥处理的管理；卫生健康主管部门负责对职责范围内的医疗废物收集、储存、运输、处置的监督管理。

26 什么是生产者责任延伸制度?

生产者责任延伸制度是指将生产者对其产品承担的资源环境责任从生产环节延伸到产品设计、流通消费、回收利用、废物处置全生命周期的制度。

生产者责任延伸制度的目标是鼓励生产商通过产品设计和工艺技术的更改，在产品寿命周期的每个阶段（即生产、使用和使用寿命终结后），努力防止污染的产生，并减少资源的使用。从最广泛的意义来讲，生产者责任指的是一种原则，即生产者必须承担其产品对环境所造成的全部影响的责任。这包括了材料选择和生产流程所产生的上游影响，以及在产品使用和处理过程中的下游影响。欧盟把生产者延伸责任定义为生产者必须承担产品使用完毕后的回收、再生和处理的责任，其策略是将产品废弃阶段的责任完全归于生产者。

目前我国综合考虑产品市场规模、环境危害和资源化价值等因素，率先确定对电器电子、汽车、铅酸蓄电池和饮料纸基复合包装 4 类产品实施生产者责任延伸制度。

27 如何预测生活垃圾产生量?

我国城镇建设行业标准《生活垃圾产生量计算及预测方法》(CJ/T 106—2016) 中提供了增长率预测法、一元线性回归预测法及多元线性回归预测法三类生活垃圾产生量预测方法。此外，皮尔曲线法、灰色系统预测法、BP 神经网络预测法等其他预测方法，也可根据实际情况和需要作为备选预测方法或用于校核。其中，增长率预测法适用于生活垃圾产生量、人口数量呈现平稳增长（或降低）趋势的地区。当预测年限大于 5 年时，宜以每 5 年为一个阶段进行分时段预测，针对不同阶段，宜选取不同的生活垃圾年平均增长率。

预测时应充分考虑预测地区的经济发展状况、人口、数据可获得性及其有效性，选取至少两类方法分别进行预测，以提高预测的综合性和科学性。最后，应将预测结果与历史统计值进行比较，如 80%的预测结果与实际发生值之间的偏差在±20%以内，则认为模型是可接受的；否则，应对模型进行必要的调整甚至舍弃。

28 城市生活垃圾管理评价指标有哪些?

城市生活垃圾管理评价指标主要包括以下五个方面：

① 垃圾分类收集率　指垃圾分类收集的质量与垃圾排放总质量的比值。

② 垃圾减量化率　指相比于上年度，当年度垃圾总量或人均垃圾量减量的程度。

③ 垃圾资源回收率　指已回收的可回收物质量与垃圾排放总量的比值。

④ 垃圾清运率　指城市收集运输的垃圾质量与垃圾排放总量的比值。

⑤ 垃圾无害化处理率　指采用卫生填埋、焚烧、堆肥及其他无害化方法处理处置的垃圾质量与垃圾排放总量的比值。

29 为什么要进行垃圾分类?

“垃圾分类就是新时尚”，它既是顺应群众对美好生活需要的具体行动，也是创新社会治理、形成文明新风尚的重要途径。通过垃圾分类可以减少垃圾的处置量，减少焚烧和填埋等处理垃圾的行为，在最大程度上保证垃圾处理设备设施的正常运行，降低环境污染，还能够减少可回收垃圾造成的污染现象，循环利用这些可回收物质，保证资源再生。

30 城市生活垃圾分类的重难点是什么?

首先，高效运行生活垃圾分类处理系统的最大困难在于前端的分类投放。垃圾分类的推行时间不长，居民的分类意识不强，并且由于垃圾的种类复杂多样，居民在实际投放中对于具体细分垃圾，可能还存在误投或者投放不标准，这都会影响分类的准确率和后端的运输、处理。垃圾源头分类并未覆盖城市的全部区域，还是主要以机关团体单位为试点，鼓励社区居民分类，并未形成全面的强制分类，分类的覆盖率并不高。

其次，生活垃圾分类收运体系尚不完善。目前大部分的压缩站和运输车辆对生活垃圾进行压缩转运，还不能做到完全有效的分类运输。过去由于未形成统一的垃圾分类标准，设立的收运设施和设备也尚未考虑与分类收运相匹配，这也正是垃圾分类收运环节的难点。尤其是餐厨垃圾等易腐、恶臭的垃圾，需要专门的运输车辆完全密闭运输。

最后，生活垃圾分类后的处理利用有待加强。餐厨垃圾富含有机质，普遍综合处理后可作为肥料，但现在餐厨垃圾的处理规模和处理量还未能满足产生需求。再生资源回收利用受市场因素影响较大，由于废旧物资回收价格偏低，越来越多的再生资源未能进入回收利用系统，环卫收运系统与资源回收系统还未完全无缝衔接。虽然有政府购买低值回收物等回收利用服务鼓励政策，但实施落地不容易，资源回收企业用地难、无场地堆放和深加工等问题较为突出。

31 适合我国国情的城市生活垃圾处理技术路线是什么?

我国各地自然、社会、经济条件差别较大，垃圾处理也应当循序渐进因地制宜。适合我国国情的生活垃圾处理模式大致可分为以下三类：

① 经济发达地区可借鉴日本模式，即选择性分类收集＋焚烧＋残渣填埋；

② 大部分的城市可选择德国模式，即选择性分类收集＋机械生物处理＋垃圾焚烧＋残渣填埋；

③ 西部城市可用美国模式，即选择性分类收集+填埋/焚烧。

这里选择性分类收集是指前端适度地分类，将有害的、有用的部分适当地分出去，而并不追求过高的厨余垃圾分类率。

图 2-2 为我国城市生活垃圾分类处理技术路线。

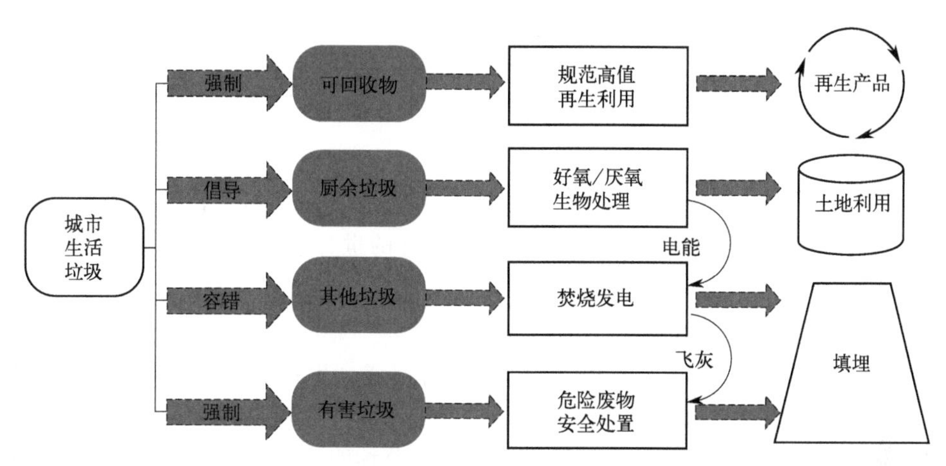

图 2-2 我国城市生活垃圾分类处理技术路线

32 垃圾分类对后端处理、处置设施有什么影响?

分类后的生活垃圾分别处理，在末端处理设施中，焚烧厂受垃圾分类的影响较大。生活垃圾分类前，垃圾密度较大、含水率较高、热值相对较低、焚烧炉的机械负荷较高而热力负荷偏低，运行时需不定期投加辅燃燃料提升炉温，喷水降温情况较少，同时垃圾渗滤液产率偏高，渗滤液处理设施满负荷运行期持续较长。生活垃圾分类后，垃圾密度下降、含水率降低、热值升高、焚烧炉在相同机械负荷下热力负荷提升，运行时辅燃燃料投加量降低，喷水降温频次增加，同比垃圾渗滤液产率下降，渗滤液处理设施满负荷运行期减短。但需要注意的是随着垃圾热值的增加并接近焚烧炉的最高设计热值，焚烧设施热负荷与机械负荷不匹配，可能降低实际处理能力。

垃圾分类后厨余垃圾物理成分变化显著，当中的塑料、纸类、玻璃等杂质明显减少，有利于后端设施的处理。但随着厨余垃圾分出率的逐步增高，部分生物处理设施处于超负荷运行，部分堆肥产品无处消纳。

33 生活垃圾管理领域碳减排的潜力和路径是什么?

根据 IPCC 估算，来自垃圾系统的温室气体排放（碳排放）占全球温室气体总排放的5%。与此同时，该部分也具有巨大的温室气体减排潜力。根据欧盟环境署 2023 年发布的欧盟年度温室气体清单显示，废弃物领域温室气体排放占 2021 年总排放量的 3.29%，1990—2020 年间减排率达 40.76%，远高于其他部门。

生活垃圾填埋场无组织释放的甲烷是垃圾管理领域最大的碳排放源。未来应尽可能减少高厨余比例的原生垃圾填埋量，并对既有填埋场采取及时覆盖、膜下抽气等方式，提高填埋气收集效率，减少碳排放。在焚烧过程中由于可将生物源碳所蕴含的能量以电能、热能的形式部分回收利用，替代了火电厂的化石燃料消耗，因此综合来看，近期以焚烧代替填埋是生活垃圾管理领域最大的碳减排机会。未来随着垃圾分类效率逐渐提升，通过可回收物资源化利用，可进一步实现固体废物管理领域的碳减排。

34 什么是《巴塞尔公约》?

《巴塞尔公约》的正式名称为《控制危险废料越境转移及其处置巴塞尔公约》，1989年3月22日在联合国环境规划署于瑞士巴塞尔召开的世界环境保护会议上通过，1992年5月正式生效。目前，已有近百个国家签署了这项公约，中国于1990年3月22日在该公约上签字。

《巴塞尔公约》由序言、29项条款和6个附件组成，旨在遏制越境转移危险废料，特别是向发展中国家出口和转移危险废料。公约要求各国把危险废料数量减到最低限度，用最有利于环境保护的方式尽可能就地贮存和处理。公约明确规定：如出于环保考虑确有必要越境转移废料，出口危险废料的国家必须事先向进口国和有关国家通报废料的数量及性质；越境转移危险废料时，出口国必须持有进口国政府的书面批准书。公约还呼吁发达国家与发展中国家通过技术转让、交流情报和培训技术人员等多种途径在处理危险废料领域中加强国际合作。

三、固体废物收运与预处理

（一）固体废物收运

35 如何测定城市固体废物的组成?

由于城市垃圾的扩散性较小且不易流动，成分又极不均匀，因此垃圾中的各种成分难以通过机械完全分离，确定其组成是一项极其复杂的任务。目前在国内，通常采用人工取样、分选，然后再分别称重的方法来进行测定。一般来说，垃圾中各成分的含量通常以其占新鲜湿垃圾质量的百分比来表示，即以湿基率（%）表示。此外，也可以将垃圾进行烘干，去除水分后再进行称重，以干基率（%）表示。

通常应用统计学原理对城市固体废物进行抽样分析，只要方案设计合理，操作方法严格科学，即可通过对少量样品的分析获得完整准确的总体资料。为了使样品具有代表性，可采用点面结合的采样方法，在市区选择2～3个居民生活水平与燃料结构具有代表性的居民生活区作为采样点；再选择一个或几个垃圾堆放场所作为采样面，定期采样。

测定城市固体废物组成的关键在于取样的代表性。城市垃圾取样方法有蛇形法、梅花点法、棋盘法等多种形式，但比较常用的是“四分法”。

36 如何测定城市生活垃圾的质量特性?

城市生活垃圾来自城市生活的各个方面，涉及面非常广泛，性质很不稳定，受排放场合、季节、气候特别是收集方式的影响，所以其质量特性较难掌握。以下几种为常用的测定城市垃圾质量特性的方法。

（1）容重分析法

设运输车辆容积为V（m^3），垃圾载重为W（kg），则容重值D（kg/m^3）可表示为$D=W/V$。一般的，城市垃圾容重值约为200～400kg/m^3，其中厨房垃圾为500kg/m^3左右，杂物为150kg/m^3左右。国内城市垃圾由于纸、塑料等轻组分较少，且含水率偏高，故各相应数值均要比上述数值高。当垃圾作焚烧处理时，其容重常作为垃圾焚烧性能评价的指标。

（2）三成分分析法

垃圾的焚烧性能及焚烧状态，不单纯与容重、水分和热值有关，还与可燃分、灰分及垃圾本身性质有关。考虑到以上各种要素，采用三成分分析法作为表示垃圾质量的另一方法。该方法常采用等边三角形坐标表示三种物性组成之间的关系。

（3）元素分析法

若能掌握可靠的检测手段，亦可用城市垃圾的元素组成分析法作为城市垃圾的质量分析指标。具体为：

① 主要元素组成数据可用来估算城市垃圾的发热值，为选择垃圾焚烧处理法提供依据；

② 元素组成数据可用于计算城市垃圾好氧生物处理工艺中的理论耗氧量，进而确定合适的空气用量；

③ 测定城市垃圾的碳氮比（堆肥工艺参数之一）可判断城市垃圾堆肥性能好坏，碳氮比一般不随季节变化；

④ 亦可测定城市固体废物中营养元素的数据，作为该城市固体废物堆肥产品肥效、产品质量的参考；

⑤ 城市垃圾有害成分（重金属元素）的测定数据可作为无害化要求及环境影响评价的参考。

（4）物理组成分析法

垃圾亦可按照其构成（如纸屑、金属、砂土等的质量比）来表示垃圾的品种质量。其方法是用四分法采样，经风干后，将垃圾置入80℃的保温槽内静置3～4d，使其充分干燥，再放置于空气中5～6d，令其风干并与大气中的湿度平衡，然后分类称量。采用物理组成法表示垃圾的品种质量，需要相当的工作时间。如果在现场想知道垃圾品种质量的概要，可将生垃圾就地由人工分选后分类称量，但此法常因水分不稳定而不精确，仅适合工地使用。

37 什么是“四分法”采样？

“四分法”采样是将垃圾卸在平整干净的土地上（水泥地或铁板上），将垃圾一分为四，按对角线取出其中两份，混合，再平均分为四份，按对角线取两份混合，一直到最后样品的质量达到约90kg为止。

38 固体废物收集的原则和一般要求是什么？

固体废物收集总的原则是：收集方法应尽量有利于固体废物的后续处理，同时兼顾收集方法的可行性。一般来说，固体废物的收集应该满足几点要求：

① 危险废物与一般废物分开；

② 工业废物与生活垃圾分开；

③ 可回收利用物质与不可回收利用物质分开；

④ 可燃性物质与不可燃性物质分开；

⑤ 泥状废物与固态废物分开；

⑥ 污泥应该进行脱水处理后再收集；

⑦ 根据处理处置方法的相关要求，采取相应的收集措施；

⑧ 需要包装或盛放的废物，应根据运输要求以及废物的特性，选择合适的包装设备和容器，并且附以确切明显的标记。

39 固体废物收集主要包括哪些方法?

固体废物的收集，按照存放形式来分，可以分为混合收集和分类收集。

(1) 混合收集

混合收集是指统一收集未经任何处理的原生废物的方式。适合于种类单一、稳定、性质明确的废物的收集，例如矿业废物、某些农业废物等。如果固体废物的成分复杂，性质不明确，尤其是各种工业固体废物，不加区分地混合收集，不仅不利于后续处理，而且可能释放毒气，产生危险品等，所以应该特别注意。混合收集的主要优点是收集费用低，简便易行；缺点是各种废物相互混杂，降低了废物中有用物质的纯度和再生利用的价值，同时也增加了各类废物的处理难度，造成处理费用的增大。从当前的趋势来看，该种方式正在逐渐被淘汰。目前，我国城市生活垃圾已逐渐从原有的混合收集方式向分类收集方式过渡。

(2) 分类收集

指根据废物的性质、种类、组分以及后续处理方法等，将不同种类的废物分开收集和存放的方式。其优点在于可以提高废物中有用物质的纯度，方便从固体废物中回收资源，减少处理固体废物的工作量和处理处置费用，降低对环境的潜在危害。缺点在于收集成本相对较高，操作相对于混合收集难度较高。

另外，按照收集时间来区分，固体废物的收集可以分为定期收集和随时收集。定期收集一般适合于产生废物量较大的大中型厂矿企业以及城市生活垃圾的收集，随时收集是根据废物产生者的要求随时进行收集，一般适合于小型企业。对于危险废物和大型垃圾一般主要采用定期收集的方式；对于产生量无规律的固体废物，如采用非连续生产工艺或季节性生产的工厂产生的废物，通常采用随时收集的方式。

40 固体废物运输方式都有哪些? 每种运输方式的特点和适用性是什么?

一般来说，固体废物的运输可以根据产生地、中转站离处置场的距离、后续处理处置方法、废物的特性和数量等选择适宜的运输方式，进行公路、铁路、水路或者航空运输。固体废物的运输包括车辆运输、船舶运输和管道运输。目前应用最广泛、历史最长的运输方式是车辆运输，管道运输是近年来发展起来的运输方式，在一些发达国家已经部分实现实用化。

对于普通固体废物，可以用各种容器盛装，用卡车或铁路货车运输。例如城市生活垃圾一般由清运卡车通过公路进行运输。

对于危险废物，最好使用专用的公路槽车或者铁路槽车，并且槽车上应设有各种适当的防腐衬里，以防止运输过程中发生腐蚀和泄漏。

对于要进行远洋焚烧处置的固体废物，则应该选择专用的焚烧船进行运输。

41 目前我国生活垃圾收集车有哪几种类型?

国内经常使用的垃圾收集车主要有以下几种类型。

(1) 简易自卸式收集车

这是国内最常用的收集车，一般是在货车底盘上加装液压倾卸机构和垃圾车厢以改装而成（载重约 3～5t)。常见的有两种形式：

① 罩盖式自卸收集车，为了防止运输途中垃圾飞散，在原敞口的货车上加装防水帆布盖或框架式玻璃钢罩盖，要求密封程度较高。

② 密封式自卸车，即车箱为带盖的整体容器，顶部开有数个垃圾投入口。简易自卸式垃圾车一般配以叉车或铲车，便于在车箱上方机械装车，适宜固定容器收集法作业。

(2) 活动斗式收集车

以收集车的车箱作为活动敞开式贮存容器，平时放置在垃圾收集点。因车箱贴地且容量大，适宜储存装载大件垃圾，故亦称为多功能车，用于移动容器收集法作业。

(3) 侧装式密封收集车

车辆内侧装有液压驱动提升机构，提升配套圆形垃圾桶，可将地面上垃圾桶提升至车箱顶部，由倒入口倾翻，空桶复位至地面。倒入口有顶盖，随桶倾倒动作而启闭。国外这类车的机械化程度高，改进形式很多，工作效率较高。另外这种车的提升架悬臂长、旋转角度大，可以在相当大的作业区内抓取垃圾桶，故车辆不必对准垃圾桶停放。

(4) 后装式压缩收集车

在车箱后部开设投入口，装配有压缩推板装置。通常投入口高度较低，能适应居民中老年人和小孩倒垃圾，同时由于有压缩推板，适应体积大、密度小的垃圾收集。这种车与手推车收集垃圾相比，工效提高 6 倍以上，大大减轻了环卫工人劳动强度，缩短了工作时间，另外还可减少二次污染，方便群众。

42 如何选择固体废物的包装容器?

固体废物的包装容器选择原则为：容器及包装材料与所盛放的废物具有相容性，要有足够的强度使得在贮存、装卸和运输的过程中不易破裂，并且能够保证废物不流失、不扬散、不渗漏、不排放有害气体、不散发臭味。

对于欲进行焚烧的有机废物，宜采用纤维板桶或纸板桶作为盛放容器，便于和废物一起焚烧，为了防止机械损伤和腐蚀泄漏，可再放入带有活动盖的钢桶中，在焚烧前取出即可。

对于危险废物的包装容器，应根据其特性进行选择，尤其需要注意与废物的相容性。

总的来说，汽油桶、纸板桶、金属桶、油罐等都可以作为固体废物的包装容器。这些容器在使用的时候比较容易损坏，所以应该在贮存和运输的过程中经常检查。

43 生活垃圾收运系统由哪几个阶段构成?

城市生活垃圾的收运系统一般包括如下三个阶段：

第一阶段为垃圾的搬运和储存，指由垃圾产生者或环卫系统的收集工人从垃圾产生源将垃圾送至储存容器或者集装点的运输过程。

第二阶段为垃圾的收集与清除，指垃圾的近距离运输，通常由清运车辆沿一定的路线收集并清除容器或其他储存设施中的垃圾，并且运至垃圾转运站。有时也就近拉至垃圾处理厂或处置场。

第三阶段为垃圾的转运与运输，特指垃圾的长距离运输，即将转运站的垃圾转载至大容量的运输工具，再运往较远处的垃圾处理处置场。

44 什么是生活垃圾定时收集和定点收集?

生活垃圾的定时收集，指不设置固定的垃圾收集点，而是让垃圾收运车以固定的时间和路线行驶于居民区中，收集路旁居民的垃圾。

生活垃圾的定点收集，指收集容器放置于固定地点，一天中的全部或者大部分时间内，居民都可以使用，是最普遍的垃圾收集方式。

45 生活垃圾收运系统分为哪几类?

生活垃圾收运系统根据其操作模式一般分为两种类型：拖曳容器系统和固定容器系统。

（1）拖曳容器系统

废物存放容器被拖拽到处理地点，倒空，然后回拖到原来的地方或者其他地方。该系统的特点是收集点用来盛装垃圾的垃圾桶或垃圾箱较大，运送垃圾时，要通过牵引车直接拖曳收集容器来完成，具体操作时又可分为传统模式和交换模式两种。

（2）固定容器系统

废物存放容器除非要被移到路边或者其他地方进行倾倒，否则将被固定在垃圾产生处。该系统的特点是在垃圾收集点放置若干小型垃圾桶，垃圾车沿一定的路线运行，将垃圾桶中的垃圾倒入车斗，然后将垃圾桶放回原处，直至垃圾车装满或者工作日结束，将垃圾车驶到处置场清空。

46 如何计算垃圾收运耗用时间?

垃圾收集时间的长短直接影响收集的效率和成本，垃圾收运的费用一般要占整个处理系统费用的60%～80%，因此垃圾收集时间的计算是非常重要的。

为了便于分析，通常将收集系统分解成四个单元来计算所耗用的时间。

① 拾取时间　即拾取垃圾所耗用的时间，具体计算方法与收集类型相关。

② 运输时间　即将垃圾运输到垃圾处置场所耗费的时间，具体计算方法也与收集类型有关。

③ 处置场花费的时间　包括在处置场等待卸车以及倒空垃圾的时间。

④ 非生产性时间　包括收集过程中并非收集操作本身，但却是必不可少或者很可能发生的一些环节，例如报到、登记、分配工作、检查工作、交通拥挤、设备维护与修理、工作人员的工间休息等。通常利用非生产性时间因子 W 来表示，该值通常在0.1～0.25之间变动，一般取0.15。

47 建设转运站的主要作用是什么？是否一定要建设转运站？

在城市垃圾收运系统中，转运是指从各分散收集点较小的收集车清运的垃圾转载到大型运输车辆，并将其远距离运输至垃圾处理利用设施或处置场的过程。转运站就是指上述转运过程中的建筑与设备。其主要功能是附近垃圾的暂时存放，附近的生活垃圾和道路垃圾用清扫车拉过来，然后进入垃圾中转站设备进行压缩处理，起到集中垃圾、处理垃圾、转运垃圾的作用。

一般而言，只要城市垃圾收集的地点距处理地点不远，用垃圾收集车直接运送垃圾是最常用且经济的方法。但随着城市的发展，已越来越难以在市区垃圾收集点附近找到合适的地方来设立垃圾处理处置场。而且从环保和环卫角度看，垃圾处理点不宜离居民区和市区太近，因此，对于城市垃圾建立转运站将是必然的趋势。通常，当处置场远离收集路线时，究竟是否设置转运站往往取决于经济状况，即两个方面的平衡：

① 转运站有助于垃圾收运的总费用降低，即由于长距离大吨位运输比小车运输的成本低或由于收集车一旦取消长距离运输能够腾出时间更有效地收集；

② 对转运站、大型运输工具或其他必需的专用设备的大量投资会提高收运费用。

48 生活垃圾转运站选址有什么要求？

生活垃圾转运站选址时应注意的问题有：

① 转运站选址应符合城镇总体规划和环境卫生专业规划的基本要求；

② 转运站的位置应尽可能位于生活垃圾收集服务区内人口密度大、垃圾排放量大、易形成转运站经济规模的地方；

③ 选址应选在靠近公路干线及交通方便的地方，转运站一般建议建在小型运输车的最佳运输距离之内，在具备铁路运输或水路运输条件，且运距较远时，宜设置铁路或水路运输垃圾转运站；

④ 尽量选择居民和环境危害最少的地方；

⑤ 进行建设和作业最经济的地方；

⑥ 力求便于就近进行废物回收利用及能源生产。

49 生活垃圾转运站有哪些配置要求？

（1）与运输方式有关的设置要求

在大中型城市通常设置多个垃圾转运站。每个转运站必须根据需要配置必要的主体工程设施和相关辅助设施，如称重计量系统、受料及供料系统、压缩转运系统、除尘脱臭系统、污水处理系统、自控及监控系统以及道路、给排水、电气、控制系统等。具体可见《城市环境卫生设施规划标准》（GB/T 50337—2018）对设置转运站的具体要求。

（2）转运站机械设备配置要求

① 应依据转运站规模类型配置相应的机械设备。中小型以下规模的转运站，宜配置刮板式压缩设备；中型及大型以上的转运站，宜采用活塞式压缩设备。

② 多个同一工艺类型的转运车间或工位的配套机械设备，应选用统一类型、规格，以提高站内机械设备的通用性和互换性，并便于转运站的建造和运行维护。

③ 转运站机械设备的工作能力应按日有效运行时间不大于 4h 考虑，使其与转运站车间（工位）的设计规模相匹配，以保持转运站可靠的转运能力并留有调整余地。

50 转运站的主要种类有哪些？不同类型转运站的特点及适用性有哪些？

根据转运处理规模、转运作业工艺流程和转运设备对垃圾压实程度等的不同，转运站可以分为多种类型。

（1）按转运能力分类

转运站的设计日转运垃圾能力，可按其规模进行分类，划分为小型、中小型、中型和大型。小型转运站转运规模＜50t/d；中小型转运站转运规模为 50～150t/d；中型转运站转运规模为 150～450t/d；大型转运站转运规模＞450t/d。

（2）按装载运输车的方式分类

根据装载运输车的方式不同，转运站可以分为三种常见类型：直接装载、先贮存再装载以及将直接装载和先贮存后装载相结合的类型。如图 3-1 所示。

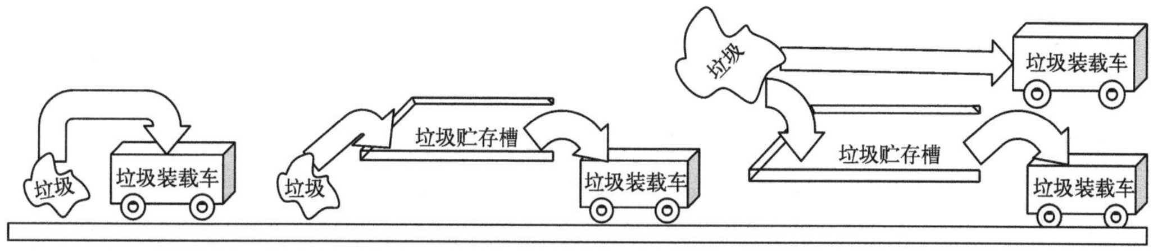

图 3-1　不同类型转运站系统示意

① 直接装载型转运站　如图 3-1(a) 所示，把收集到的垃圾直接倒入装载车中，将垃

圾运送到最终处置场，或将垃圾压缩后再倒入装载车运至最终处置场。

② 先贮存再装载型转运站　如图 3-1(b) 所示，垃圾先被收集车转运至一个贮存槽，经过贮存槽再被装载车转运至最终处置场。该方式与直接装载型转运站的最大区别在于先贮存再装载型转运站带有一定的贮存垃圾的能力（通常为 1～3d）。

③ 直接装载和先贮存再装载相结合型转运站　如图 3-1(c) 所示，收集车把一部分垃圾直接倒入装载车转运至最终处置场，另一部分垃圾先在贮存槽进行筛选，去除其中可回收的部分后，再将剩余的垃圾倒入装载车与前面一部分垃圾一同进入压缩工具或运输工具。通常，这种多功能的处理设施能够服务的用户比单一用途的处理设施更多。一个多功能的转运站同样可以建立起一个垃圾回收利用系统。

（3）按有无压缩设备以及压实程度分类

可以分为无压缩直接转运型和压缩式间接转运型两种。其中压缩式间接转运型，主要采用平推式或直推式活塞动作将物料压入装载容器，容器内垃圾密度可高达 $800kg/m^3$ 以上。一般大型以上的转运站多采用压缩式，具体压缩设备的作业方式可分为水平压缩和垂直压缩两种类型。

51 生活垃圾收运路线的设计原则和步骤有哪些?

进行城市生活垃圾收集路线的设计，首先应该确定垃圾收集的操作方法、收集车辆的类型、收集的劳动量以及收集的次数和时间。目前，尚没有确定的规则适用于所有情况的收集路线的设计，一般常采用反复试算的方法。路线设计的主要问题在于如何使整个行驶距离最小，或者说空载行程最小。目前常用的设计方法是利用系统工程采取模拟的方法，求出最佳收集线路。

以拖曳容器系统为例，简单介绍路线设计的步骤如下。

① 在商业区、工业区或者住宅区的大型地图上标出每个垃圾桶的放置点、垃圾桶的数量以及收集频率，根据面积大小和放置点的数目将地区划分成长方形的小面积。

② 根据①中的平面图，将每周收集频率相同的收集点的数目进行统计分析，按照每周需要的最高收集次数进行列表，然后分配每周一次的收集点的容器数量，以便每天清空的容器数量与每个收集日相平衡。

③ 从调度站或者垃圾车停车场开始设计每天的收集线路。收集路线应该能在一个收集日里将所有的收集点连接起来，然后修改基本路线，使之能包括其他额外的收集点。设计收集路线主要考虑的因素有：

a. 收集地点和收集频率应与现存的法规制度一致；

b. 收集人员的多少应与车辆的类型和其他现实条件相协调；

c. 线路的开始与结束应该力求临近主要道路，尽可能利用地形和自然疆界作为线路的疆界；

d. 在陡峭地区，线路开始应在道路倾斜的顶端，下坡收集便于车辆滑行；

e. 交通拥挤地区和垃圾量大的地区的垃圾应该安排在一天的开始进行收集；

f. 线路上最后收集的垃圾桶应该离垃圾场最近；

g. 收集频率相同而垃圾量较小的收集点应该在同一天或者同一行程中收集。

④ 在初步路线设计好以后，应对每两个容器之间的平均行驶距离进行计算，使得每条线路所经过的距离基本相等或相近，如果收集路线相差超过15%，就应该重新设计。通常，大部分的收集线路都要经过试验运行才能最终确定下来。

52 如何对生活垃圾收运系统进行优化?

为了提高废物的收运效率，使总的收运费用达到最小可能值，各废物产生源如何向各处理处置场合理分配和运输垃圾量，实际上是一个从收集点到转运站或处理处置设施收运路线优化的问题。可采用线性规划的数学模型进行优化。

假设废物产生源（或转运站）的数量为 N，接收废物的处理处置场的数量为 K，并且在废物产生源（或转运站）和废物处理处置场之间没有其他处理设施，为确定最优的运输路线，可以通过总的收运费用达到最小来计算。所应满足的约束条件为：

①每个处置场的处置能力是有限的；

②处置的废物总量应等于废物的产生总量；

③从每个废物产生源运出的废物量应大于或等于零。

目标函数：

$$f(X)=\sum_{i}{}_{1}^{N}\sum_{k}{}_{1}^{K}X_{ik}C_{ik}+\sum_{k}{}_{1}^{K}\left(F_{k}\sum_{i}{}_{1}^{N}X_{ik}\right)$$

约束条件：

$$\sum_{i}{}_{1}^{N}X_{ik}\leqslant B_{k}\text{（对于所有的 }k\text{）}$$

$$\sum_{k}{}_{1}^{K}X_{ik}=W_{i}\text{（对于所有的 }i\text{）}$$

$$X_{ik}\geqslant 0\text{（对于所有的 }i\text{）}$$

式中，X_{ik} 为单位时间内从废物产生源 i 运到处置场 k 的废物量；C_{ik} 为单位数量废物从废物产生源 i 运到处置场 k 的费用；F_k 为处置场 k 处置单位数量废物的费用；W_i 为废物产生源 i 单位时间内所产生的废物总量；B_k 为 k 处置场的处置能力；N 为废物源的数量；K 为处置场的数量。

在目标函数中，第一项是运输费用，第二项是处置费用。由于各处置场的规格、造价与运行费之间的差异，不同处置场的处理费用也会有所不同。求解这个数学模型，得出各个垃圾转运量（X_{ij}），就可得出一个使总转运费用最小的最优调运方案。

如果在废物源和处置场之间还有转运站或其他处理设施，则宏观路线的确定会变得更加复杂。在这种系统中，废物源产生的废物可以送到转运站，也可以直接送到处置场，而转运站的废物必须送到处置场。在中间处理过程中产生的废物流的变化也必须加以计算。

设有 N 个废物源，J 个转运站，K 个处置场，处置场和转运站的处理处置费用分别为 F_j 和 F_k。这个系统的目标函数可以用下列数学式来表示：

$$f(X)=\sum_{i}{}_{1}^{N}\sum_{j}{}_{1}^{J}C_{ij}X_{ij}+\sum_{i}{}_{1}^{N}\sum_{k}{}_{1}^{K}C_{ik}X_{ik}+\sum_{j}{}_{1}^{J}\sum_{k}{}_{1}^{K}C_{jk}X_{jk}+\sum_{j}{}_{1}^{J}F_{j}\sum_{i}{}_{1}^{N}X_{ij}+\sum_{k}{}_{1}^{K}F_{k}\left(\sum_{i}{}_{1}^{N}X_{ik}+\sum_{j}{}_{1}^{J}X_{jk}\right)$$

该目标函数的约束条件为：

① 在废物源 i 产生的废物量 W_i 必须等于由 i 运往 J 个转运站和 K 个处置场的废物总量。

$$\sum_{j}{}_1^J \sum_{i}{}_1^N X_{ij} + \sum_{k}{}_1^K \sum_{i}{}_1^N X_{ik} = W_i$$

② 转运站 j 的处理能力 B_j 必须大于或等于运往 j 的废物总量。

$$\sum_{i}{}_1^N X_{ij} \leqslant B_j \text{（对于所有 } j\text{）}$$

③ 从废物源 i 和转运站 j 运往处置场 k 的废物量必须小于或等于处置场 k 的处置能力 B_k。

$$\sum_{i}{}_1^N X_{ik} + \sum_{j}{}_1^J X_{jk} \leqslant B_k \text{（对于所有的 } k\text{）}$$

④ 转运站 j 处理后残余的废物量必须等于从 j 运往处置场的废物量。

$$P_j \sum_{i}{}_1^N X_{ij} = \sum_{k}{}_1^K X_{jk} \text{（对于所有的 } j\text{）}$$

⑤ 从所有废物源运往转运站或处置场的废物量，或从转运站运往处置场的废物量必须大于等于零。

$$X_{ij} \geqslant 0, X_{ik} \geqslant 0, X_{jk} \geqslant 0 \text{（对于所有的 } i,j,k\text{）}$$

式中，C_{ij} 为将单位数量废物从废物产生源 i 运送到转运站 j 的费用；C_{jk} 为将单位数量废物从转运站 j 运送到处置场 k 的费用；X_{ij} 为在单位时间内从废物产生源 i 运送到转运站 j 的废物数量；X_{jk} 为在单位时间内从转运站 j 运送到处置场 k 的废物数量；B_j 为转运站 j 的处理能力；B_k 为处置场 k 的处置能力；F_j 为转运站 j 处理单位数量废物所需的费用；P_j 为转运站 j 处理后残渣占原废物的比例，对于储运站，$P_j = 1.0$，对于焚烧炉，$P_j = 0.1 \sim 0.2$。

在影响条件过分复杂的情况下，由于线性规划方法造成的误差大大，可以使用简单的网格计算法。在 X-Y 坐标网格纸上，将相应区域划分成很多面积相等的方格，然后根据居民人口估算出固体废物的产生量。在此之前，应确定转运站与废物处置场的地点。首先判断明显不适当的地点，例如市区中心、风景区、饮用水源保护区等，然后利用反复试探的方法得到最佳的综合方案。

垃圾的运输费用占垃圾处置总费用的很大比例，因而场址的选择应充分考虑最大限度地减少运费。在整个地区基本上处于平原的条件下，运输费用仅取决于路程的长短。可以根据本地区各部分的地理位置和垃圾产生量的分布情况，计算出处置场的理论最佳选址，使得垃圾运输的总吨公里数为最小。

53 危险废物的集装方式有哪些?

危险废物的集装方式主要有以下两种。

① 液态废物直接从容器导流进入收集车上的大型容器，或者用泵抽吸到收集槽车上。

② 将盛装废物的容器由人工或机械方式搬运到平板拖车上。

54 危险废物分类收集和混合收集有什么区别？

根据《固废法》（2020 修订）的相关规定：收集、贮存危险废物，应当按照危险废物特性分类进行。禁止混合收集、贮存、运输、处置性质不相容且未经安全处置的危险废物。贮存危险废物应当采取符合国家环境保护标准的防护措施。禁止将危险废物混入非危险废物中贮存。

为了使危险废物无害化而采用的废物混合收集法，须审慎进行。此项工作只有受过专门培训和有经验的工作人员才能胜任。当废物产生者本身没有这方面的专业知识时，应由废物处理专家来指导进行废物的混合收集。

55 危险废物的收集工具主要有哪些？

危险废物的收集工具随危险废物的特性不同而不同。短途运输通常以密封的圆桶和平板拖车配合使用，长途运输则通常使用大型公路槽车和铁路槽车，槽车应该设有适当的防腐衬里，以防止运输过程中因腐蚀而造成泄漏。

各种固体废物的具体收集工具简介如下。

① 放射性废物：铅皮混凝土容器等，不同类型的卡车和铁路火车。

② 有毒化学废物：配套于圆桶使用的平板拖车、铁路槽车、专用衬里槽车、不锈钢槽车等。

③ 生物性废物：防止收集者与废物接触的专用防护装置收集车，有配套圆桶的货车。

④ 易燃易爆废物：与有毒化学废物收集工具相同。

56 危险废物应该如何标记？

我国对于危险废物的标记，可参照《危险货物包装标志》（GB 190—2009）。具体如图 3-2 所示。

危害环境物质和物品标记
符号：黑色
底色：白色

方向标记
符号：黑色或正红色
底色：白色

方向标记
符号：黑色或正红色
底色：白色

高温运输标记
符号：正红色
底色：白色

爆炸性物质或物品
符号：黑色
底色：橙红色

爆炸性物质或物品
符号：黑色
底色：橙红色

爆炸性物质或物品
符号：黑色
底色：橙红色

爆炸性物质或物品
符号：黑色
底色：橙红色

易燃气体
符号：黑色
底色：正红色

易燃气体
符号：白色
底色：正红色

图 3-2

非易燃无毒气体
符号：黑色
底色：绿色

非易燃无毒气体
符号：白色
底色：绿色

毒性气体
符号：黑色
底色：白色

易燃液体
符号：黑色
底色：正红色

易燃液体
符号：白色
底色：正红色

易燃固体
符号：黑色
底色：白色红条

易于自燃的物质
符号：黑色
底色：上白下红

遇水放出易燃气体的物质
符号：黑色
底色：蓝色

遇水放出易燃气体的物质
符号：白色
底色：蓝色

氧化性物质
符号：黑色
底色：柠檬黄色

有机过氧化物
符号：黑色
底色：红色和柠檬黄色

有机过氧化物
符号：白色
底色：红色和柠檬黄色

毒性物质
符号：黑色
底色：白色

感染性物质
符号：黑色
底色：白色

一级放射性物质
符号：黑色
底色：白色，附一条红竖条

二级放射性物质
符号：黑色
底色：上黄下白，附两条红竖条

三级放射性物质
符号：黑色
底色：上黄下白，附三条红竖条

裂变性物质
符号：黑色
底色：白色

腐蚀性物质
符号：黑色
底色：上白下黑

杂项危险物质和物品
符号：黑色
底色：白色

图 3-2 危险货物包装标志

美国环保署根据危险废物的成分、工艺加工过程和来源进行分类列表，对各种危险废物规定了相应的编码，并且对几种主要危险特性标记如表 3-1 所示。

表 3-1 危险货物特性及其编码

危险特性	易燃性	毒性	急性毒性	反应性	腐蚀性	EP 毒性
编码	I	T	H	R	C	E

57 危险废物的转移联单管理办法是什么?

为了落实《固废法》对危险废物转移管理的要求，加强危险废物的全过程管理，优化跨省转移审批服务的具体行动，由生态环境部、公安部和交通运输部联合印发了《危险废物转移管理办法》，并于 2022 年 1 月 1 日起开始正式施行，原《危险废物转移联单管理办法》同时取消。

1999 年印发实施的《危险废物转移联单管理办法》（以下简称《联单办法》）仅涉及危险废物转移联单的管理，而现在实施的《危险废物转移管理办法》（以下简称《转移办法》）对危险废物转移全过程提出了管理要求，增加了危险废物转移相关方责任、跨省转移管理、全面运行电子联单等内容，完善了相关条款。具体体现在以下几方面。

①《转移办法》是在《联单办法》的基础上重新制定，由生态环境部、公安部、交通运输部联合印发。生态环境主管部门依法对危险废物转移污染环境防治工作以及危险废物转移联单运行实施监督管理，查处危险废物污染环境违法行为；各级交通运输主管部门依法查处危险废物运输违反危险货物运输管理相关规定的违法行为；公安机关依法查处危险废物运输车辆的交通违法行为，打击涉危险废物污染环境犯罪行为。

②《转移办法》明确了危险废物转移相关方的一般责任，增加了移出人、承运人、接受人、托运人责任，细化了从移出到接受各环节的转移管理要求。对于危险废物移出人，具有对危险废物的合规委托责任、编制管理计划、建立管理台账、如实填写运行转移联单、及时核实接受人利用处置危险废物等责任；对于危险废物承运人，具有核实危险废物转移联单、如实填写运行转移联单、记录运输轨迹、合规运输、将危险废物全部交付给接受人和及时告知移出人运输情况等责任；对于危险废物接受人，具有核实拟接受的危险废物相关信息、如实填写运行转移联单、合规利用处置、及时告知移出人危险废物接受及利用处置情况等责任；对于危险废物托运人，具有确定危险废物对应危险货物类别、编号等信息，以及合规委托、妥善包装、核实承运人相关信息等责任。

③ 明确了危险废物转移总体应遵循就近原则，尽可能减少大规模、长距离运输。另一方面，针对危险废物转移处置，生态环境部推动建立“省域内能力总体匹配、省域间协同合作、特殊类别全国统筹”的危险废物处置体系。

④ 强化危险废物转移环节信息化管理，推动实现危险废物收集、转移、处置等全过程监控和信息化追溯。《转移办法》对危险废物转移联单的运行管理提出了新要求，在加强信息化监管、危险废物电子转移联单数据保存、优化转移联单运行规则等方面进一步细化完善。包括：全面运行危险废物电子转移联单；危险废物电子转移联单数据应当在信息系统中至少保存 10 年；实行危险废物转移联单全国统一编号等。

⑤ 优化危险废物跨省转移审批服务，落实“放管服”改革要求，对申请材料、审批流程进行了简化，提高审批效率，加强服务措施。为解决危险废物跨省转移难问题，《转移办法》对《固废法》规定的危险废物跨省转移审批事项和审批活动进一步进行规范和完善，明确了危险废物跨省转移的申请材料、审批流程、审批时限等要求，并对申请材料、审批流程进行了简化，将危险废物跨省转移审批时限控制在 20 个工作日，大幅提高危险废物跨省转移审批效率。鼓励开展危险废物利用处置区域合作的移出地和接受地省级生态环境部门按照合作协议简化跨省转移审批流程。批准跨省转移危险废物的决定有效期为 12 个月，可以跨年，但不超过移出人申请开展危险废物转移活动的时间期限和接受人危险废物经营许可证的剩余有效期限。

（二）固体废物压实和破碎

58 什么是固体废物压实处理?

固体废物的压实也称压缩，是利用机械的方法对松散的固体废物施加压力，使废物颗粒变形或破碎，挤除废物颗粒之间的间隙，减少固体废物的空隙率，从而减小固体废物表观体积的处理方法。固体废物经过压实处理后，表观体积大幅度减少，可使收集容器与运输工作的装载效率大为提高，并且便于装卸、运输、贮存和填埋。适于压实处理的固体废物主要是可压缩性大而复原性小的物质，如垃圾、松散废物、纸袋、纸箱以及某些纤维制品等。已经很密实或者硬度较高的物质不宜进行压实处理，如木材、金属、玻璃等。另外，某些可能引起操作问题的废物，如焦油、污泥、液体物料、易燃易爆品等，也不宜采用压实处理。

59 通常采用哪些指标来衡量固体废物的压实程度?

为判断压实效果，比较压实技术与压实设备的效率，常用下述指标来表示废物的压实程度。

（1）空隙率

固体废物的总体积（V_t）等于包括水分在内的固体颗粒体积（V_s）与空隙体积（V_v）之和。即 $V_t=V_s+V_v$。空隙率 $\varepsilon=V_v/V_t$，空隙率越低，则表明压实程度越高，相应的容重越大。另外，空隙率大小对堆肥化工艺供氧、透气性及焚烧过程物料与空气接触效率也是重要的评价参数。

（2）湿密度与干密度

忽略空隙中的气体质量，固体废物的总质量（W_t）就等于固体物质质量（W_s）与水分质量（W_w）之和，即 $W_t=W_s+W_w$。固体废物的湿密度 $D_w=W_t/V_t$，干密度 $D_d=W_s/V_t$。实际上，废物收运及处理过程中测定的物料质量通常都包括水分，故一般容重均是湿密度。压实前后固体废物密度值及其变化率大小，是度量压实效果的重要参数，也容易测定，故比较实用。

（3）体积减少百分比

体积减少百分比可用下式计算。

$$R=\frac{V_i-V_f}{V_i}\times 100\%$$

式中，R 为体积减少百分比，%；V_i 为压实前废物的体积，m^3；V_f 为压实后废物的体积，m^3。

（4）压缩比与压缩倍数

压缩比 $r=V_f/V_i(r\leqslant 1)$。显然，r 越小说明压实效果越好。压缩倍数是压缩比的倒数，即 $n=V_i/V_f(r\geqslant 1)$。显然 n 越大，证明压实效果越好，工程上更习惯用 n 来表示压实程度。

60 压实设备主要有哪几种？它们适用的条件分别是什么？如何选择？

根据使用场所的不同，压实设备可以分为固定式和移动式两种。固定式压实器指使用人工或者机械的方法把废物送到压实机械里面压实的设备，一般设在工厂内部、垃圾收集站或转运站、高层住宅的垃圾滑道底部等。移动式压实器一般安装在垃圾收集车上，收集废物后立刻进行压实，然后送往废物处置场，同时也包括在填埋现场使用的轮胎式或者履带式压实机、钢轮式布料压实机以及其他专门设计的压实工具。

压实设备按照压力大小还可分为高压、中压和低压压实器。按照压实设备容器大小可分为大型、中型和小型压实器。按压缩物料的种类还可以分为金属压实器、非金属压实器和城市生活垃圾压实器等。

为了最大限度减容，获得较高的压缩比，应尽可能选择适宜的压实器。选择压实器时，首先应该根据固体废物的性质选择适当的压实器种类，然后根据具体要求来确定压实器的各项参数。通常，压实器需要考虑的主要参数如下。

（1）装料截面尺寸

应该选择足够大的装载面尺寸，尽量使需要进入压实器的垃圾毫无困难地包容在定型的容器中。如果压实器的容器使用垃圾车或者垃圾料箱装填，则应该选用至少能够处理一满车垃圾或者一满容载荷的压实器。

（2）循环时间

指压头的压面先置于完全缩回位置，待垃圾装入容器后开始挤压，直到压头恢复到原来的位置，准备接受下一次装载废物所需要的时间。循环时间的变化范围一般在 20～60s 之间，当需要较快的废物接受能力时，则要使用较短的循环时间，但是相应的压实比则会降低。

（3）压面压力

其大小由压实器的额定作用力来确定，额定作用力发生在压头的全部高度和全部宽度上，用以度量压实器产生多大的压面压力。通常，固定式压实器的压力范围为 0.1～0.35MPa。

（4）压面行程

指压面进入容器的深度。压头进入压实容器越深，装填就越有效越干净。为了防止压实的废物反弹回装载区，应该选择行程较长的压实器。各种压实器的实际压面深度一般为 10.2～66.2cm。

（5）体积排率

也称处理率，由压头每次将废物荷载推入容器的可压缩体积与 1h 内压实器所完成的循环次数的乘积所确定。该值是度量废物可被压入容器的速度的一个重要参数，需要根据废物的产生率来确定。

（6）压实器与容器匹配

压实器与容器最好是由同一厂家制造，这样才能使压实器的压力行程、循环时间、体积排率以及其他参数相互协调。如果二者不相匹配则容易出现问题，如选择不耐高压的轻型容器，在高压压实操作下，容器很容易发生膨胀变形。

除上述主要参数以外，在选择压实器时，还应考虑与预计使用场地相适应的问题等。

61 垃圾压实过程可以分为几个阶段?

在垃圾压实过程中，垃圾组分之间由于内聚力和摩擦力的存在，抵抗着外来载荷的作用，具体形变过程大致可分为三个阶段。

① 垃圾组分之间的大空隙被填没　此时，较大的空隙中的空气和部分水在作用力下被排挤出来，产生较大的不可逆变形，即塑性变形。

② 垃圾体不可逆蠕变　当外压继续增加时，组分间的空隙和部分结合水被挤出，使得垃圾体内部更加靠近而产生新的变形，为垃圾体的不可逆蠕变过程。在此过程中，垃圾体的弹性变形受内聚力和摩擦力的影响逐渐表现出来。

③ 垃圾体的范性变形　在足够大压力的作用下，垃圾体组分内大量的结合水被排挤出来，部分组分破碎，发生固体范性变形。

62 生活垃圾压实器主要包括哪些种类?

城市生活垃圾压实器按照构造通常可以分为水平式压实器、三向垂直式压实器和回转式压实器三种，其中以水平式压实器较为普遍。

① 高层住宅垃圾压实器属于水平式压实器，将从滑道中落下的垃圾从水平方向不断压入容器中，最后将垃圾压实，装入袋内运走。

② 压缩式生活垃圾收集机的原理基本上与上述住宅压实器相似，不过主要部件包括压缩机和密封垃圾箱两部分，一个垃圾箱装满压缩后的垃圾后立即拖走，使用另外一个垃圾箱与压缩机相连接闭合，继续盛装垃圾。

③ 压缩式垃圾车一般在其可封闭的垃圾箱内的前部安装一个液压推板，通过液压来压缩已经装入的垃圾并且卸料。还有一些后装式压缩式垃圾车采用回转式压缩器的原理工作。

63 固体废物破碎的原理和目的是什么?

固体废物的破碎，指利用外力克服固体废物质点间的内聚力而使大块固体废物分裂成小块的过程。破碎并非固体废物处理的最终步骤，实际上通常作为运输、贮存、填埋、堆肥、焚烧、热分解、熔融、压缩、磁选等的预处理手段，主要目的在于将固体废物转变成适合进一步加工或者能经济地再处理的形状与大小。固体废物的破碎可以达到以下目标。

① 使组成不一的废物混合均匀化，增加比表面积，提高焚烧、堆肥、热分解和资源

化等处理方法的稳定性和处理效率。

② 减少固体废物的容积，便于压缩、贮存、运输，减少运输费用。

③ 在堆肥化过程中可以产生颗粒大小比较适中的物料，以便满足堆肥化的工艺要求。

④ 防止粗大、锋利的物体损坏分选、焚烧、热解等处理方式的设备或者炉膛。

⑤ 提高分选时的筛分效率。

⑥ 进行垃圾填埋时，可以使废物的压实密度高而均匀，加速覆土还原。

64 固体废物破碎的方法主要有哪些?

根据固体废物破碎时所使用的外力，可以将破碎分为机械能破碎和非机械能破碎两种。机械能破碎是利用破碎工具对固体废物施加外力而使其破碎，通常包括挤压、冲击、剪切、摩擦、撕拉等方式。非机械能破碎指利用电能、热能等非机械能的方式对固体废物进行破碎，如低温破碎、湿式破碎、热力破碎、减压破碎、超声波破碎等。用于实际生产的破碎设备通常都是综合两种或者两种以上的破碎方法，对固体废物进行联合破碎，这样更能达到良好的破碎效果。

65 表征破碎设备的技术指标都有哪些?

表征破碎设备的主要技术指标包括破碎比和单位动力消耗。

（1）破碎比

即给料粒度与破碎后产品的粒度之比。用以说明破碎过程的特征以及鉴别设备破碎的效率，包括极限破碎比和真实破碎比两种。极限破碎比为废物破碎前的最大粒度与破碎之后的最大粒度之比。真实破碎比为废物破碎前的平均粒度与破碎之后的平均粒度之比。

（2）单位动力消耗

即单位质量破碎产品的能量消耗，用以判别破碎机消耗的经济性。一般情况下，破碎设备的单位动力消耗可根据经验数据来确定，在经验数据不足的情况下可以根据 Kick 定律来计算：

$$E = c\ln\frac{D}{d}$$

式中，E 为单位动力消耗，kW·h/t；c 为动力消耗常数，kW·h/t；D 为废物原始尺寸，m；d 为废物最终尺寸，m。

66 破碎工艺的基本流程有哪些种类？各有什么特点?

根据城市垃圾的性质、颗粒大小、要求达到的破碎比和选用的破碎机类型，每段破碎流程可以有不同的组合方式，其基本的工艺流程和特点如图 3-3 所示。

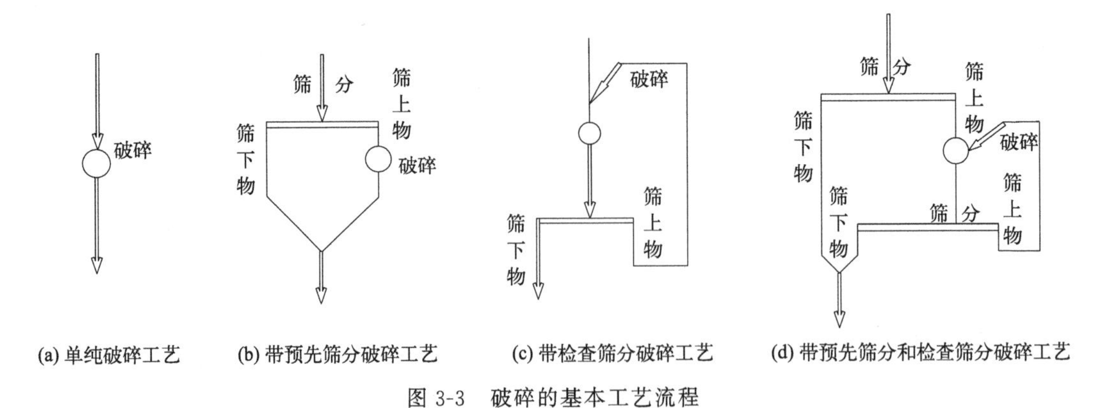

图 3-3 破碎的基本工艺流程

67 如何针对固体废物的性质选择破碎方法?

选择破碎方法时，需要根据固体废物的机械强度，特别是废物的硬度来加以确定。一般说来，对于脆硬性废物（如废矿石等），应该采用挤压、劈裂、弯曲、冲击和磨碎等方法；对于柔硬性废物（如废钢铁、废塑料等），多用剪切和冲击破碎；对于含有大量废纸的生活垃圾，湿式和半湿式破碎具有较好的效果；对于粗大的固体废物，一般先剪切或者压缩成型后，再利用破碎机进行破碎。

选择破碎机时，应该满足以下基本要求：

① 设备的处理规模必须根据设计处理量和现有处理能力综合考虑，破碎机的正常处理能力与物料的类型、进料尺寸大小、密度以及出料尺寸要求等相关。

② 应根据被破碎物料的性质和尺寸大小选择破碎机的机型和种类。

③ 使用破碎机械的同时应该设置环境保护措施：对于常温干式破碎机，应该使用除尘装置来防止粉尘污染大气；采取充分的措施消除振动；采取适当的隔声装置来减少噪声。

④ 对破碎机械以及工艺过程应该采取保护措施：当被破碎物料中含有易燃易爆物时，应该采取适当的安全措施，如装设喷水龙头等加以防护。

68 常用的固体废物破碎机有哪几种类型?

常用的固体废物破碎机包括以下几种。

（1）剪切式破碎机

通过固定刀和可动刀之间的作用，将固体废物切开或者割裂成适宜的形状和尺寸，比较适合低二氧化硅含量的松散废物的破碎。

（2）锤式破碎机

这是典型的冲击式破碎机，也是最普通的工业破碎设备。其原理是利用电动机带动大的转子，转子上面铰接重锤，以转子为轴转动，通过重锤对废物的冲击，冲击后抛射到破碎板上时的冲击作用，以及锤头引起的剪切作用等对废物进行破碎。主要用于破碎中等强度且腐蚀性较弱的固体废物，如矿业废物、硬质塑料、废弃金属家用器物等。

（3）颚式破碎机

是一种比较古老的破碎设备，主要是借助于动颚周期性地靠近或者离开固定颚，使物料受到挤压、劈裂和弯曲作用而破碎，具有结构简单、坚固、维护方便、工作可靠等优点。主要用于强度与韧性高、腐蚀性强的废物。

（4）辊式破碎机

利用辊子的转动，将废物卷入辊子之间加以挤压破碎。辊式破碎机广泛应用于中小型工矿企业，优点在于结构简单、工作可靠、成本低廉，不足之处在于生产效率比较低，破碎产品的粒度不够均匀，破碎比不大。辊式破碎机适宜于破碎脆性和韧性的中硬、松软、黏湿性物料，但不宜破碎大块的或者坚硬的物料。

69 什么是低温破碎？其优点和主要应用是什么？

低温破碎是利用常温下难以破碎的固体废物在低温时变脆的性能对其进行破碎的方法。同时，还可以根据不同物质脆化温度的差异进行选择性破碎。低温破碎通常采用液氮作为制冷剂，因为液氮具有制冷温度低、无毒、无爆炸危险的优点。

低温破碎相对于常温破碎的优点在于：

① 对于含有复合材质的物料，可以进行有效的破碎分离；

② 同一种材料在破碎后粒度均匀，尺寸大体一致，形状好，便于分离；

③ 动力消耗较低，噪声水平和振动水平也有所降低；

④ 对于极难破碎并且塑性极高的氟塑料废物，采用液氮低温破碎，可以获得碎块和粉末；

⑤ 破碎成品的形状适合于进一步的处理。

低温破碎技术由于成本较高，所以仅适宜处理在常温下难于破碎或难于分离的固体废物，具体应用主要有以下几个方面：

① 从有色金属混合物、废轮胎、包覆电线中回收铜、铝、锌等金属；

② 塑料的低温破碎；

③ 橡胶轮胎的破碎。

70 什么是湿式破碎？其优点和主要应用是什么？

湿式破碎是基于纸类在水力的作用下发生浆液化的原理，从而将废物利用与制浆造纸等工艺结合起来的一种破碎方法，主要是为了回收城市垃圾中大量的纸类废物。它将含有纸类物质的垃圾投入特制的破碎机内，和大量水流一起剧烈搅拌、破碎，使之成为浆液。由于破碎方法中使用大量的水，因此称为湿式破碎。

湿式破碎的主要优点在于：

① 垃圾呈浆液化，性质均匀，可以当成流体进行处理；

② 没有发热、爆炸等危险；

③ 不产生较大的噪声；

④ 经过脱水后的有机物残渣，其性质、水分和颗粒大小比较稳定；

⑤ 废物在液相中处理，不会孳生蚊蝇，不会挥发臭味，卫生条件较好。

湿式破碎可广泛应用于处理化学物质、纸浆、矿物等，也适合于回收垃圾中的纸类、玻璃、金属材料等。

（三）固体废物分选

71 什么是固体废物的分选?

固体废物的分选，是指通过一定的技术将固体废物分成两种或两种以上的物质，或分成两种或两种以上的粒度级别的过程，最终实现将混合废物中各种性质不一的成分分离开来，尤其是可回收利用的部分以及不利于后续处理处置工艺要求的部分，防止损害处理及利用设施或设备。它是固体废物预处理中最重要的操作工序之一。

72 固体废物分选的目的是什么?

固体废物的分选可以达到以下几方面的目的。

① 回收利用固体废物中有价值的物质，例如废塑料制品中的各种金属和有用物质。

② 在堆肥化处理之前除去废物中的非堆肥化成分，可以满足堆肥化的工艺要求，提高堆肥产品质量。

③ 在焚烧处理前分选，可以回收有用成分，去除部分不可燃物，提高物料热值，保证燃烧过程的顺利进行。

④ 在填埋处置前，除去有毒有害成分，从而保证后续工作的安全性。

73 固体废物的常见分选方法有哪些?

根据所利用的固体废物性质不同，分选通常分为筛分、重力分选、磁力分选、电力分选、浮选、光电分选、摩擦分选、弹性分选、半湿式破碎分选等。其中，前面的 5 种分选方法应用较为普遍。传统的城市垃圾分选方法则是从传送带上进行手选，但是其效率较低，远不能适应大规模垃圾资源化再生利用装备系统的要求，属于劳动密集型的方法。

74 分选效果的评价指标有哪些?

常用的分选效果的评价指标有：回收率、纯度和综合效率。

（1） 回收率

指单位时间内某一排料口中排出的某一组分的量与该组分进入分选机中的总量之比。

对于最简单的二级分选设备，如果以 x、y 分别代表两种物料的总量，x 在两个排出口被分为 x_1、x_2，y 在两个排出口被分为 y_1、y_2，则在第一排出口 x 及 y 的回收率为：

$$R_{x_1}=\frac{x_1}{x_1+x_2}\times100\%$$

$$R_{y_1}=\frac{y_1}{y_1+y_2}\times100\%$$

式中，R_{x_1} 为在第一排出口物料 x 的回收率，%；R_{y_1} 为在第一排出口物料 y 的回收率，%。

（2）纯度

单一用回收率这个指标不能完全说明分选效果，还应考虑某一组分物料在同一排出口排出物所占的分数，即纯度。则在第一排出口 x 及 y 的纯度为：

$$P_{x_1}=\frac{x_1}{x_1+y_1}\times100\%$$

$$P_{y_1}=\frac{y_1}{x_1+y_1}\times100\%$$

式中，P_{x_1} 为在第一排出口物料 x 的纯度，%；P_{y_1} 为在第一排出口物料 y 的纯度，%。

（3）回收率

回收率因分选方法不同有不同的含义。对于筛分来说，回收率又称为筛分效率，即筛下产品的质量占入筛废物中小于筛孔尺寸物料质量的百分比。

理想的分选设备既要有高的回收率，也要有高的纯度，在计算时，一般采用综合效率 E 来表示：

$$E(x,y)=\left|\frac{x_1}{x_0}-\frac{y_1}{y_0}\right|\times100\%=\left|\frac{x_2}{x_0}-\frac{y_2}{y_0}\right|\times100\%$$

75 什么是筛分？什么是筛分效率？

筛分是根据固体废物的粒度不同，用筛子将物料中小于筛孔的细粒物料透过筛面，而大于筛孔的粗粒物料留在筛面上，完成粗、细物料分离的过程。由于筛分过程受到各种因素的影响，总会有小于筛孔的细颗粒留在筛上随着粗颗粒一起排出，成为筛上物，从而影响分离效果。筛分效率用来表征筛分过程的分离程度，指筛下物的质量与入筛原料中所含的小于筛孔尺寸颗粒物的质量之比。

76 影响筛分效率的主要因素是什么？

影响固体废物筛分效率的因素有很多，主要可以归纳为以下几个方面。

（1）固体废物自身的性质

① 固体废物的粒度　粒度小于筛孔尺寸 3/4 的颗粒含量越多，筛分效率越高，反之

越低。

② 固体废物的含水率　固体废物外表的水分会使细粒结团或者附着在粗粒上而不宜过筛，但是含水率较高时，颗粒之间的凝聚力反而会下降，从而提高筛分效率。

③ 固体废物的含泥量　含泥量较高时，稍有水分就容易使细粒结团。

④ 废物的颗粒形状　多面和球形颗粒最容易筛分，片状或者条状颗粒容易在筛子振动时跳到物料上层，故而难以通过方形和圆形筛孔，但是却较容易通过长方形筛孔。

（2）筛分设备的性能

① 筛网的类型　编织筛网的筛分效率较高，其次是冲孔筛，再次是棒条筛。

② 筛孔的形状　一般来讲，方形筛孔比圆形筛孔筛分效率高，但是筛分粒度较小而水分较高的物料时，适宜采用圆形筛孔，避免方形筛孔的四角附近发生颗粒粘连现象。

③ 筛子的运动方式　固定筛、转筒筛、摇动筛、振动筛的筛分效率分别可以达到50％～60％、60％、70％～80％、90％以上。

④ 筛面大小、形状和倾角　筛面大小主要影响筛子处理能力，通常筛面长宽比为2.53左右，筛面倾角可以影响筛分时间，从而影响筛分效率，通常筛面倾角在15°～25°为宜。

（3）筛子操作条件

在筛分操作过程中，均匀连续给料既可以充分利用筛面，又便于细粒透筛，可以提高筛分效率。筛子的运动强度要适中，防止不足时导致物料不易松散分层和过强时物料很快排出，降低筛分效率。另外，还应注意及时清理和维护筛面。

77 固体废物处理中常用筛分设备有哪几种?

固体废物处理中常用的筛分设备包括以下几种。

（1）固定筛

由一组平行排列的钢制筛条组成，可以水平安装或者倾斜安装，结构简单，不需动力，设备费用较低，维修简单，应用比较广泛。但是容易堵塞，而且筛分效率较低，通常只有60％左右，只适合于粗筛作业。

（2）滚筒振动筛

筛面为带孔的圆柱形（或者截头圆锥形）通体，由转动装置带动，绕轴旋转，倾斜安装，废物在移动过程中按筛面网眼大小分级，不能通过筛网的物质由出口排出，广泛应用于城市生活垃圾处理厂，主要用于粗分级。

（3）惯性振动筛

由不平衡体的旋转产生惯性离心力，使筛箱产生振动，筛箱轨迹通常为椭圆或近似于圆形。适用于细粒废物（0.1～15mm）的筛分，也适用于潮湿及黏性物质的筛分。

（4）共振筛

是振动筛的一种，利用连杆上装有弹簧的曲柄连杆机构驱动，使筛子在共振状态下进行筛分。具有处理能力大、筛分效率高、耗电少、结构紧凑等优点，但制造工艺复杂、机体较重，适合于废物中细粒的筛分，也可用于物料分级、脱水、脱重介质以及脱泥筛分等。

（5）圆盘筛分机

也称滚轴筛，筛面由带有多个圆盘的转轴合拼而成，筛网就是圆盘的组合。由于是滚动摩擦，故所需动力小，但若要较高的筛分效率则需要较长的筛面，多用于纤维较少的粗筛场合。

78 什么是重力分选？主要有哪几种方式？

不同粒度和密度的固体颗粒组成的物料在流动介质中运动时，由于它们性质的差异和介质流动方式的不同，沉降速度也不同。重力分选就是根据固体颗粒间密度的差异，以及在运动介质中所受的重力、流体动力和其他机械力不同而实现按密度分选的过程。

根据分选介质的不同以及作用原理的差异，重力分选一般可以分为重介质分选、跳汰分选、风力分选、振动摇动分选、惯性分离等。

79 各种重力分选方式的原理和适用条件是什么？

各种重力分选方式的原理和适用条件如表 3-2 所示。

表 3-2 各种重力分选方式的原理和适用条件

分选方式	原理	适用条件
重介质分选	利用密度介于两种固体物质之间的液体介质，使置于其中的轻者上浮，重者下沉，从而将两种物质分开的方法，称为重介质分离法。重介质常采用不同浓度的固体悬浊液、氯化钙水溶液、四溴乙烷水溶液等	适合分离密度相差较大的固体颗粒，例如选矿、无机物的分离等，但是不适合包含可溶性物质的分选以及成分复杂的城市垃圾等的分选
跳汰分选	是在垂直变速介质流中按密度分选固体废物的一种方法。分为水力跳汰、风力跳汰、重介质跳汰三种类型。目前，固体废物的分选多采用水力跳汰。分选时，将固体废物送入跳汰机的筛板上，形成密集的物料层，从下面通过筛板周期性地以上下交变的水流冲击，使床层松散并且按密度分层，达到分离的目的	以前主要用于选矿，目前可以用在混合金属的分离和回收等方面
风力分选	是基于不同密度的固体颗粒在气体介质中的沉浮性能不同而进行分选的一种方法。密度小、粒度小、形状系数小的颗粒不易沉降，被气流向上带走或者水平带向较远的地方，成为轻产物；而那些密度大、粒度大、形状系数大的颗粒由于气流不能支持它而沉降，或由于惯性而在水平方向上抛出较近，成为重产物	是传统的分离方法，目前广泛应用于城市垃圾的粗分，因为它的分离精度不是太高，只适合将密度相差较大的有机组分和无机组分分开
振动摇动分选	通过振动或者摇动的方式进行固体废物的分选。以干式密度差风力分选机和摇床分选为代表。前者既利用了振动筛原理，又利用了风力分选。后者则是借助摇床面的不对称往复运动和薄层斜面水流的综合作用，使细粒固体废物按照密度差异在床面上呈扇形分布从而得到分离的方法	摇床分选主要用于从含硫铁矿较多的煤矸石中回收硫铁矿，是一种分选精度很高的操作单元
惯性分离	用高速传送带、旋转器或者气流沿水平方向抛射，物料的轨迹因为颗粒大小和密度不同而产生差别，从而按照惯性得到分离，也称弹道分离法	可以分离密度相差较大的固体废物

80 什么是磁选？应用在哪些方面？

磁选是利用磁选设备产生的不均匀磁场，根据固体废物中各种物质磁性的不同而将其进行分选的一种处理方法。当固体物质通过磁选机时，由于磁性不同，受到的磁力也不同，磁性较强的物质会被吸到磁选设备上，并随设备运动到非磁性区而脱落，磁性较弱或者没有磁性的物质则会留在废物中排出，从而完成磁力分选过程。磁选技术主要应用在从工业固体废物和城市生活垃圾中回收、富集黑色金属物质，以及在某些工艺中用以排出物料中的铁质物质。

81 磁选设备如何进行分类？

磁选设备的分类有多种方法。按照磁选机的用途，可以分为除铁器、磁分析器、磁化器和脱磁器等几种；按照磁选机的结构形式不同，可以分为带式、筒式、辊式、盘式、笼式等；按照磁场强弱程度不同，可以分为弱磁场磁选机（磁场强度 3000Gs 以下）、中磁场磁选机（磁场强度 3000～6000Gs）和高磁场磁选机（磁场强度 6000Gs 以上）；按照磁选机的磁场类型不同，又可以分为定磁场磁选机（以永久磁铁或者直流电电磁铁为磁源，磁场强度的大小和方向均不变）、旋转磁场磁选机（以永久磁铁做磁源，磁极绕轴旋转，磁场强度的大小和方向周期性变化）、变磁场磁选机（以交流电电磁铁作为磁源，磁场强度的大小和方向周期性变化）和脉动磁场磁选机（同时以交流电和直流电电磁铁作为磁源，磁场强度的大小随时间变化，但方向不变）。

目前，国内常用的磁选机包括悬挂带式永磁分选机和磁力辊筒分选机等。

82 什么是磁流体分选？应用在哪些方面？

磁流体是指某种能够在磁场或磁场与电场联合作用下磁化，呈现似“加重”现象，对颗粒产生磁浮力作用的稳定分散液。磁流体通常采用强电解质溶液、顺磁性溶液和铁磁性胶体悬浮液。似“加重”后的磁流体仍然具有原来的物理性质，如密度、流动性、黏滞性等。磁流体分选是利用城市垃圾各组分的磁性和密度的差异或磁性、导电性和密度的差异，使不同组分分离。当城市垃圾中各组分间的磁性差异小而密度或导电性差异较大时，采用磁流体可以有效地进行分离。

根据分选原理和介质不同，磁流体分选可以分为磁流体动力分选和磁流体静力分选两种。当要求分选精度高时采用静力分选，当固体废物中各组分间电导率差异大时采用动力分选。

83 电力分选的原理、特点和常用设备是什么？

电力分选也称电选，其作用原理是利用各种固体废物组分电导率、电阻率或电荷差异，通过高压电场对其进行分离的一种处理方法。该技术对于各种导体、半导体、绝缘体之间的分离非常简便而有效，例如各种塑料、橡胶和纤维纸、合成皮革和胶卷、各类树脂、树脂与纤维和纸等混合物的分选。

电力分选的常用设备包括静电分选机和高压电选机。

84 什么是浮选？可以应用于哪些方面？

浮选技术也是利用重力进行分选的一种形式，但是由于该法在选矿工业和工业废水的物理化学处理方面有广泛的应用，并且具有较为系统的理论和成熟的应用经验，可推广应用于固体废物的分选，所以一般将它从重力分选中单独列出。该法将固体废物用水调节成悬浮液，并加入浮选药剂，然后向浆料中通入空气，形成无数细小的气泡。因为各种物料的表面性质不同，对于气泡的黏附性也就不同，对气泡黏附性好的颗粒则可以借助气泡的浮力上浮至溶液表面成为泡沫层，另一部分黏附性不好的颗粒仍然留在浆料内，这样就达到了分离目的。

浮选法可以应用于从粉煤灰中回收炭，从煤矸石中回收硫铁矿，从焚烧炉灰渣中回收金属等。

85 浮选中常用的药剂是什么？各有什么作用？

根据在浮选过程中作用的不同，浮选药剂通常分为浮选剂、起泡剂和调整剂三大类。

浮选剂（也称捕收剂）可以选择性地吸附在欲选的物质颗粒表面，同时其非极性端则朝向水中，使颗粒的疏水性增加，可浮性得到提高，易于被气泡黏附从而浮出水面。

起泡剂是一种表面活性剂，主要作用在于降低水-气界面上的表面张力，促使空气在浆料中弥散，形成微小的气泡，防止气泡合并，增大分选界面，提高气泡与颗粒的黏附以及在上浮过程中的稳定性，从而保证气泡上浮形成泡沫层。

调整剂的作用主要在于调整其他药剂（主要是浮选剂）与物质颗粒表面之间的作用，也可以用来调整浆料的性质，提高浮选过程的选择性。其主要包括活化剂、抑制剂、介质调整剂、分散与混凝剂等。

86 良好的捕收剂应满足哪些条件？常用的捕收剂包括哪些类型？

良好的捕收剂应具备几个特点：①捕收作用强，具有足够的活性；②有较高的选择性，最好只对某一种物质颗粒具有捕收作用；③易溶于水、无毒、无臭、成分稳定，不易变质；④价廉易得。

常用的捕收剂有异极性捕收剂和非极性油类捕收剂两类。

（1）异极性捕收剂

异极性捕收剂的分子结构包含两个基团：极性基和非极性基。极性基活泼，能够与物质颗粒表面发生作用，使捕收剂吸附在物质颗粒表面；非极性基起疏水作用。典型的异极性捕收剂有黄药、油酸等。从煤矸石中回收黄铁矿时，常采用黄药作为捕收剂。

（2）非极性油类捕收剂

非极性油类捕收剂的主要成分是脂肪烷烃（C_nH_{2n+2}）和环烷烃（C_nH_{2n}），最常用的是煤油，它是分馏温度在150～300℃范围内的液态烃。烃类油的整个分子是非极性的，难溶于水，具有很强的疏水性。在浆料中由于强烈搅拌作用而被乳化成微细的油滴，与物质颗粒碰撞接触时，便黏附于疏水性颗粒表面上，并且在其表面上扩展形成油膜，从而大大增加了颗粒表面的疏水性，使其可浮性提高。从粉煤灰中回收炭，常采用煤油作为捕收剂。

87 浮选用起泡剂应该具备哪些性质?

浮选用的起泡剂应具备以下性质：

① 用量少，能形成量多、分布均匀、大小适宜、韧性适当和黏度不大的气泡。

② 有良好的流动性，适当的水溶性，无毒、无腐蚀性，便于使用。

③ 无捕收作用，对浆料的 pH 值变化和浆料中的各种物质颗粒有较好的适应性。

常用的起泡剂有松油、松醇油、脂肪醇等。

88 常用的浮选用调整剂主要包括哪些类型?

浮选用调整剂的种类较多，按其作用可分为以下四种。

① 活化剂　凡能促进捕收剂与欲选物质颗粒的作用，从而提高欲选物质颗粒可浮性的药剂称为活化剂，其作用称为活化作用。常用的活化剂多为无机盐，如硫化钠、硫酸铜等。

② 抑制剂　抑制剂与活化剂作用相反，其作用是削弱非选物质颗粒与捕收剂之间的作用，抑制其可浮性，增大其与欲选物质颗粒之间的可浮性差异，提高分选过程的选择性。常用的抑制剂有各种无机盐（如水玻璃）和有机物（如单宁、淀粉等）。

③ 介质的调整剂　调整剂的主要作用是调整浆料的性质，使浆料对某些物质颗粒的浮选有利，而对另一些物质颗粒的浮选不利。例如，用它调整浆料的离子组成，改变浆料的 pH 值，调整可溶性盐的浓度等。常用的介质调整剂是酸类和碱类。

④ 分散与混凝剂　调整浆料中细泥的分散、团聚与絮凝，以减小细泥对浮选的不利影响，改善和提高浮选效果。常用的分散剂有无机盐类（如苏打、水玻璃等）和高分子化合物（如各类聚磷酸盐）。常用的混凝剂有石灰、明矾、聚丙烯酰胺等。

89 浮选工艺过程包括哪几个步骤?

浮选的工艺过程主要包括以下几个步骤。

① 浮选前浆料的调制　将固体废物进行破碎、研磨等，从而得到粒度适宜、基本上解离为单体的颗粒，用以配置浓度适宜、满足浮选工艺要求的浆料。

② 加入药剂进行调整　添加药剂的种类和添加量，应该根据欲选物质的性质，通过试验加以确定。一般在浮选前添加药剂总量的60%～70%，剩余部分则在浮选过程中分

几次在适当的地点进行添加。

③ 充气浮选　将调整好的浆料引入浮选机内，进行充气搅拌，形成泡沫层。

④ 收取产品　将液面上的泡沫层刮出，收集，过滤脱水，得到浮选产品。不能黏附于气泡的物质则留在浆料内，进行处理后废弃或者作为别的用途使用。

90 什么是半湿式选择性破碎分选？其优点是什么？

半湿式选择性破碎分选是近代开发的一种高级的，可同时进行固体废物的破碎和分选的技术。它利用各种物质在一定湿度下具有不同强度和脆度的特点，将其分别破碎成不同的粒度，然后根据粒度进行分选。因为本法既非干法又非完全浆液化的湿法，故而称为半湿式选择性破碎分选。

半湿式选择性破碎分选主要应用于城市生活垃圾的分选，其处理主要分三段进行。第一段和第二段均装有不同筛孔的外旋转滚筒筛和筛内与之反向运动的破碎板。容易破碎的脆性物质（如玻璃陶瓷等）以及厨余垃圾在第一阶段就从筛网中排出。第二阶段喷射水分，中等强度的纸类被破碎板破碎，从筛孔中排出。最后剩下的则是延展性较大的垃圾，如金属、塑料、橡胶、木材、皮革等，从第三段排出。

半湿式选择性破碎分选的优点在于：

① 能够将城市生活垃圾在一台机器中同时进行破碎和分选；

② 可以有效地回收垃圾中的有用物质；

③ 对进料的适应性好，不会产生过度破碎的现象；

④ 动力消耗低，处理费用低；

⑤ 厨余垃圾的分选特别有效，可以选择性地除去厨余垃圾。

91 什么是生活垃圾高压挤压分离技术？具有怎样的特点？

高压挤压分离技术是一种新型的垃圾资源化预处理技术。有机垃圾成分都具有一定的流动性，而无机垃圾及塑料袋、大型纤维等没有流动性。百兆帕级的高压可以挤破垃圾袋，使湿垃圾迅速流动并最终穿过高压腔体的小孔分离出来。高压腔体的周围布满湿垃圾流出的小孔通道，保证湿垃圾能够顺利快速地流出，并能阻止干垃圾外逸。

该技术的特点为可以将生活垃圾中的水分及可溶性物质挤出，分离干湿组分，使得干垃圾更干、湿垃圾更湿，为后续垃圾资源化提供便利。

（四）固体废物固化和稳定化

92 什么是固体废物固化和稳定化？

固体废物的固化与稳定化处理是选用适当的添加剂与固体废物混合，使其中的有毒有害成分呈现化学惰性或者被包容起来，以降低废物的毒害性和减少污染，便于运输、利用和处置。固化是指在固体废物中添加固化剂，使其转变为不可流动固体或形成紧密固体的过程。稳定化是指将有毒有害污染物转变为低溶解性、低迁移性以及低毒性物质的过程。

固化可以看作是一种特定的稳定化过程，可以理解为稳定化的一个部分。但从概念上它们又有所区别。无论是稳定化还是固化，其目的都是减小废物的毒性和可迁移性，同时改善被处理对象的工程性质。

固体废物的稳定化，通常包括物理稳定化和化学稳定化两种。物理稳定化是指利用物理方法使废物达到稳定化，例如以惰性基材将固体废物包封起来使之与环境隔绝，或者将污泥或半固体物质与疏松物料混合形成粗颗粒、有土壤状坚实度的固体等。化学稳定化指通过化学反应使固体废物中的污染成分发生分解而无害化，或者产生固态沉淀物而使有害成分不再受浸出影响，或者废物中污染成分与外加药剂经过反应形成新的无害物质的稳定化方法。一般来讲，两种稳定化方法不能截然分开，几乎总是同时发生。

93 固体废物固化和稳定化有何应用?

在工业生产和废物管理，特别是废水和废气的治理过程中，总是会产生半固态残渣、污泥、浓缩液等危险废物，需要对其进行先期的无害化处理，才能达到最终的无害化处置。固化和稳定化就是目前经常采用的对危险废物的无害化处理方式。经过固化和稳定化处理后，固体废物中的污染成分呈现化学惰性，不再表现出危险废物的各种特性，因而可以进行运输和最终的土地安全处置。

固体废物的固化和稳定化通常成本较高，并且可能增加固体废物的体积、运输量、处置空间和处置费用，所以通常只用于放射性废物和具有毒性以及反应性等危险特性的化学品，包括用于焚烧产生的灰分，铅、锌等冶炼过程所产生的高浓度砷废渣的处理等。

94 固化和稳定化处理的基本要求是什么?

固化和稳定化处理有以下几个基本要求。

① 所得到的产品应该具有一定的几何形状和较好的物理性质、化学性质，是一种密实的稳定的固体。

② 处理过程必须简单，并且能够有效地减少有毒有害物质的逸出，避免工作场所和环境的污染。

③ 最终产品的体积应尽可能的小。

④ 处理费用应该尽可能的低廉。

⑤ 放射性废物所产生的固化产品，应该具有较好的导热性和热稳定性，便于使用冷却方法以防止固化体温度的升高和自熔化现象，同时产品应该具有较好的耐辐照稳定性。

⑥ 产品中有毒有害物质的水分或其他指定浸提剂所浸提出的量不能超过容许水平或者浸出毒性标准。

95 固化和稳定化的主要技术有哪几种?

迄今尚未研究出一种适于处理所有类型危险废物的最佳固化和稳定化方法，目前所采用的各种固化和稳定化方法往往只能适用于处理一种或几种类型的废物。根据固化基材及固化过程的不同，目前常用的固化和稳定化方法主要分为以下几种类型。

① 包胶固化　采用某种固化基材对废物块或废物堆进行包覆处理的方法称为包胶固化。根据基材的不同又可分为水泥固化、石灰固化和有机聚合物固化等。

② 自胶结固化　此法是利用废物本身的胶结黏性进行固化的处理方法，主要适用于处理硫酸钙和亚硫酸钙废物。

③ 熔融固化（玻璃固化）和陶瓷固化　利用制造玻璃或陶瓷的成熟技术，将废物在高温下煅烧成氧化物，再与加入的添加剂煅烧、熔融、烧结成硅酸盐岩石（陶粒）或玻璃体。

96 固化和稳定化常用的药剂与材料有哪些?

根据所选择的固化工艺路线，常用的材料包括水泥、石灰、沥青、聚乙烯、聚氯乙烯树脂、脲醛树脂和不饱和树脂等。

稳定化的药剂主要有磷酸盐类药剂（如磷酸二氢钾、磷酸氢二铵等可溶性磷酸盐和磷酸钙、磷灰石、骨粉等难溶性磷酸盐）、硫酸盐类药剂（如硫氢化钠、硫化钙、硫化亚铁、二硫代氨基甲酸盐、硫脲等），用于降低重金属的迁移性；黏土矿物（如海泡石、凹凸棒、膨润土、沸石等）类药剂以吸附的方式固定土壤中的重金属污染物；碱性药剂（石灰、粉煤灰、炉渣、赤泥等）用于提高 pH，增强土壤对金属离子的吸附能力，促进碳酸盐或氢氧化物沉淀的形成，降低重金属迁移能力和生物有效性。

此外，金属类药剂（金属及金属氧化物）、生物炭、有机螯合类药剂、复合类药剂以及矿渣等工业废物也被用于土壤固化/稳定化修复实验中。

97 什么是水泥固化技术？主要应用在哪些方面?

水泥固化是一种以水泥为基材的固化方法。由于水泥是一种无机胶结材料，经过水化反应后可以生成坚硬的水泥固化体，因此水泥是最常用的危险废物稳定剂。

水泥固化最适合用于无机类型的废物，尤其是含有 Pb、Cu、Zn、Sn、Cd、Ni、Cr 等重金属污染物的废物。这是因为水泥具有高 pH 值，可以使几乎所有的重金属形成不溶性的氢氧化物或者以碳酸盐的形式固定在固化体中。目前，水泥固化技术广泛应用于电镀污泥的处理，也可用于处理各类复杂的废物，如多氯联苯、油泥、树脂、塑料、石棉、硫化物等。用水泥固化和稳定化的主要缺点是，对于某些污染物反应较为灵敏，会由于某些污染物的存在而推迟固化时间，甚至影响最终的硬结效果。

98 影响水泥固化的主要因素有哪些?

影响水泥固化的因素有很多，主要包括以下几方面。

（1）pH 值

大部分金属离子的溶解度与 pH 值有关，对于金属离子的固定，pH 值有显著的影响。当 pH 值较高时，许多金属离子将形成氢氧化物沉淀，且 pH 值高时，水中的 CO_3^{2-} 浓度也高，有利于生成碳酸盐沉淀。不过，应该注意的是，pH 值过高，会形成带负电荷的羟基络合物，溶解度反而升高。

（2）水、水泥和废物的比例

水分过小，则无法保证水泥的充分水合作用；水分过大，则会出现泌水现象，影响固化块的强度。水泥与废物之间的比例通常应用试验方法确定。

（3）凝固时间

为确保水泥废物混合浆料能够在混合以后有足够的时间进行输送、装桶或者浇注，必须适当控制初凝和终凝的时间。通常设置的初凝时间大于 2h，终凝时间在 48h 以内。凝结时间的控制是通过加入促凝剂（偏铝酸钠、氯化钙、氢氧化铁等无机盐）和缓凝剂（有机物、泥沙、硼酸钠等）来完成的。

（4）其他添加剂

为使固化体达到良好的性能，还经常加入其他成分。例如，加入适当数量的沸石或蛭石，可消耗一定的硫酸或硫酸盐，从而防止由于生成水化硫酸铝钙而导致固化体的膨胀和破裂。例如，可加入少量硫化物以有效地固定重金属离子等，从而减小有害物质的浸出速率。

（5）固化块的成型工艺

并非在所有的情况下均要求固化块达到一定的强度，例如，对最终的稳定化产物进行填埋或贮存时，就无须提出强度要求。但当准备利用废物处理后的固化块作为建筑材料时，达到预定强度的要求就变得十分重要，通常需要达到 10MPa 以上的指标。

99 石灰固化的原理、优缺点和适用范围是什么?

石灰固化是指以石灰、垃圾焚烧飞灰、水泥窑灰以及熔矿炉炉渣等具有波索来反应（Pozzolanic reaction）的物质为固化基材而进行的固化和稳定化操作。

$Ca(OH)_2+SiO_2+H_2O \longrightarrow (CaO)_x(SiO_2)_y(H_2O)_z$ 水合硅酸钙

$Ca(OH)_2+Al_2O_3+H_2O \longrightarrow (CaO)_x(Al_2O_3)_y(H_2O)_z$ 水合铝酸钙

$Ca(OH)_2+Al_2O_3+SiO_2+H_2O \longrightarrow (CaO)_x(Al_2O_3)_y(SiO_2)_z(H_2O)_w$ 水合硅铝酸钙

$Ca(OH)_2+Al_2O_3+SO_3+H_2O \longrightarrow (CaO)_x(Al_2O_3)_y(CaSO_3)_z(H_2O)_w$ 水合亚硫酸钙铝酸钙

石灰固化的优点在于使用的填料来源丰富、价格便宜，同时操作简单，无需特殊设备，处理费用低，被固化的物质不要求脱水和干燥，可在常温下操作等。缺点在于增容比较大，固化体容易受酸性介质侵蚀，所能提供的结构强度不够高，不如水泥固化。

石灰固化技术适用于固化钢铁、机械的酸洗工序所排放的废液和废渣、电镀污泥、烟道脱硫废渣、石油冶炼污泥等。

100 热固性材料包容技术和热塑性材料包容技术各有哪些优缺点?

（1）热固性材料包容技术

热固性材料是指在加热时会从液体变成固体并硬化的材料，以后再次加热也不会重新软化。它实际上是一种由小分子变成大分子的交链聚合过程，利用热固性有机单体（例如脲醛）和已经过粉碎处理的废物充分混合，在助絮剂和催化剂的作用下产生聚合，以形成海绵状的聚合物质，从而在每个废物颗粒的周围形成一层不透水的保护膜。

与其他方法相比，该法的主要优点是添加剂密度较低，所需要的数量也较少，增容比和固化体密度较小。缺点是操作过程复杂，热固性材料自身价格高昂，同时由于操作中有机物的挥发容易引起燃烧起火，所以通常不能在现场大规模应用，只能处理小量、高危害性废物，例如剧毒废物、医院或研究单位产生的小量放射性废物等。

（2）热塑性材料包容技术

热塑性物质（如沥青、石蜡、聚乙烯、聚丙烯等）在常温下为固态，高温时则变为熔融的胶状液体，冷却后再次形成固态。用热塑性材料包容时，可以用熔融的热塑性物质在高温下与危险废物混合，冷却后废物就被固化的热塑性材料所包容，从而达到稳定化目的。

该法的优点在于可以使用间歇式工艺，也可以使用连续操作的设备。与水泥等无机材料的固化工艺相比，除去污染物的浸出率低得多外，由于需要的包容材料少，又在高温下蒸发了大量的水分，它的增容率也就较低。其主要缺点是在高温下进行操作会带来很多不方便之处，而且较为耗费能量；同时操作时会产生大量的挥发性物质，其中有些是有害的物质。另外，有时废物中含有影响稳定剂的热塑性物质或者某些溶剂，将影响最终的稳定效果。最常用的热塑性材料是沥青。

101 什么是有机物聚合固化？其优缺点是什么?

有机物聚合固化是将一种有机聚合物的单体与废物在一个特殊设计的混合容器中完全混合，然后加入一种催化剂搅拌均匀，使其固化的方法。通常使用的有机聚合物主要有脲醛树脂和不饱和聚酯，可以处理含重金属、油及有机物的电镀污泥等。

有机物聚合固化的优点是可以在常温下操作，添加的催化剂数量少，终产品的体积小，既能处理湿泥浆，也能处理干渣，固化产物密度小，不可燃。其缺点是此法属于物理包胶法，不够安全，有时包胶剂要求用强酸性催化剂，故要求使用耐腐蚀设备，同时在聚合过程中可能会使重金属溶出。另外此法要求操作熟练，在最终产品处置前都要有容器包装。

102 什么是自胶结固化技术？主要应用在哪些方面？

自胶结固化是利用废物自身的胶结特性来达到固化目的的方法。

废物中所含有的 $CaSO_4$ 与 $CaSO_3$ 均以二水化和物的形式存在，其形式为 $CaSO_4 \cdot 2H_2O$ 与 $CaSO_3 \cdot 2H_2O$。对它们加热到107～170℃，即达到脱水温度，此时将逐渐生成 $CaSO_4 \cdot 0.5H_2O$ 和 $CaSO_3 \cdot 0.5H_2O$。这两种物质在遇到水以后，会重新恢复为二水化和物，并迅速凝固和硬化。将含有大量硫酸钙和亚硫酸钙的废物在控制的温度下煅烧，然后与特制的添加剂和填料混合成为稀浆，经过凝结硬化过程即可形成自胶结固化体。

该技术主要用来处理含有大量硫酸钙和亚硫酸钙的废物，如磷石膏、烟道气脱硫废渣等，在废物中的二水合石膏的含量最好高于80%。自胶结固化法的主要优点是工艺简单，不需要加入大量添加剂。其缺点在于只限于含有大量硫酸钙的废物，应用面较为狭窄。此外还要求熟练的操作和比较复杂的设备，煅烧泥渣也需要消耗一定的热量。

103 什么是熔融固化法？熔融炉设备有哪些？

高温熔融玻璃化处理技术是实现固体废物无害化、减量化和资源化的有效的、可行的处理方法，即高温熔融（例如等离子体式、燃料式熔融）可以将固体废物尤其是危险废物熔融冷却后形成物理化学性质稳定的玻璃态物质，如图3-4所示。玻璃体具有浸出毒性低、环境稳定性高等特点，且可作为建筑、铺路材料进行综合利用，有利于减少填埋量，提高环境效益和经济社会效益。

图3-4　飞灰熔融后形成的玻璃体

熔融固化目前主要应用在以下三个方面：①利用某些天然岩石或者某些工业废渣为原料生产铸石材料；②处理被污染的土壤；③处理垃圾焚烧飞灰。

熔融玻璃化技术主要根据熔融炉设备进行区分，根据能量来源/加热方式不同，熔融炉设备一般分为燃料加热熔融炉和电加热熔融炉，特性如表3-3所示。

表 3-3　各类熔融设备特性

熔融方式	燃料加热熔融炉(膜状熔融炉)				电加热熔融炉			
名称	表面熔融炉	焦炭床熔融炉	内部熔融炉	旋流式熔融炉	等离子体电弧式熔融炉	电阻加热	等离子体炬加热	电诱导加热
热源	自燃＋重油;或煤油燃烧火焰	焦炭	高温灰渣及含有的10%～15%残炭＋电加热器	燃料油	AC电极与炉床碱金属间或DC双电极加电压产生高温电弧(3000℃)	DC或AC电极浸没于灰渣层中,在电极间通入电流,利用灰渣的电阻产生热能	石墨或铜中空电极经施加DC电压后,由载气带出高温等离子体炬	炉体周围设诱导线圈,通电后炉内由电磁诱导作用产生诱导电流,产生焦耳热
原料	高热值废弃物及含水率＜20%的灰渣	灰渣、含水率40%的干燥污泥饼	含10%～15%残炭的高温灰渣	灰渣	灰渣	灰渣	灰渣	灰渣
熔融温度	1300～1400℃	1600℃左右	1300℃左右	1400～1500℃	1400℃左右	1500℃左右	1500℃左右	1400℃左右
废气	从熔渣排口排出,比电加热熔融炉大				从熔融炉排气口排出			
其他	被熔融物粒度均匀、构造比较简单	产生的渣性状良好	熔融热源价廉	炉内氧化性气氛、扰动性大	熔融的安定性好	有灰盖在顶上;热损失比其他炉型小	烟气量小;需防止NO_2生成	用于灰渣熔融业绩少;工业应用于高放废液熔融玻璃化
项目所在地	日本	日本	日本	日本	英国、法国、中国	日本	美国、法国、日本、中国	日本

注：DC即直流电源；AC是交流电源。

104 什么是烧结固化？主要应用在哪些方面？

烧结固化是通过向待固化的粉末状颗粒物提供扩散能量，使大部分气孔排除，并在固化体中的晶相边界发生部分熔融，在低于熔点的温度下形成致密坚硬的烧结体，如图3-5所示。其所需能量比熔融法低。烧结前废物需经过分拣、粉碎等处理，再加入添加剂，搅拌均匀后经高温烧结、化学反应，并用特殊的模具定形还原成新型高强度合成材料。

图3-5　污泥烧结固化后生产的陶粒

烧结固化常用于处理工业固体废渣，包括粉煤灰、尾矿、磷渣、废砂、炉渣、赤泥、硫酸渣、污泥等。

105 化学稳定化技术主要包括哪几种?

化学稳定化技术主要用来处理重金属废物，包括以下几种。

① pH 值控制技术　加入碱性药剂，将废物的 pH 值调整至使重金属离子具有最小溶解度的范围，从而实现稳定化。

② 氧化/还原电势控制技术　将某些重金属离子还原成最利于沉淀的价态，使其更利于沉淀的技术。

③ 沉淀技术　包括氧化物沉淀、硫化物沉淀、硅酸盐沉淀、共沉淀、无机配合物沉淀和有机配合物沉淀等。

④ 吸附技术　利用吸附剂对重金属废物进行吸附，从而使其稳定化的技术。处理重金属废物的常用吸附剂有：活性炭、黏土、金属氧化物（氧化铁、氧化镁、氧化铝等）、天然材料（锯末、沙、泥炭等）、人工材料（飞灰、活性氧化铝、有机聚合物等）。

⑤ 离子交换技术　最常见的离子交换剂是有机离子交换树脂、天然或人工合成的沸石、硅胶等。用有机树脂和其他的人工合成材料去除水中的重金属离子通常是非常昂贵的，而且和吸附一样，这种方法一般只适用于给水和废水处理。另外，还需注意的是，离子交换与吸附都是可逆的过程，如果逆反应发生的条件得到满足，污染物将会重新逸出。

106 如何评价固化和稳定化产物的性能?

为了达到无害化的目的，要求固化和稳定化的产物必须具备一定的性能，这些性能包括：①抗浸出性；②抗干湿性、抗冻融性；③耐腐蚀性、不燃性；④抗渗透性（固化产物）；⑤足够的机械强度（固化产物）。

对固化和稳定化的效果进行全面评价是一个相当复杂的问题。它需要通过对固化和稳定化处理后的废物进行物理、化学和工程方面的测试。应该注意的是，测定的结果与测定的方法有很大的关系。此外，预测经过稳定化的废物的长期性能，是更加困难的任务。例如，在目前基本上还不可能测定已处理废物经过长期的冻融循环、干湿循环所产生的行为，或者在长期压力负荷或湿热环境下所产生的诱导效应等，因为这些条件在实验室条件下是无法模拟的。

为了评价废物固化和稳定化的效果，各国的环保部门都制定了一系列的测试方法。很明显，人们不可能找到一个理想的，适用于一切废物的测试技术。每种测试得到的结果都只能说明某种技术对于特定废物的某一些污染特性的稳定效果。测试技术的选择以及对测试结果采用何种解释取决于对废物进行稳定化处理的具体目的。

107 评价固化和稳定化效果的指标主要有哪些?

判断固化和稳定化的效果，通常采用以下几种物理和化学指标。

(1) 浸出率

有毒有害物质通过溶解进入地表或地下水环境中，是废物污染扩散的主要途径。因此，固化体的浸出率是鉴别固化体产品性能最重要的一项指标。通过实验室或不同的研究单位之间固化体浸出率的比较，可以对固化方法及工艺条件进行比较、改进或选择，有助于预估各种类型固化体暴露在不同环境时的性能，并且可以估计有毒危险废物的固化体在贮存或运输条件下与水接触所引起的危险大小。

(2) 体积变化因数

体积变化因数为固化处理前后固体废物的体积比，即

$$C_R=\frac{V_1}{V_2}$$

式中，C_R 为体积变化因数；V_1 和 V_2 分别为固化前、后固体废物的体积。

体积变化因数是鉴别固化方法好坏和衡量最终处置成本的一项重要指标。它的大小实际上取决于能掺入固化体中的盐量和可接受的有毒有害物质的水平。因此，也常用掺入盐量的百分数来鉴别固化效果；对于放射性废物，C_R 还受辐照稳定性和热稳定性的限制。

(3) 抗压强度

为了能够安全贮存，固化体必须具有起码的抗压强度，否则会出现破碎和散裂，从而增加暴露的表面积和污染环境的可能性。

对于一般的危险废物，经固化处理后得到的固化体，如进行处置或装桶贮存，对其抗压强度的要求较低，控制在 0.1～0.5MPa 便可；如用作建筑材料，则对其抗压强度要求较高，应大于 10MPa。

(4) 其他指标

根据最终处置场所环境条件，有时还需考虑固化体的抗渗透性、抗干湿性、抗冻融性等性能指标，以预测固化体的长期稳定性。

108 固化和稳定化产物长效性的影响因素有哪些?

固化和稳定化产物长效性由长期贮存期间发生的物理变化和化学反应决定。例如，外部应力产生的裂纹（或者冻融等机械力）会影响固化稳定化材料的物理耐久性；材料本身固定污染物的能力受到化学作用因素的影响。这些化学作用因素还包括与周围环境中的物质发生孔隙水的中和作用、沉淀反应、氧化还原电位的改变等。

固体废物处理处置技术

（一）焚烧处理

109 什么是固体废物焚烧处理？焚烧处理的优缺点有哪些？

固体废物的焚烧处理，是一种高温分解和高热氧化的过程，可燃性固体废物在充分供氧的条件下，发生燃烧反应，使其氧化分解，转化为气态物质和不可燃的固态残渣，从而达到减容、去除毒性和回收能源的目的，也就是我们常说的减量化、无害化和资源化。

焚烧处理具有以下优点：

① 项目用地省。同样的垃圾处理量，垃圾焚烧厂需要的用地面积只是垃圾卫生填埋场的 1/20～1/15。

② 处理速度快。垃圾在卫生填埋场中的分解通常需要 7～30 年，而焚烧处理只要垃圾的熔点低于 850℃，2h 左右就能处理完毕。

③ 减量效果好。同等量的垃圾，通过填埋约可减量 30%，通过堆肥约可减量 60%，而通过焚烧约可减量 90%。

④ 卫生安全。焚烧中产生的高温可以彻底消灭病原体并可将有毒有害的有机物氧化彻底分解，其最终产物通常都是化学性质比较稳定的灰渣。

⑤ 污染排放低。据德国权威环境研究机构预测，在满足控制标准的情况下，垃圾焚烧产生的污染仅为垃圾卫生填埋的 1/50 左右。

⑥ 能源利用高。目前国内焚烧发电技术的发电量为 250～350kW・h/t，大约每 5 个人产生的生活垃圾，通过焚烧发电可满足 1 个人的日常用电需求。

⑦ 不受天气影响，可以全天候操作。

当然，焚烧处理也有一些固有缺点：

① 投资费用大，占用资金周期长。

② 对于固体废物的热值有一定要求，一般不低于 5000 kJ/kg。这一点限制了其应用范围。

③ 焚烧过程有可能产生如二噁英等有毒有害污染物，需要投入大量资金对烟气进行处理。

目前发达国家先进城市生活垃圾最主要的处理方式是焚烧，尤其是土地资源稀缺、经济发达、人口较多的城市。据统计，目前，37 个发达国家和地区建有上千座生活垃圾焚烧厂，主要分布在欧洲、日本、美国等地。欧盟 19 个国家共建有焚烧厂几百座。美国虽然土地辽阔，但仍有上百座垃圾焚烧厂。

110 适合采用焚烧技术处理的固体废物有哪些?

一般而言，有机废物均具有可燃性，所以都可以进行焚烧处理，而不适合焚烧处理的废物种类是比较少的，如有机成分含量特别低的废物、易爆性废物、放射性废物等都不能采用焚烧处理。适合焚烧处理的废物种类包括：①废溶剂；②废油、油乳化物和油混合物；③废塑料、废橡胶和乳胶废物；④医院废物、制药废物、农药废物；⑤废脂肪；⑥炼油废物；⑦含蜡废物；⑧含酚废物和含卤素、硫、磷、氮化合物的有机废物；⑨被有害化学物质污染的固体废物（如土壤）或废液等；⑩城市生活垃圾等。

具有以下一种或者几种特性的固体废物可以选定焚烧处理方法：①具有生物毒性和危害性；②不易为生物降解，能在环境中长期存在；③易挥发或者易扩散；④燃点较低；⑤土地填埋处置不安全。

111 我国生活垃圾焚烧处理现状怎么样?

根据中国统计年鉴（2023），截至 2022 年，我国已建成垃圾焚烧设施 648 座，设施占比 46.32%；总处理规模 804670t/d，占无害化处理设施能力的 72.53%；年焚烧垃圾 19502.1×10^4t，占无害化处理总量的 79.86%。焚烧设施、焚烧处理能力和焚烧处理量上分别为 2012 年的 4.70 倍、6.56 倍和 5.44 倍。

112 哪些废物可以直接进入生活垃圾焚烧炉进行焚烧处置?

可以直接进入生活垃圾焚烧炉进行焚烧处置的废物主要有：

① 由环境卫生机构收集或者生活垃圾产生单位自行收集的混合生活垃圾；

② 由环境卫生机构收集的服装加工、食品加工以及其他为城市生活服务的行业产生的性质与生活垃圾相近的一般工业固体废物；

③ 生活垃圾堆肥处理过程中筛分工序产生的筛上物，以及其他生化处理过程中产生的固态残余组分；

④ 按照《医疗废物化学消毒集中处理工程技术规范》（HJ 228）、《医疗废物微波消毒集中处理工程技术规范》（HJ 229）、《医疗废物高温蒸汽消毒集中处理工程技术规范》（HJ 276）要求进行破碎毁形和消毒处理并满足消毒效果检验指标的《医疗废物分类目录》中的感染性废物。

113 生活垃圾焚烧厂选址要求有哪些?

《生活垃圾焚烧处理工程项目建设标准》(建标 142—2010) 中提出了九项焚烧厂的选址要求:

① 符合城市总体规划、环境卫生专业规划以及国家现行有关标准的规定。

② 具备满足工程建设的工程地质条件和水文地质条件。

③ 不受洪水、潮水或内涝的威胁。受条件限制，必须建在受到威胁区时，应有可靠的防洪、排涝措施。

④ 不宜选在重点保护的文化遗址、风景区及其夏季主导风向的上风向。

⑤ 宜靠近服务区，运距应经济合理。与服务区之间应有良好的交通运输条件。

⑥ 充分考虑焚烧产生的炉渣及飞灰的处理与处置。

⑦ 应有可靠的电力供应。

⑧ 应有可靠的供水水源及污水排放系统。

⑨ 对于利用焚烧余热发电的焚烧厂，应考虑易于接入地区电力网。对于利用余热供热的焚烧厂，宜靠近热力用户。

114 什么是“邻避效应”? 该怎样破解“邻避效应”?

邻避效应，英文原义为“别在我家后院”(not in my back yard)，是指社区居民因担心建设项目(如垃圾场、核电厂、殡仪馆等邻避设施)对身体健康、环境质量和资产价值等带来诸多负面影响，从而激发人们的嫌恶情结，对选址于本社区的具有负外部性的城市公共设施的反对，是伴随城市经济社会的发展与转型而出现的新型社会现象。

垃圾焚烧厂的邻避效应产生主要有三方面原因:

① 缘于公众对垃圾焚烧发电厂的认识亟待更新，还停留在垃圾运输遗洒严重，发电厂臭味冲天，二噁英等污染物排放超标的情形下，担心自身健康受损;

② 政府与企业对拟建或在建项目的环境信息公开不够，也未提供顺畅的渠道让公众有序理性参与决策过程;

③ 公众受信息缺乏、信息不实甚至谣言误导而对项目不信任并心有抵触。

因此，为破解“邻避效应”，需要政府、企业和公众三者的良性互动。

首先，企业应坚持信息透明化，向公众和政府提供完全的信息，消除信息不完全和不对称对公众心理和政府决策的负面影响。为此，企业除进行商务分析外，还应进行简明扼要、系统的风险分析，制定风险减轻与控制方案，并及时公开，吸收公众和政府的意见，确保受影响区拥有知情权、表达权。

其次，企业应遵循社区自愿和企业满意的原则进行选址，主动寻找自愿性社区，绝不能一厢情愿，也不能依靠政府指定。

再次，政府应出台受影响区域生态补偿与经济补偿制度，给项目所在地的发展机会损失、环境污染和生态恢复予以补偿，确保受影响区域的利益不受损失。

最后，完善政府与社会共同监管制度，引入第三方专业公司依法对项目建设运营进行指导、规范、监督与监测，加强社区监督，赋予社区一定的掌控权，强化政府的管理与监督作用。

115 生活垃圾焚烧厂是二噁英的产生源还是处理器？

进入垃圾焚烧厂的原生垃圾中也携带着一定含量的二噁英。研究数据显示，生活垃圾中原有的二噁英类在焚烧过程中被破坏，经过先进的烟气净化系统之后，排放到空气中的二噁英量不到垃圾带入量的1%，燃后飞灰中的二噁英含量也小于垃圾带入量的10%，总体而言，焚烧消减了垃圾中原有的约80%的二噁英。因此，现代化大型垃圾焚烧厂是二噁英的消减器，而不是发生器。

图4-1为典型现代垃圾焚烧厂二噁英流向示意图。

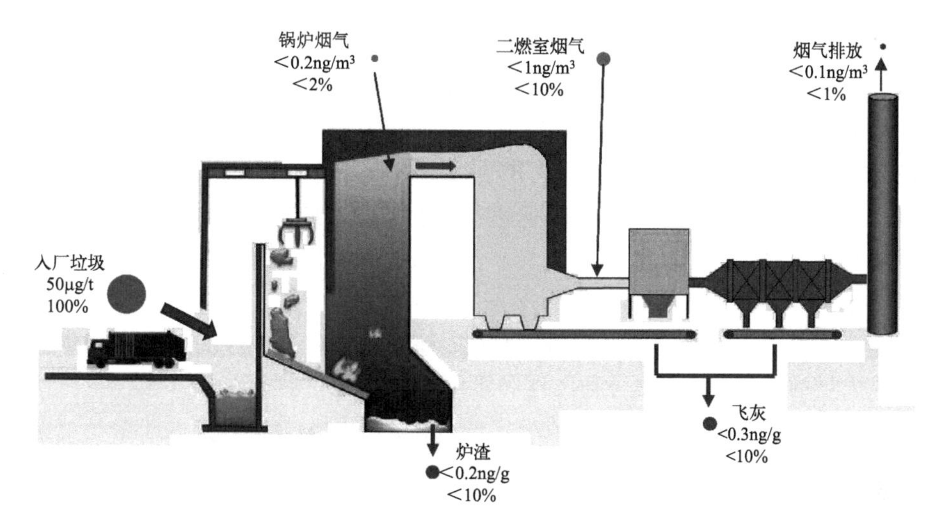

图4-1 典型现代垃圾焚烧厂二噁英流向

116 固体废物的热值如何确定？

固体废物的热值指单位质量的固体废物燃烧所释放出来的热量，以kJ/kg作为基本单位。热值的表示方法有两种，即低位热值（LHV）和高位热值（HHV）。在实际燃烧装置中，燃烧后所产生的烟气排出装置时温度仍相当高，一般都超过100℃，且水蒸气在烟气中的分压力又较大气压力低得多，故由燃烧反应所生成的水蒸气的汽化潜热就无法获得利用，燃料的实际放热量就将减少。高位热值与低位热值的不同在于产物水的状态不同。高位热值以液态水计算，低位热值以气态水计算，两者相差为水的汽化潜热。一般利用标准实验（氧弹量热计）先测量出低位热值，然后利用公式计算得出高位热值。

一般来讲，固体废物在低位热值达到3360kJ/kg以上时，比较适合焚烧，低于此值时，则需要添加辅助燃料助燃。

117 固体废物在焚烧炉内的燃烧方式有哪几种?

废物在焚烧炉内的燃烧方式，按照燃烧气体的流动方向，可分为反向流、同向流及旋涡流等几类；按照助燃空气加入的阶段数，可分为单段燃烧和多段燃烧；按照助燃空气供应量，可分为过氧燃烧、缺氧燃烧（控气式）和热解燃烧等方式。

（1）按燃烧气体流动方式分类

① 反向流　焚烧炉的燃烧气体与废物流动方向相反，适用于难燃性、闪火点高的废物燃烧。

② 同向流　焚烧炉的燃烧气体与废物移动方向相同，适用于易燃性、闪火点低的废物燃烧。

③ 旋涡流　燃烧气体由炉周围方向切线加入，造成炉内燃烧气流的旋涡性，可使炉内气流扰动性增大，不易发生短流，废气流经路径和停留时间长。而且气流中间温度非常高，周围温度并不高，燃烧较为完全。

（2）按助燃空气加入段数分类

① 单段燃烧　废物在燃烧过程中，开始是先将水分蒸发，其次是废物中的挥发分开始热分解，成为挥发性烃类化合物，迅速进行挥发燃烧；最后才是碳颗粒的表面燃烧。因此单段燃烧时，一般必须送入大量的空气，且需较长停留时间才能将未燃烧的碳颗粒完全燃烧。

② 多段燃烧　首先在一次燃烧过程中提供未充足的空气量，使废物进行蒸发和热解燃烧，产生大量的CO、烃类化合物气体和微细的碳颗粒；然后在第二次、第三次燃烧过程中，再供给充足空气使其逐次氧化成稳定的气体。多段燃烧的优点是燃烧所必须提供的气体量不需要太大，因此在第一燃烧室内送风量小，不易将底灰带出，产生颗粒物的可能性较小。目前最常用的是两段燃烧。

（3）按燃烧室空气供给量分类

① 过氧燃烧　即第一燃烧室供给充足的空气量（即超过理论空气量）。

② 缺氧燃烧　即第一燃烧室供给的空气量约是理论空气量的70%～80%，处于缺氧状态，使废物在此室内裂解成较小分子的烃类化合物气体、CO与少量微细的碳颗粒，到第二燃烧室再供给充足空气使其氧化成稳定的气体。由于经过阶段性的空气供给，可使燃烧反应较为稳定，产生的污染物相对较少，且在第一燃烧室供给的空气量少，所带出的粒状物质也相对较少，为目前焚烧炉设计与操作较常使用的模式。

③ 热解燃烧　第一燃烧室与热解炉相似，利用部分燃烧炉体升温，向燃烧室内加入少量的空气（约为理论空气量的20%～30%），加速废物裂解反应的进行，产生部分可回收利用的裂解油，裂解后的烟气中仅有微量的粉尘与大量的CO和烃类化合物气体，加入充足的空气使其迅速燃烧放热，此种燃烧型适合处理高热值废物。

118 影响固体废物燃烧的主要因素有哪些?

影响固体废物燃烧的因素主要有以下几个方面。

（1）温度

燃烧温度低会造成燃烧不完全，温度越高燃烧时间越短，同时废物分解得越完全，其中不可燃废物产生微量毒性的机会也就越少。但是，另一方面，温度过高会引发炉体耐火材料、锅炉管道的耐热问题，因此当燃烧室温度过高时，要对其进行控制。

（2）停留时间

燃料在焚烧炉中燃烧完毕所需的停留时间包括燃烧室加热至起燃和物料燃尽时间之和。该时间与物料进入燃烧室时的粒径和密度相关。停留时间越长，分解越彻底，同时，不可燃废物生成微量毒性有机物的机会也就越少。

（3）氧浓度

氧的供应量是废物分解完全与否和微量有机物生成量多少的决定性因素之一。为了达到固体废物的快速充分燃烧，必须向燃烧室内鼓入过量空气，不过，空气量过剩太多，会吸收过多的热量，从而降低燃烧室的温度。焚烧炉的实际供氧量需要超过理论值大约一倍，方可保证整个燃烧过程的氧化反应顺利进行。

（4）湍流度

指焚烧炉内温度处于均匀条件时，废物与空气中的氧相互结合的速度。当湍流度大或者混合程度均匀时，进入的空气顺畅，废物的燃烧分解就会比较完全。

（5）固体的粒度

一般来讲，加热时间近似与固体粒度的平方成正比，所以燃烧时间也与固体粒度的1～2次方成正比。在进行垃圾的焚烧处理时，需要将其破碎至一定粒度，从而加快焚烧速度，提高焚烧效率。

119 固体废物的焚烧系统主要包括哪几部分?

固体废物的焚烧系统通常由以下几个主要部分构成。

（1）原料贮存系统

为了保证焚烧系统的操作连续性，需要建立焚烧前的废物贮存场所，使设备有必要的机动性（例如，在设备事故或检修时，焚烧厂仍可接收垃圾）。同时，垃圾在垃圾坑内堆存的过程中不断发酵产生渗滤液，将渗滤液导出后还可提高垃圾低位热值，促进燃烧顺利进行和能量回收。

（2）进料系统

现代大型焚烧炉一般均采用连续进料方式，因为其炉容量大，燃烧带温度高，易于控制。连续进料系统由抓斗吊车将废物由贮料仓提升，卸入炉前给料斗，漏斗总是处于充满状态，保证燃烧室的密封，废物通过倾斜的导管，以重力作用进入燃烧室，提供连续的物料流。

（3）燃烧室

是固体废物燃烧系统的核心部分，由炉膛、炉排和空气供应系统组成。

（4）废气排放与污染控制系统

主要包括烟气通道、废弃净化设施和烟囱，主要控制对象是粉尘和气味。

（5）排渣系统

由移动炉排、通道和履带相连的水槽组成。灰渣在移动炉排上由重力作用经过通道，落入贮渣室的水槽内，经过水淬冷却后，由传送带传至渣斗运走。

(6) 焚烧炉控制与测试系统

包括空气量的控制、炉温控制、压力控制、冷却系统控制、集尘器容量控制、压力与温度指示、流量指示、烟气浓度和报警系统等。

(7) 能源回收系统

通过回收燃烧过程中所产生的热能进行蒸汽转化，以充分回收利用能源。

120 大型城市生活垃圾焚烧厂包括哪些系统?

一座大型垃圾焚烧厂通常包括下述八个系统。

(1) 贮存及进料系统

通常由垃圾贮坑、抓斗、破碎机（有时可无）、进料斗及故障排除监视设备组成。垃圾贮坑为垃圾贮存、混合及去除大型垃圾提供场所，每一座焚烧炉均有一进料斗，贮坑上方通常由1～2座吊车及抓斗负责供料，操作人员通过监视屏幕或直接目视垃圾由进料斗滑入炉体内的速度决定进料频率。若有大型物卡住进料口，进料斗内的故障排除装置可将大型物顶出，落回贮坑，操作人员亦可指挥抓斗抓取大型物品，吊送到垃圾贮坑上方的破碎机加以破碎。

(2) 焚烧系统

即焚烧炉本体设备，主要包括炉床及燃烧室。炉床多为机械可移动式炉排构造，可让垃圾在炉床上翻转及燃烧。燃烧室一般在炉床正上方，可提供数秒钟的燃烧废气停留时间，由炉床下方往上喷入的一次空气可与炉床上的垃圾层充分混合，由炉床正上方喷入的二次空气可以提高废气的搅拌时间。

(3) 废热回收系统

包括布署在燃烧室四周的锅炉炉管、过热器、节热器、炉管吹灰设备、蒸汽导管、安全阀等装置。锅炉水循环系统为一封闭系统，炉水不断在锅炉管中循环，将能量释出给发电机。锅炉水需每日冲放以泄出管内污垢。

(4) 发电系统

由锅炉产生的高温高压蒸汽被导入发电机后，在急速冷凝的过程中推动了发电机的涡轮叶片，产生电力，并将未凝结的蒸汽导入冷却水塔，冷却后贮存在凝结水贮槽，经由饲水泵再打入锅炉炉管中，进行下一循环的发电工作。在发电机中的蒸汽，亦可中途抽出一小部分做其他用途，例如助燃空气预热等工作。

(5) 饲水处理系统

饲水子系统的主要工作为处理外界送入的自来水或地下水，将其处理到纯水或超纯水的品质，再送入锅炉水循环系统，其处理方法为高级用水处理程序，一般包括活性炭吸附、离子交换及反渗透等单元操作。

(6) 废气处理系统

从炉体产生的废气在排放前必须先行处理到符合排放标准。早期常使用静电集尘器去除悬浮微粒，再用湿式洗气塔去除酸性气体（如 HCl、SO_x、HF 等）。目前多采用干式或半干式洗气塔去除酸性气体，配合滤袋集尘器去除悬浮微粒及其他重金属等物质。

（7）废水处理系统

锅炉泄放的废水、员工生活废水、实验室废水或洗车废水可以收集到废水处理厂一起处理，达到排放标准后再排放或回收再利用。废水处理系统一般由数种物理、化学及生物处理单元组成。

（8）灰渣收集及处理系统

由焚烧炉体产生的底灰及废气处理单元所产生的飞灰，有些厂采用合并收集方式，有些则采用分开收集方式。一些焚烧厂将飞灰进一步固化或熔融后，再合并底灰送到灰渣掩埋场处置，以防止沾在飞灰上的重金属或有机性毒物产生二次污染。

除了以上主要的部分以外，某些城市垃圾焚烧厂还配有专门的垃圾前处理系统，对垃圾进行预处理以使其符合特定的燃烧要求，如城市垃圾衍生燃料焚烧厂、采用流化床焚烧炉的垃圾处理厂等。

图 4-2 为典型垃圾焚烧厂的工艺流程。

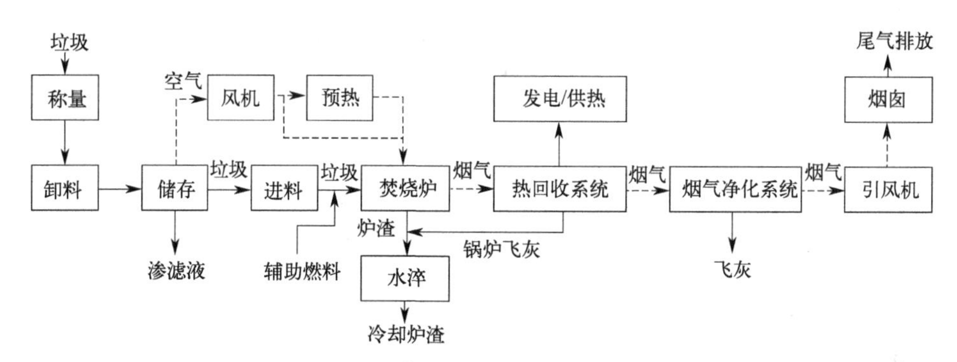

图 4-2　典型垃圾焚烧厂工艺流程

121 如何确定适宜的固体废物焚烧温度？

焚烧温度指分解废物中有害组分直到完全破坏所需要达到的温度，其数值一般比废物的着火温度要高很多。合适的焚烧温度应该在相关因素的配合下，通过试验加以确定。不过，已知的大致范围为 800～900℃，对于焚烧大多数的有机物，800～1100℃已经足够。以下列出一些经验数值以供参考。

① 焚烧含烃类化合物废物的适宜温度约为 900～1100℃。900℃是下限，低于此温度容易形成有害的有机副产物，低于 800℃时则会产生煤灰或者炭黑。

② 焚烧难处理废物（如含卤素的 PCBs 废物）的适宜温度为 1100～1200℃，此类毒性有机物在 925℃以上开始受到破坏作用，温度越高破坏越完全。

③ 对于废气的脱臭处理，采用 800～950℃的焚烧温度可取得良好的效果。

④ 当废物颗粒在 0.01～0.51m 之间，并且供氧浓度与停留时间适当时，焚烧温度在 900～1000℃即可避免产生黑烟。

⑤ 含氯化物的废物焚烧，温度低于 800℃会形成氯气，难以除去；温度在 800～

850℃以上时，氯气可以转化成氯化氢，可回收利用或以水洗涤除去。

⑥ 含有碱土金属的废物焚烧，一般控制在750～800℃以下。因为碱土金属及其盐类一般为低熔点化合物。当废物中灰分较少不能形成高熔点炉渣时，这些熔融物容易与焚烧炉的耐火材料和金属零部件发生腐蚀而损坏炉衬和设备。

⑦ 焚烧含氰化物的废物时，若温度达850～900℃，氰化物几乎全部分解。

⑧ 焚烧可能产生氮氧化物（NO_x）废物时，温度应控制在1500℃以下，过高的温度会使NO_x急骤产生。

122 如何确定固体废物焚烧时的停留时间?

固体废物焚烧时的炉内停留时间受到多种因素的影响，其中主要是进入炉内废物的形态，包括粒径大小、液体雾化度和黏度等。确定这些参数最好的办法是进行生产性模拟试验，不然则应该参考已有的经验数据，具体如下。

①焚烧垃圾　生活垃圾焚烧炉炉膛内焚烧温度应≥850℃，炉膛内烟气停留时间应≥2s。

② 焚烧废液　焚烧一般有机废液时，如果雾化条件较好而且焚烧温度正常，则可以选用0.3～2s，实际上通常选用0.6～1s。如果焚烧的是含氰化物的废液，则由于燃烧反应的发生比较困难，应该延长燃烧时间至3s左右。

③ 焚烧废气　如果仅考虑除臭，则停留时间不需太长，一般在1s以下。例如，在去除精制油脂所产生的恶臭时，只需在650℃的燃烧温度下停留0.3s即可。

123 固体废物焚烧处理过程中为什么要控制过剩空气量？如何确定过剩空气量?

在实际的燃烧系统中，氧气与可燃物质无法完全达到理想程度的混合及反应，仅供给理论空气量很难使其完全燃烧。为使燃烧完全，需要供给比理论空气量更多的助燃空气量，以使废物与空气能完全混合燃烧。废物焚烧所需空气量，是由废物燃烧所需的理论空气量和为了供氧充分而加入的过剩空气量两部分所组成的。空气量供应是否足够，将直接影响焚烧的完善程度。过剩空气量过低会使燃烧不完全，甚至冒黑烟，有害物质焚烧不彻底；但过高时则会使燃烧温度降低，影响燃烧效率，造成燃烧系统的排气量和热损失增加。因此有必要控制适当的过剩空气量。

理论空气量可根据废物组分的氧化反应方程式计算求得，过剩空气量则可根据经验或实验选取适当的过剩空气系数后求出。过剩空气系数（α）是表示实际空气量与理论空气量的比值。如果废物内所含的有机组分复杂，难以对各组分一一进行理论计算，则需通过试验予以确定。焚烧处理的首要目的则是完全摧毁废物中的可燃物质，过剩空气系数一般大于1.5。

根据经验选取过剩空气量时，应视所焚烧废物种类选取不同数据。焚烧废液、废气时过剩空气量一般取20%～30%的理论空气量；但焚烧固体废物时则要取较高的数值，通常占理论需氧量的50%～90%，即过剩空气系数为1.5～1.9，有时甚至要大于2才能达到较完全的焚烧。

124 衡量焚烧处理效果的指标有哪些？

通常，用来衡量焚烧处理效果的指标包括以下几种。

（1）减量比

这是用于衡量焚烧处理废物减量化效果的指标，为可燃废物经焚烧处理后减少的质量占所投加废物总质量的百分比，即

$$MRC=\frac{m_b-m_a}{m_b-m_c}\times 100\%$$

式中，MRC 为减量比，%；m_a 为焚烧残渣在室温时的质量，kg；m_b 为投加的废物质量，kg；m_c 为残渣中不可燃物质的质量，kg。

（2）热灼减量

指焚烧残渣在（600±25)℃经3h灼热后减少的质量占原焚烧残渣质量的百分数，其计算方法如下。

$$Q_R=\frac{m_a-m_d}{m_a}\times 100\%$$

式中，Q_R 为热灼减量，%；m_d 为焚烧残渣在（600±25)℃经3h灼热后冷却至室温的质量，kg。

（3）燃烧效率及破坏去除效率

在焚烧处理城市垃圾及一般工业废物时，多以燃烧效率（CE）作为评估是否可以达到预期处理要求的指标。

$$CE=\frac{CO_2}{CO_2+CO}\times 100\%$$

式中，CO和CO_2分别为烟道气中该种气体的浓度值。

对危险废物，验证焚烧是否可以达到预期的处理要求的指标还有特殊化学物质［有机性有害主成分（POHCS）］的破坏去除效率（DRE），定义如下。

$$DRE=\frac{W_{in}-W_{out}}{W_{in}}\times 100\%$$

式中，W_{in} 为进入焚烧炉的POHCS的质量或质量流率，kg或kg/s；W_{out} 为从焚烧炉流出的该种物质的质量或质量流率，kg或kg/s。

（4）烟气排放浓度限制指标

废物在焚烧过程中会产生一系列新污染物，有可能造成二次污染。对焚烧设施排放的大气污染物控制项目大致包括四个方面：

① 烟尘，常以颗粒物、黑度、总碳量作为控制指标；

② 有害气体，包括SO_2、HCl、HF、CO和NO_x；

③ 重金属元素单质或其化合物，如Hg、Cd、Pb、Ni、Cr、As等；

④ 有机污染物，如二噁英，包括多氯代二苯并-对-二噁英（PCDDs）和多氯代二苯

并呋喃（PCDFs）等。

125 如何控制生活垃圾焚烧厂恶臭排放?

① 应采用密闭性好、具有自动装卸结构的压缩式运输车来运输垃圾，尽量减少臭味外溢。

② 在垃圾卸料大厅出入口应设置空气幕，并在垃圾运输车卸料前后关闭电动卸料门，以防止臭气外逸。

③ 垃圾坑应采用密闭式设计，在垃圾坑上方设置吸风口，将恶臭气体作为燃烧空气引至焚烧炉内高温分解，并使垃圾坑和卸料大厅处于负压状态。

④ 应设置备用的活性炭废气净化设施，在全厂停炉检修期间，垃圾坑内的臭气必须经活性炭废气净化设施净化达标后才能排放。

⑤ 渗滤液处理系统应设计为密闭结构，并在顶部设导气管，将产生的沼气和臭气通过导气管、抽风机导入焚烧厂垃圾坑。

126 生活垃圾焚烧厂在设备检修时如何处理垃圾?

垃圾焚烧发电厂每年都会有设备修理期，主要设备的检修周期为3～4个月，但修理期间不会影响垃圾的处理。一般每个垃圾焚烧发电厂都会配置多台焚烧炉，可以轮流进行维修。垃圾焚烧设备运行可靠，每年可运行至少8000h，可以实现计划检修。即使全厂设备全停，垃圾贮存仓仍可通过投放石灰粉、开启除臭装置来防止臭气扩散。另外，厂内的垃圾储存池也可以储存7～15d的垃圾，因此即使设备全停，也不用担心无法往厂内运送垃圾。

127 常见的固体废物焚烧炉有哪些类型?

根据处理对象对环境的影响以及处理程度要求，焚烧炉可分为城市垃圾焚烧炉、工业废物焚烧炉和危险废物焚烧炉三种。根据处理废物的形态，焚烧炉则可以分为液态废物焚烧炉、气态废物焚烧炉和固态废物焚烧炉。

通常，固体废物处理中使用较多的是固态废物焚烧炉，主要包括炉排型炉、炉床型炉和流化床型炉三种，每一种类型又包括很多具体结构不同的型式。常用于城市生活垃圾焚烧的焚烧炉有机械炉排型焚烧炉和流化床焚烧炉两类。

128 炉排型焚烧炉包括哪些种类?

将废物置于炉排上进行焚烧的焚烧炉称为炉排型焚烧炉，分为固定炉排和活动炉排两种。

（1）固定炉排焚烧炉

这种焚烧炉只能手工操作、间歇运行，劳动条件差、效率低，拨料不充分时会导致焚烧不彻底。固定炉排焚烧炉包括水平固定炉排焚烧炉和倾斜式固定炉排焚烧炉等，只适用于小型易燃的固体废物焚烧。

（2）活动炉排焚烧炉

即机械炉排焚烧炉，按炉排构造不同可分为链条式、阶梯往复式、多段滚动式焚烧炉等。我国目前制造的大部分中小型垃圾焚烧炉为链条炉和阶梯往复式炉排焚烧炉，功能较差。大部分功能较好的机械炉排均为专利炉排。

129 炉床式焚烧炉分为哪几种？

采用炉床盛料，燃烧在炉床上物料表面进行的焚烧炉称为炉床式焚烧炉，适宜于处理颗粒小或粉状固体废物以及泥浆状废物，分为固定炉床和活动炉床两大类。

（1）固定炉床焚烧炉

最简单的炉床式焚烧炉是水平固定炉床焚烧炉，其炉床与燃烧室构成一整体，炉床为水平或略呈倾斜，燃烧室与炉床成为一体。废物的加料、搅拌及出灰均为手工操作，劳动条件差，且为间歇式操作，故不适用于大量废物的处理。固定炉床焚烧炉适用于蒸发燃烧形态的固体废物，例如塑料、油脂残渣等；但不适用于橡胶、焦油、沥青、废活性炭等以表面燃烧形态燃烧的废物。

倾斜式固定炉床焚烧炉的炉床做成倾斜式，便于投料、出灰，并使在倾斜床上的物料一边下滑一边燃烧，改善了焚烧条件。与水平炉床相同，该型焚烧炉的燃烧室与炉床成为一体。这种焚烧炉的投料、出料操作基本上是间歇式的，但如固体废物焚烧后灰分很少，并设有较大的贮灰坑，或有连续出灰机和连续加料装置，亦可使焚烧作业成为连续操作。

（2）活动炉床焚烧炉

这种焚烧炉的炉床是可动的，可使废物能在炉床上松散和移动，以便改善焚烧条件，进行自动加料和出灰操作。这种类型的焚烧炉有转盘式炉床、隧道回转式炉床和回转式炉床（即旋转窑）三种。应用最多的是旋转窑焚烧炉。

130 什么是流化床焚烧炉？

流化床焚烧炉是一种近年发展起来的高效焚烧炉，利用炉底分布板吹出的热风将废物悬浮起来呈沸腾状进行燃烧。一般采用中间媒体即载体（砂子）进行流化，再将废物加入流化床中与高温的砂子接触、传热进行燃烧。流化床焚烧炉通常按照有无流化媒体（载体）及流化状态进行分类。流化床炉之间的主要区别在于气体分配板的形式和结构不同、床顶自由空间范围不同，以及供料的位置和方式不同等。

图 4-3 为流化床焚烧炉结构示意图。

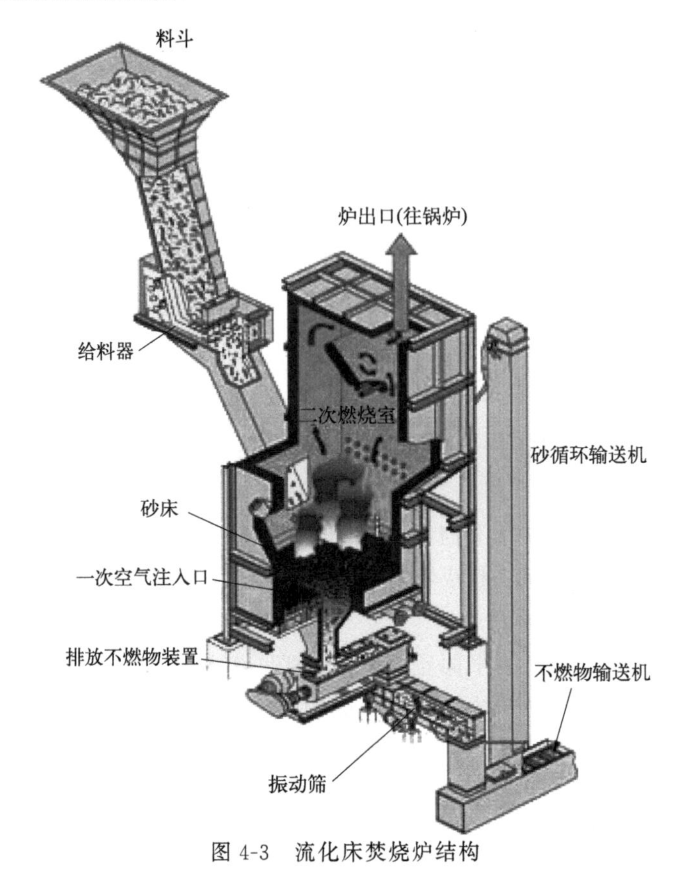

图 4-3　流化床焚烧炉结构

131 焚烧炉设计的主要原则是什么？

废物焚烧炉设计的基本原则是使废物在炉膛内按规定的焚烧温度和足够的停留时间，达到完全燃烧。这就要求做到以下几点。

① 选择适宜的炉床，燃烧室容积应该足够纳入所需焚烧的废物量，包括提供气体在炉内停留时间所需要的空间容积。

② 合理设计炉膛的形状和尺寸，增加废物与氧气接触的机会，使废物在焚烧过程中保持一定的高温状态，使水汽易于蒸发、加速燃烧。

③ 在炉膛内必须保证有超过化学计算量的燃烧空气供应。

④ 控制空气及燃烧气体的流速及流向，使气体得以均匀混合，达到最大湍流度，使废物和气体充分混合。

一般来说，停留时间和湍流度的可调节范围较小，只能在燃烧室的设计中进行详细的分析和计算，而燃烧温度和空气量可以在运行的过程中进行调控。

132 除了基本原则以外，焚烧炉设计时应注意的要点有哪些？

除了前面所述的基本原则，焚烧炉在设计的时候，还应该考虑以下要点。

（1）对焚烧废物多样性的适应问题

有待焚烧的废物通常都不是形态和性质都一致的单一体，如果仅仅为了某种废物进行设计，则功能未必充分发挥，在设计的开始如果考虑焚烧物料的多样性，则可以增加其应用范围。

（2）设备的腐蚀问题

由于焚烧烟气中含有多种致酸成分，且多处于高温状态，容易引起高温腐蚀。应该充分考虑有效的防腐对策，如选择耐酸材料、涂防腐层或者加衬等。

（3）温度变化的环境影响

炉内气体在流经不同区段时温度变化很大，在流程中所接触的不同材料，应该充分考虑其耐温性的变化，以及由此引起的应力变化。

133 什么是生活垃圾焚烧厂的自动燃烧控制？

自动燃烧控制系统简称 ACC。垃圾焚烧厂运行过程中需要不断根据垃圾燃烧情况调节相应参数（如燃烧系统中配风量、垃圾给料量、垃圾停留时间等）以保障焚烧稳定。ACC 系统中蒸汽负荷是主要控制目标，垃圾热值是控制条件，通过控制焚烧炉中给料炉排的给料速度、焚烧炉排运行周期及燃烧空气分配比，实现蒸汽负荷稳定，烟气温度 850℃停留 2s 以上，烟气含氧量及炉渣热灼减率达标的控制目的。

随着技术进步，现代焚烧厂还可能采用更先进的控制算法和人工智能技术，以进一步提升系统性能和智能化水平。

134 选择焚烧炉类型时应该注意哪些问题？

选择焚烧炉类型的时候应该注意以下几个问题。

（1）在处理不同成分垃圾时应该具备一定程度的灵活性

旋转炉可以处理低热值、高水分的农业垃圾，也可以处理含有纤维材料的高热值、低水分的塑料等。炉排炉在处理含有玻璃、塑料、氯化物、铝金属等物质较多的固体废物时常常会遇到麻烦。一般来说，过氧燃烧式焚烧炉较适合焚烧不易燃性废物或燃烧性较稳定的废物，如木屑、垃圾、纸类等；控气式焚烧炉较适合焚烧易燃性废物，如塑料、橡胶与高分子石化废料等；机械炉排焚烧炉适用于城市垃圾的处理；旋转窑焚烧炉适宜处理危险废物。

（2）焚烧炉运行的可靠性

焚烧炉运行的可靠性与选择的材质有关，同时又受制于焚烧炉本身运动部件的结构情况。转炉结构为钢壳衬以厚的耐火材料，内部无移动部件，因此无磨损问题，也不宜出现熔渣堵塞，但是炉排炉的部件磨损和炉渣堵塞问题则应该加以考虑。

（3）焚烧炉控制问题

对于转炉而言，应该经常注意调节加料机的速度，控制停留时间，调节转筒转速和空气流量等。对于排炉，则要控制加料速度、炉排空气分配、进入炉排的空气量和温度、炉排移动速度等。

（4）对设计余热锅炉的要求

对于炉排炉，由于运行处于高温状态，因此所设计的锅炉需与之放在一起，从而带来设计和建造的问题。某些厂家设计的转炉，全部燃烧均在焚烧系统中进行，引出气体一般为900～1000℃，则选择焚烧炉的废热锅炉范围较广，可以根据回收能量的要求选择不同的锅炉类型。

总之，焚烧炉炉型的选择是一个很复杂的问题，需要考虑各方面的因素。

135 如何进行燃烧室尺寸设计?

废物焚烧炉炉膛尺寸主要由燃烧室允许的容积热强度和废物焚烧时在高温炉膛内所需的停留时间两个因素所决定。通常的做法是按炉膛允许热强度来决定炉膛尺寸，然后按废物焚烧所必需的停留时间来校核。由于废物焚烧时既要保证燃烧完全，还要保证废物中有害组分在炉内有一定的停留时间，因此在选取容积热强度值时要比一般燃料的燃烧室低一些。

（1）固体废物焚烧炉

炉排式焚烧炉或炉床式焚烧炉的燃烧室（即炉膛）尺寸，要适应各种炉排及炉床的特殊要求，首先应按照炉排或炉床的面积热负荷 Q_R 或机械燃烧强度 Q_f 来决定燃烧室的截面尺寸，然后再按燃烧室容积热负荷 Q_v 来决定炉膛高度。燃烧室容积热负荷一般为 $(40\sim100)\times10^4 kJ/(m^3 \cdot h)$，取决于炉型和废物类型。当计算所得容积过小时应适当放大，以便于炉子的砌筑、安装和检修。

（2）液体废物焚烧炉

液体废物焚烧炉炉膛容积一般为 $(92\sim106)\times10^4 kJ/(m^3 \cdot h)$。焚烧处理含水量少、热值高的废液时可取较大的值，有资料介绍在废液含水率较低时，可达 $(130\sim170)\times10^4 kJ/(m^3 \cdot h)$。水分蒸发所需容积可以用来核算炉膛尺寸，经推算，单位时间（1h）焚烧1t含水量为90%的废液，需要 $8\sim10.5m^3$ 的炉膛容积；即使含水量只有50%的废液，也几乎要求同样的容积，最小为 $5m^3$。在确定废液焚烧炉炉膛尺寸时还应考虑喷嘴的喷射角和射程，避免液滴喷到炉子耐火衬里壁上，导致炉衬损坏。

（3）气体废物焚烧炉

气体废物焚烧炉的燃烧室热负荷值一般可取 $(80\sim100)\times10^4 kJ/(m^3 \cdot h)$，以此为基准，根据可燃废气发热值来确定炉膛容积尺寸。

废物焚烧炉炉膛尺寸的大小，与被焚烧的废物种类、热值、燃烧装置的型式及炉内燃烧工况等因素有关。如果燃烧装置的燃烧效率较高，炉内燃烧温度较高，则可取较高的允许热强度值；反之则取较低值。以上所提供的数值是对一般情况而言，较适宜的数据应根据不同的物料、炉型等因素参照生产实践而定。

136 机械炉排焚烧炉的燃烧室应该满足哪些条件?

为保证固体废物的焚烧效率，机械炉排焚烧炉的燃烧室及炉排应满足以下条件。

① 有适当的炉排面积，炉排面积过小会导致火层厚度增加，阻碍通风，引起不完全燃烧。

② 燃烧室的形状及气流模式必须适合固体废物的种类及燃烧方式。

③ 提供适当的燃烧温度，为垃圾提供足够的在炉体内进行干燥、燃烧及后燃烧的空间，使垃圾及可燃气体有充分的停留时间而完全燃烧。

④ 便于垃圾与空气充分接触，使燃烧后的废气能混合搅拌均匀。

⑤ 结构及材料耐高温、耐腐蚀（如采用水墙或空冷砖墙），能防止空气或废气的泄漏。

⑥ 具备燃烧机，置于炉排上方左右侧壁及炉排尾端上方，供开机或加温时使用。

⑦ 为使垃圾在焚烧过程中水汽易于蒸发，增加垃圾与氧气接触的机会，加速燃烧，以及控制空气及燃烧气体的流速和流向，使气体均匀混合，需要使垃圾在炉排上具有良好的移动及搅拌功能。

137 机械炉排焚烧炉的炉排应该满足哪些条件?

机械炉排焚烧炉的炉排一般分为干燥段炉排、燃烧段炉排和后燃烧段炉排，各段炉排应满足的条件如下。

(1) 干燥段炉排

包括：①不致因垃圾颗粒和土砂过多而造成炉条阻塞；②具备自清作用；③气体贯穿现象少；④垃圾不致形成大团或大块；⑤不易夹进异物；⑥可均匀移动垃圾；⑦可将大部分的垃圾水分蒸发。

(2) 燃烧段炉排

包括：①可均匀分配燃烧用空气；②垃圾的搅拌、混合状况良好；③可均匀移送垃圾；④炉条冷却效果好；⑤耐热、耐磨损；⑥不易造成贯穿燃烧。

(3) 后燃烧段炉排

包括：①余烬与未燃物可充分搅拌、混合、完全燃烧；②炉排上的滞留时间加长；③保温效果好；④少量空气即可使余烬燃烧良好；⑤排灰情况良好；⑥可均匀供给燃烧用空气；⑦不易形成烧结块。

图 4-4 为典型机械炉排焚烧炉结构。

138 应该如何设计与选择炉排?

炉排设计时所要考虑的参数主要有以下几个。

① 炉排所需面积　炉排大小与所需处理的固体废物量和炉排的处理能力有关，通常，炉排面积=所需处理废物量/炉排负载能力。城市生活垃圾处理时，炉排负载能力大约为240～340kg/(m^2·h)或者(2.8～3.4)×10^6kJ/(m^2·h)。

② 搅动处理物料所需能力　理论上来讲，搅动力越强，固体废物燃烧越充分，不过目前尚没有准确的数据可供参考。

③ 开孔率　其值在2%～30%之间变化，高开孔率对于燃烧有利，但是会有较多物料

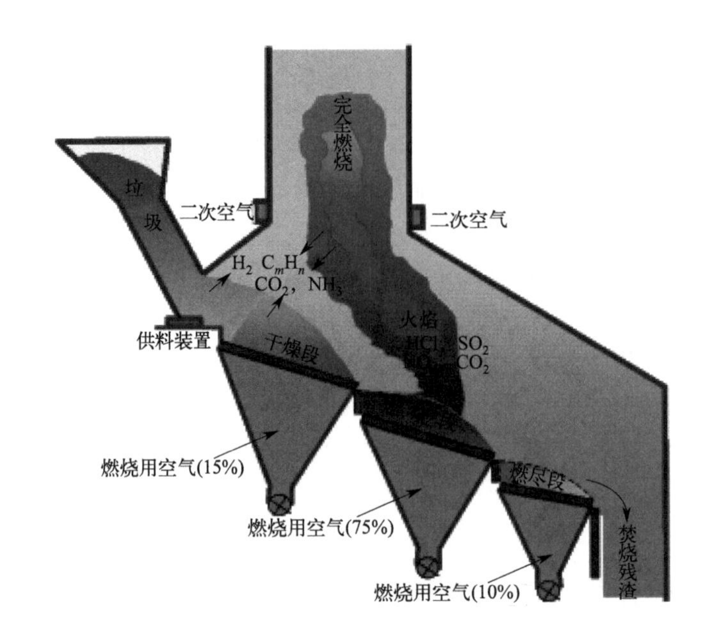

图 4-4 机械炉排焚烧炉结构

漏出。低开孔率可能导致燃烧不完全。

在考虑以上参数的同时，还应满足：

① 能够耐焚烧过程中的高温和腐蚀；

② 能够满足空气量的调节、温度控制和调节物料停留时间的要求；

③ 能够调节被处理物料的燃烧层高度；

④ 可以控制并且稳定地供给热量；

⑤ 可以调节灰渣的冷却程度；

⑥ 可以控制燃烧气在到达辐射燃烧层表面之前的温度；

⑦ 能够观察火层和燃烧气体，并能防止再次起火；

⑧ 可以正常传递灰渣；

⑨ 具备适当的测量与控制系统和可控制的助燃空气供风系统。

139 设计燃烧喷嘴时应该注意哪些问题?

设计燃烧喷嘴时应注意以下要点。

① 第一燃烧室的燃烧喷嘴主要用于启炉点火与维持炉温，第二燃烧室的燃烧喷嘴则为维持足够温度以破坏未燃尽的污染气体。

② 燃烧喷嘴的位置及进气的角度必须妥善安排，以达最佳焚烧效率，火焰长度不得超过炉长，避免直接撞击炉壁，造成耐火材料破坏。

③ 应配备点火安全监测系统，避免燃料外泄及在下次点火时发生爆炸。

④ 废物不得堵塞燃烧喷嘴火焰喷出口，以免造成火焰回火或熄灭。

140 如何选择燃烧炉的炉衬材料？

炉衬材料要根据炉膛温度的高低选用能承受焚烧温度的耐火材料及隔热材料，并应考虑被焚烧废物及焚烧产物对炉衬的腐蚀性。焚烧碱性废水时，要选用氧化铝含量较高的高铝耐火材料，或选用抗碱性腐蚀更好的铬镁质、镁质及铝镁质耐火材料。为了抵抗盐碱等介质的渗透和浸蚀，并提高材质的抗渣性，一般应选用气孔率较小的材质。

选用焚烧炉炉衬材料时，应注意炉内不同部位的温度和腐蚀情况，根据不同部位的工作条件采用不同等级的材质。

① 如燃烧室最高温度为1400～1600℃，可选用含 Al_2O_3 为90%的刚玉砖；如炉膛上部工作温度为900～1000℃，锥体部分没有废液喷嘴，可选用含 Al_2O_3 大于75%的刚玉砖。

② 如炉膛中部温度为900℃，但熔融的盐碱沿炉衬下流，炉衬腐蚀较重，可选用一等高铝砖。

③ 炉膛下部工作条件基本和炉膛中部相同，当燃烧产物中有大量熔融盐碱时，因熔融物料在斜坡上聚集，停留时间长，易渗入耐火材料中，如有 Na_2CO_3 时腐蚀严重，因此工作条件比炉膛中部恶劣，应选用孔隙率较低的致密性材料，如选用电熔耐火材料制品等。

要求衬里不腐蚀、不损坏是不可能的。通常在有 Na_2SO_3 或 NaOH 腐蚀时，采用较好的材质，使用寿命也只有2～3年。对腐蚀性更强的 Na_2CO_3，使用寿命仅一年左右。

141 什么是旋转窑焚烧炉？

旋转窑焚烧炉是由水泥回转窑演变而来，其主体是一卧式可旋转的圆柱型筒体，外壳用钢板卷制而成，内衬耐火材料，窑体通常很长，如图4-5所示。筒体的轴线与水平面保持一定的倾角，固体、半固体物料通过上料机由高的一端（头部）进入窑内，随着筒体的转动缓慢地向尾部移动，窑体的转动使物料在燃烧的过程中与助燃空气充分接触，完成干燥、燃烧的全过程，最后由尾部排出废渣。

每一座旋转窑常配有1～2个燃烧器，可装在旋转窑的前端或后端，在开机时，燃烧器负责把炉温升高到要求的温度后才开始进料，其使用的燃料可为燃料油、液化气或高热值的废液。进料方式多采用批式进料，以螺旋推进器配合旋转式的空气锁。废液可以与垃圾混合后一起送入，或借助空气或蒸汽进行雾化后直接喷入。二次燃烧室通常也装有一到数个燃烧器，整个空间约为第一燃烧室的30%～60%，有时也设有若干阻挡板配合鼓风机以提高送入的助燃空气的搅拌能力。

142 旋转窑焚烧炉具有哪些优点和缺点？

一般来讲，旋转窑焚烧炉具有的优点有：

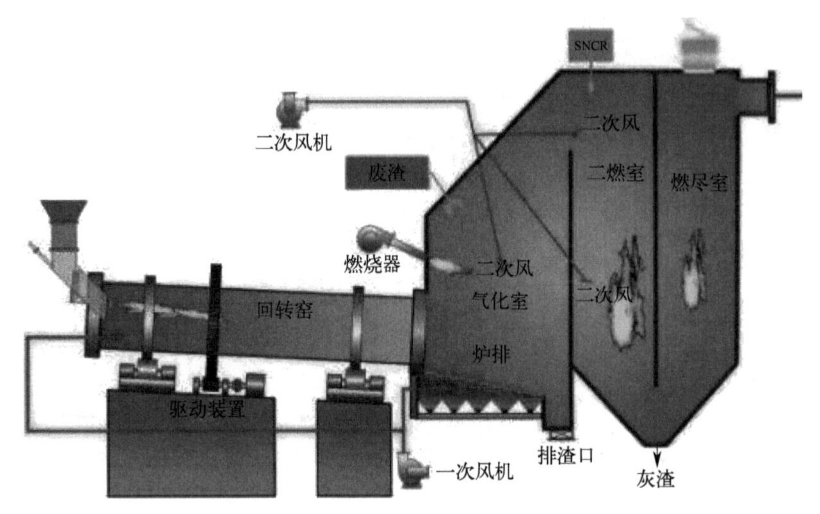

图 4-5　回转窑焚烧炉结构

① 进料弹性大，可接受固、液、气三相废物，接纳固、液两相混合废物，或整桶装的废物；

② 可在熔融状态下焚烧废物；

③ 旋转窑配合超量空气的运用，搅拌效果很好；

④ 连续出灰不影响焚烧进行；

⑤ 旋转窑内无运动零件；

⑥ 调控旋转窑的转速，可调节垃圾停留时间；

⑦ 各类废物通常不需预热；

⑧ 二次燃烧室温度可调控，能确保摧毁残余的毒性物质。

旋转窑焚烧炉的缺点主要包括：

① 建造成本较高；

② 要小心操作及维护内衬的耐火砖；

③ 圆球形的固体废弃物易滚出旋转窑，不易完全燃烧；

④ 通常需供应较高的过剩空气量；

⑤ 烟道气的悬浮微粒较高；

⑥ 供应的过剩空气量较高，故系统热效率较低；

⑦ 污泥烘干及固体废物融熔的过程中易形成熔渣。

143 旋转窑焚烧炉的设计应该考虑哪些因素和遵循哪些准则?

旋转窑焚烧炉的运转及设计通常根据制造厂商过去累积的经验，设计方法及准则趋于保守。一般设计及运转的准则如下。

（1）温度

干灰式旋转窑焚烧炉内的气体温度通常维持在 850～1000℃之间，如果温度过高，窑内固体易于熔融，温度太低，反应速率慢，燃烧不易完全。熔渣式旋转窑焚烧炉则控制于

1200℃以上，二次燃烧室气体的温度则维持在1100℃以上，但是不宜超过1400℃，以免过量的氮氧化物产生。

（2）过剩空气量

旋转窑焚烧炉的废液燃烧喷嘴的过剩空气量控制在10%～20%之间。如果过剩空气量太低，火焰易产生烟雾，太高则火焰易被吹至喷嘴之外，可能导致火焰中断，旋转窑焚烧炉中的总过剩空气量通常维持在100%～150%之间，以促进固体可燃物与氧气的接触，部分旋转窑焚烧炉甚至注入高浓度的氧气。二次燃烧室过剩空气量约为80%。

（3）旋转窑焚烧炉转速

转速增加时，离心力亦随之增加，同时固体在窑内搅动及抛掷程度加大，固体和氧气的接触面及机会也跟着增加。反之，则下层的固体和氧气的接触机会小，反应速率及效率降低。转速过大固然可加速焚烧，但粉状物、粉尘易被气体带出，排气处理的设备容量必须增加，投资费用也随之增高，所以应该根据实际情况和经验选择合适的转速。

（4）停留时间

旋转窑焚烧炉二次燃烧室体积一般是以2s的气体停留时间为基准而设计的。固体在旋转窑焚烧炉内的停留时间可用下列公式估算。

$$\theta=0.19\times\frac{L}{D}\times\frac{1}{NS}$$

式中，θ为固体停留时间，min；L为旋转窑焚烧炉长度，m；D为窑内直径，m；N为转速，r/min；S为窑倾斜度。

旋转窑长度、转速及倾斜度必须互相配合，以达到停留时间的需求。一般来说，废物物料需要在窑体内停留的时间越长，所需要的转速就越低，而L/D比值就越高。窑的转速通常为1～5r/min，L/D比值在2～10之间，倾斜度约为1～2°，停留时间为30min～2h，焚烧能力容积热负荷为$(4.2\sim104.5)\times10^4$kJ/(m^3·h)，容积重量负荷为35～60kg/(m^3·h)。

（5）其他考虑因素

由于液体废物也在旋转窑焚烧炉内销毁，液体燃烧喷嘴的形式、火焰特性、燃烧喷嘴的相互位置、喷嘴的安排及相互干扰情况也必须慎重考虑。为避免有毒的未完全燃烧气体逸出炉外，旋转窑及二次燃烧室皆在负压（约－0.5kPa）下操作，因此要求旋转窑焚烧炉有较好的气密程度，以免影响窑内焚烧情况。

144 适合旋转窑焚烧炉处理的废物包括哪些具体的种类？

旋转窑焚烧炉可同时处理固、液、气态危险废物，除了重金属、水或无机化合物含量高的不可燃物外，各种不同物态（固体、液体、污泥等）及形状（颗粒、粉状、块状、桶状等）的可燃性固体废物皆可送入旋转窑中焚烧。许多剧毒物质也可使用旋转窑处理，因此，旋转窑焚烧炉是区域性危险废物处理厂最常采用的炉型。适合旋转窑焚烧炉处理的废物主要有以下种类。

① 各种溶剂，如氯化有机溶剂（氯仿、过氯乙烯）、氧化溶剂（丙酮、丁醇、乙基醋酸等）、烃类化合物溶剂（苯、己烷、甲苯等）、混合溶剂、废油等。

② 各种污泥，如油水分离槽的污泥、下水道污泥、含硫污泥、去除润滑剂的溶剂污泥等。

③ 部分反应残渣，如化学物贮槽的底部沉积物、气化有机物蒸馏后的底部沉积物、一般蒸馏残渣、高分子聚合废物及高分子聚合反应后的残渣等。

④ 含多氯联苯的固体废物、感光材料废物、生物废物等。

⑤ 杀虫剂的洗涤废水、废杀虫剂和含杀虫剂的废料等。

⑥ 黏着剂、乳胶、油漆、过期的有机化合物、含 10%以上有机废物的废水、受危险物质污染的土壤等。

145 焚烧余热如何进行回收利用?

焚烧余热的利用通常有以下三种方式。

(1) 直接利用热能

将烟气的余热转换为蒸汽、热水或者热空气，其实现借助于连接在焚烧炉之后的余热锅炉或者其他热交换器。这一转换的优点在于热利用率高、设备投资省，适合于小规模垃圾焚烧设备和垃圾热值较低的小型垃圾焚烧厂；其缺点在于余热利用难度大，供需关系难以协调，容易造成能量的浪费。

(2) 发电

将热能转化为高品位的电能，不仅能够进行远距离输送，而且提供量基本不受用户的限制，可以说是废热利用的最有效途径之一。发出的电能也可以直接应用于焚烧厂本身的设备运行，从而降低成本，节约资金。目前国内外大型垃圾焚烧厂都配置余热锅炉和汽轮发电机设备，以充分利用余热，提高经济效益。所采用的汽机多为纯冷凝式，蒸汽做功后经冷凝器冷凝，再送入锅炉，这种方式补给水量最少。

(3) 热电联供

有的焚烧厂在条件允许的情况下，采用热电联供方式，将余热锅炉产生的蒸汽送至汽轮发电机以及各蒸汽、热水用户，使垃圾焚烧余热最大限度地得到利用，以提高焚烧厂的热利用率。

146 焚烧余热的利用设备有哪些?

余热利用的设备主要包括以下两种。

(1) 废热锅炉

这是利用废热产生蒸汽的一种设备。优点在于单位面积的传热速率高，可以耐较高的温度，体积小，安装费用低，适合小型垃圾焚烧厂。

(2) 发电装置

对于大型垃圾焚烧厂，由于垃圾发热量较高，且电力设备的管理相对比较便利，普遍设有发电装置，并且采用发电量较高的冷凝式汽轮发电机，或者与发电厂联合，供应发电厂所需要的蒸汽。

147 焚烧处理1t生活垃圾能回收多少电能？能减少多少二氧化碳排放？

利用生活垃圾焚烧产生的余热发电，可减少化石能源发电的二氧化碳排放量。据估算，国内炉排炉生活垃圾焚烧发电厂发电量约为305～420kW·h/t，扣除垃圾焚烧发电过程中自身能源消耗，上网电量约为250～350kW·h/t，这意味着大约每5个人产生的生活垃圾，通过焚烧发电可满足1个人的日常用电需求。

根据我国的电力结构，垃圾焚烧发电替代燃煤发电，焚烧1t生活垃圾相当于减排二氧化碳208～283kg。

148 焚烧厂尾气如何冷却？

垃圾焚烧厂尾气的冷却可分为直接式和间接式两种类型。

（1）直接式冷却

直接式冷却是利用惰性介质直接与尾气接触以吸收热量，达到冷却及温度调节的目的。水具有较高的蒸发热，可以有效降低尾气温度，产生的水蒸气也不会造成污染，因此水是最常使用的介质。空气的冷却效果很差，必须引入大量空气，这样会造成尾气处理系统容量增加，因此很少单独使用。直接喷水冷却可降低初期投资，增加系统稳定性，缺点是造成水量的消耗，而且浪费能源。

（2）间接式冷却

间接冷却方式是利用传热介质（空气、水等）经由废热锅炉、换热器、空气预热器等热交换设备，以降低尾气温度，同时回收废热产生水蒸气，或加热燃烧所需空气的冷却方式。一般来说，采用间接冷却方式可提高热量回收效率，产生水蒸气并用于发电，但投资及维护费用也较高，系统的稳定性较低。

中小型焚烧厂产生的热量较小，废热回收利用不易，且经济效益差，大多采用喷水冷却方式来降低焚烧炉的废气温度。如果焚烧炉每炉的垃圾处理量达150t/d，且垃圾热值达7500kJ/kg以上时，燃烧废气的冷却方式宜采用废热锅炉进行冷却。大型垃圾焚烧厂具有规模经济的效果，宜采用废热锅炉冷却燃烧废气，产生水蒸气，用于发电。

149 “装树联”是什么？它对焚烧厂有何影响？

一是“装”，所有垃圾焚烧企业要依法安装污染源自动监控设备，督促企业加强环境管理，落实主体责任；二是“树”，在便于群众查看的显著位置树立显示屏，向全社会公开污染排放数据，鼓励群众监督，确保治理效果；三是“联”，企业自动监控系统要与环保部门联网，进一步强化环境执法监管。

“装树联”对焚烧厂的影响如下：

① 通过“装树联”可实现监管全覆盖；

② 可实现环保、住建、市政、税务等多部门联动，对超标排放的垃圾焚烧发电厂采取核减电价补贴，限制享受增值税“即征即退”政策措施，促进企业环境管理水平提高；

③ 通过树立电子显示屏（图 4-6），加强了垃圾焚烧发电企业与当地居民间的联系，有利于以信息公开的方式解开“邻避”心结。

图 4-6 垃圾焚烧企业实时环保公示电子显示屏

150 垃圾分类与焚烧有什么关系？国外焚烧厂是否均是先对垃圾分类后再焚烧？

垃圾分类属于前端环节，垃圾焚烧属于末端环节，通过垃圾分类可以实现垃圾中各种成分的有效利用，可起到减量（减少垃圾处理量）、减排（减少污染排放量）、提质（改善燃烧工况）、提效（提高发电效率）等作用，更有利于焚烧。

但需要注意的是，实际上焚烧技术是一种能够适应处理混合垃圾的典型技术，目前世界上大部分采用垃圾焚烧的城市并没有做到也没有必要做到垃圾完全分类。更好地分类有利于焚烧，但它不是焚烧的前提。实践证明，垃圾能不能焚烧、烧得好不好，主要取决于垃圾热值以及燃烧过程的控制；从焚烧技术上说，当入炉的垃圾低位热值大于 4200kJ/kg，焚烧炉就能很好地控制燃烧工况，而我国目前城市垃圾低位热值普遍能达到 5000kJ/kg，并且热值随着生活水平的提高还在逐步提高，焚烧技术上已经没有问题。

151 垃圾焚烧烟气中主要污染物有哪些？

焚烧烟气污染物以气态或固态形式存在，一般分为五类：酸性气体、氮氧化物、有机化合物、颗粒物和重金属。

（1）酸性气体

焚烧烟气中的酸性气体主要由 SO_x、HCl、HF 组成，均来源于相应垃圾组分的燃烧。含硫化合物焚烧生成 SO_x，含氟塑料燃烧产生 HF，含氯有机物（如 PVC 塑料、橡胶、皮革等）高温燃烧时分解生成 HCl，无机氯化物（如 NaCl、$MgCl_2$ 等）与其他物质反应产生 HCl。其中以 HCl 的生成量最多，危害最大。

焚烧产生的酸性气体除污染环境外，还会对焚烧炉膛及其配套的热能回收锅炉造成过热器高温腐蚀和尾部受热面的低温腐蚀。

（2）氮氧化物

烟气中的 NO_x 可分为来源于空气中 N_2 与 O_2 反应生成的热力型 NO_x 和来源于垃圾中含氮化合物燃烧时产生的燃料型 NO_x。燃烧温度是影响热力型 NO_x 生成的最主要因素，火焰温度越高，NO_x 的生成量越大。

（3）有机化合物

一方面由于燃烧不充分，烟气中存在部分未燃烬物质；另一方面，氯、碳水化合物等在特殊温度场和特殊触媒作用下反应生成微量有机化合物，如多环芳烃（PAHs）、多氯联苯（PCBs）、二噁英（PCDD）及呋喃（PCDF）等。

（4）颗粒物

主要是烟气中夹带的不可燃物质及燃烧产物。

（5）重金属

焚烧烟气中的金属化合物一般由垃圾中所含的金属氧化物和盐类组成。这些金属来源于垃圾中的油漆、电池、灯管、化学溶剂、废油、油墨等，其中含有汞、镉、铅等微量有害元素。重金属在焚烧过程中不能被生成和破坏，它们只发生迁移和转化，最后几乎以相同的数量排入环境。

焚烧过程中，汞、镉、铅等可挥发重金属可随着烟气离开焚烧区域，并在冷凝过程中形成直径很小的颗粒。目前随着烟气污染控制技术的不断改良，除汞外，焚烧炉烟气中的重金属含量已大为降低。然而，烟气中重金属的含量降低意味着更多的重金属进入飞灰中，当飞灰随意被弃置时仍会造成环境污染。

152 如何控制焚烧烟气中的酸性气体排放？

根据脱酸剂性状，常见的脱除焚烧烟气中酸性气体的方法可分为干法脱酸、半干法脱酸及湿法脱酸。

（1）干法脱酸

干法脱酸工艺是指将碱性脱酸剂通过专用喷嘴喷入除尘器入口烟道内，脱酸微粒表面和烟气中的酸性物质接触，发生中和反应，生成中性盐颗粒。除尘系统收集未反应的脱酸剂、反应生成物及粉尘，并将其送入后续飞灰系统。

干法系统具有设备简单、投资成本较低、无废水产生、系统维护简便等优点。但是，由于气固反应接触面积小、反应时间有限等问题，脱酸效率不高。随着垃圾焚烧炉处理能力的扩大，对于一些掺烧污泥、工业垃圾、建筑垃圾等污染物初始值很高的项目，单独使用干法很难稳定地达到《生活垃圾焚烧污染控制标准》（GB 18485）的排放要求，目前大多作为辅助或者备用系统。

（2）半干法脱酸

半干法脱酸系统一般包括脱酸剂制备系统和半干法反应塔（含旋转雾化器）。脱酸剂制备系统负责将生石灰消化或熟石灰溶解，配制成10％～15％的石灰浆液。石灰浆液和冷却水分别通过泵送入雾化器。雾化器高速旋转，将石灰浆液雾化成微小液滴。同时，余热锅炉出口的热烟气经烟气分配器均匀进入半干法塔。数十亿计的细小液滴被烟气裹带向下运动，形成顺流，在螺旋式下降的过程中，石灰浆液滴与酸性气体发生中和反应，生成中性盐颗粒，达到脱酸的目的。半干法工艺脱酸工艺流程也较为简单，投资费用适中，运行维护简便，性能较好，是目前工程中应用较广的工艺。

(3) 湿法脱酸

国内主流湿法脱酸采用二段式脱酸塔，脱酸塔分为冷却部和减湿部，两部分独立循环，独立控制，整体运行性能优异，可靠性高。热烟气从冷却部下方进入塔内，与上方冷却液喷嘴雾化后的碱液（NaOH）充分接触，发生酸碱中和反应，脱除98%以上的HCl以及85%以上的SO_2。在这个过程中，烟温下降，水分蒸发，烟气含水率增加，直到饱和。同时，碱液反复循环，盐浓度逐渐上升。当盐浓度介于3%～5%时，部分废水排除，要注入新鲜工艺水，确保水系统平衡。之后，烟气进入减湿部，与减湿部喷嘴出来的减湿液再次反应，进一步深度脱除烟气中的酸性气体。湿法在脱HCl和SO_2上较干法和半干法有极大的优势，排放指标优于欧盟2010标准。同时，湿法对粉尘、二噁英等其他污染物也有一定的去除作用。但是，其系统复杂，建设成本高，后期废水处理导致运营成本高，湿法至今在国内还未得到广泛使用。

为满足多元化的工程需求，目前，市场上一般采用组合脱酸工艺。常见的组合方式有半干法＋干法、半干法＋干法＋湿法。

153 如何控制焚烧烟气中的氮氧化物排放？

目前主流的烟气脱硝（氮氧化物）技术分为吸附脱硝、吸收脱硝和还原脱硝3种。相比另外两种技术，还原脱硝技术由于反应速度快、投资费用和运维成本较低等优势，更适合用于生活垃圾焚烧烟气的脱硝。而生活垃圾焚烧烟气还原脱硝技术主要有选择性非催化脱硝技术（SNCR）、选择性催化脱硝技术（SCR）及SNCR和SCR联合脱硝技术。

(1) SNCR技术

SNCR技术以温度为反应驱动力，在不采用催化剂的条件下，通过喷枪直接将还原剂喷入焚烧炉内高温区，与NO_x发生选择性还原反应，生成对环境无害的N_2和H_2O等物质。SNCR技术的脱硝效率主要受反应温度、氨氮比、混合均匀度和反应时间等因素影响。采用还原剂不同，最佳反应温度区间略有差别，氨水最佳反应温度为870～1100℃，尿素最佳反应温度为900～1150℃。

该技术由于无需催化剂和反应器，工艺简单、造价低、占地少，已成为生活垃圾焚烧的常规配置。但其对温度依赖性强，脱硝率较低，氨的逃逸量大。逃逸氨与烟气中的酸性气体反应生成铵盐，堵塞和腐蚀空气预热器等设备，通常该方法的脱硝效率设计在50%左右，符合《生活垃圾焚烧污染控制标准》（GB 18485—2014）和《欧盟工业排放指令》（2010/75/EC）要求，但难以达到更高标准要求。

(2) SCR技术

SCR技术利用催化剂降低反应活化能，在一定温度范围内将NO_x还原成N_2，催化剂是技术的核心。根据工作温度的不同，分为中温SCR(280～420℃)、低温SCR(200～

280℃）、超低温 SCR（140～200℃）。主要工艺是在设置的触媒反应塔内，根据催化剂的活性温度范围，喷入的还原剂与烟气中 NO_x 混合后经触媒催化剂催化发生选择性还原反应，脱硝效率为 90%左右，可满足更高的烟气排放标准要求。脱硝效率影响因素主要为催化剂类型、反应温度、空间速度以及氨氮比。图 4-7 为典型的 SCR 反应塔结构。

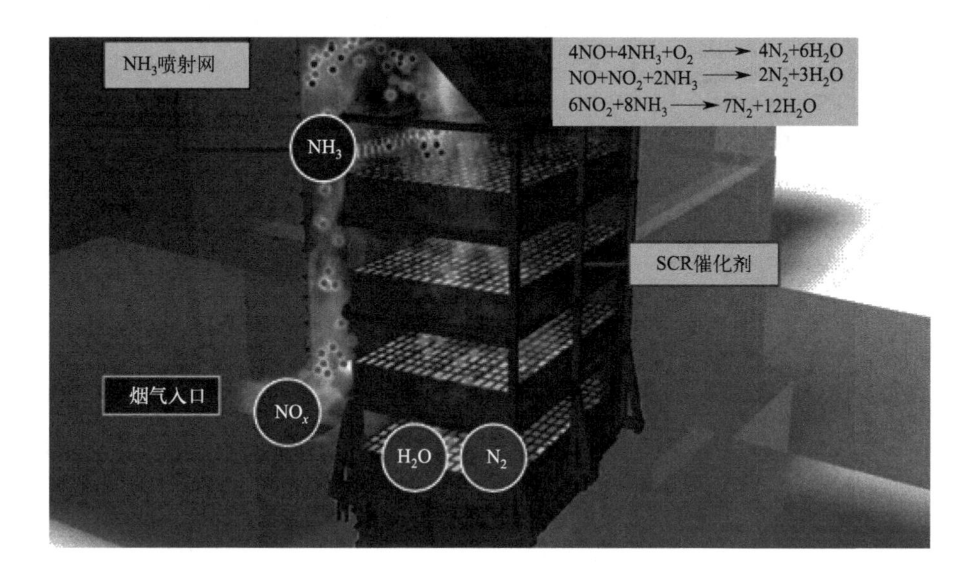

图 4-7 SCR 反应塔结构

该技术具有反应温度低、脱硝效率高、运行可靠等优点。但也存在一些明显的缺点，如投资费、运行费用高；烟气中的 SO_2、碱金属等可使催化剂中毒；高黏度、高分散粉尘附着在催化剂表面，降低活性；易与硫化物生成铵盐，腐蚀堵塞设备。因此，在生活垃圾焚烧行业，使用 SCR 技术脱硝时大多选择低尘布置，先去除烟气中的酸性污染物和粉尘，再引导烟气进入 SCR 系统内反应，可以减轻催化剂活性降低或中毒的现象，延长催化剂使用寿命，降低更换催化剂成本。但需配套换热器或加热炉，提升烟气温度，保证脱硝催化剂的工作温度，势必增加能耗、运行成本和投资成本。

（3）SNCR 和 SCR 联合技术

现阶段 SNCR 和 SCR 技术各有优缺点，在排放标准要求更高的地区，仅使用任意一种技术，很难在经济性和 NO_x 脱除率上同时满足项目要求。而 SNCR 与 SCR 技术的联合使用，合理分配 NO_x 脱除负荷，可以有效中和两者的劣势，在经济性和 NO_x 脱除率间找到最优平衡。在 SNCR 区段实现初步脱硝，在 SCR 区段进行深度脱硝，同时反应掉 SNCR 区段的逃逸氨。

154 如何控制焚烧烟气中的二噁英排放？

控制焚烧烟气中的二噁英排放应从以下 4 个方面同时进行。

（1）前端分类

针对生活垃圾，通过回收含氯塑料、橡胶及电器，分离富含 NaCl 的厨余垃圾等，降低入炉焚烧的垃圾中氯含量和金属含量，从而减少二噁英生成。

（2）燃烧控制

为确保垃圾充分燃烧，垃圾焚烧电厂燃烧控制要满足以下条件：炉膛内温度不低于850℃；烟气在二次燃烧室内停留时间大于2s；保持充分的气固湍动程度；保证炉内足够的空气量（氧含量为6%～8%）以保证垃圾充分燃烧，垃圾自身含有的二噁英及在焚烧过程中产生的二噁英得到彻底燃烬分解，并减少了氯苯及氯酚等二噁英前驱物生成。

（3）烟气快速冷却

用余热锅炉将烟气由850℃迅速降至300℃以下，时间控制在2s以内，尽量缩短烟气在200～500℃温度区的停留时间，减少二噁英类物质重新生成。运行中可以改善焚烧工艺，减少生成二噁英类物质的前驱体物质，利用蒸汽吹灰、激波吹灰装置减少飞灰在设备表面的沉积，从而减少二噁英类物质生成所需要的催化剂载体等。

（4）烟气净化

目前大部分垃圾焚烧电厂都采用活性炭吸附＋布袋除尘方式去除烟气中的二噁英，两者配合后，尾部烟气中的二噁英脱除率可达98%以上。当烟气穿过布袋除尘器时，二噁英便会被过滤并逐渐积聚在粉层上。同时烟气净化装置在布袋除尘器前加喷活性炭，可对二噁英起到吸附作用，吸附后的活性炭被布袋除尘器过滤下来，焚烧烟气中所含的大部分二噁英可被去除。

通过上述技术举措，中国目前的垃圾焚烧电厂，在二噁英被排放到大气前会进行严格净化，最终排放的二噁英都能达到国际最高标准0.1ng TEQ/m^3。有些电厂甚至还远超国际标准，只有0.01～0.03ng TEQ/m^3。

155 如何控制焚烧烟气中的颗粒物排放？

焚烧烟气中的颗粒物，是焚烧过程中产生的微小无机颗粒状物质，主要是：①被燃烧空气和烟气吹起的小颗粒灰分；②未充分燃烧的炭等可燃物；③因高温而挥发的盐类和重金属等在冷却净化过程中又凝缩或发生化学反应而产生的物质；④喷射活性炭和石灰时产生的粉尘。其中第一种占主要成分。

烟气中颗粒物含量在450～2000mg/m^3之间。传统颗粒物净化方式有布袋除尘器和静电除尘器两种。相较而言布袋除尘器的使用寿命长，通常情况下为2～6年，且布袋除尘设备的占地面积小，除尘效率也能满足大部分地区现阶段环保要求。布袋除尘对烟气中的颗粒物进行净化时不受负荷、电阻的影响，运行相对稳定。在相同处理效率下，静电除尘的设备投资费用和运行费用要高于布袋除尘。所以现在国内焚烧厂一般选用布袋除尘器来脱除烟气中的颗粒物。

156 如何控制焚烧烟气中的重金属排放？

焚烧厂排放尾气中所含重金属量的多少，与废物组成性质、重金属存在形式、焚烧炉的操作及空气污染控制方式有密切关系。城市生活垃圾焚烧烟气中重金属元素主要以颗粒物形式和气态形式存在，通常利用以下机理去除尾气中的重金属污染物。

① 降低温度，使重金属达到饱和而凝结成粒状物，被除尘设备收集去除。

② 利用飞灰表面的催化作用使饱和温度较低的重金属元素形成饱和温度较高且较易凝结的氧化物或氯化物，利用除尘设备收集去除。

③ 利用飞灰或喷入的活性炭粉末的吸附作用，吸附以气态存在的重金属物质，再用除尘设备一并收集去除。

④ 部分重金属的氯化物为水溶性，即使无法在上述的凝结及吸附作用中去除，也可利用其溶于水的特性，由湿式洗气塔的洗涤液吸收去除。

157 焚烧烟气在线监测的指标有哪些?

依据生活垃圾焚烧处理工程技术规范的要求，焚烧厂应对烟气的流量、温度、压力、湿度、O_2 含量、烟尘浓度、HCl 浓度、SO_x 浓度、NO_x 浓度、CO 浓度等指标实现在线监测，并鼓励安装 HF、CO_2 及重金属等其他污染因子在线监测设备。

158 焚烧飞灰如何处置?

飞灰是指在焚烧发电过程中，被烟气净化系统捕集到的灰尘以及烟囱底部沉降的底灰，如图 4-8 所示。国内机械炉排焚烧炉飞灰产生量约为焚烧垃圾总量的 3%左右，循环流化床焚烧炉飞灰产生量约为焚烧垃圾量的 10%。由于飞灰中含有二噁英和重金属等有毒有害物质，因此被列入危险废物，需进一步妥善处置。

图 4-8　垃圾焚烧飞灰

目前常用的处置方式有如下 4 种。

(1) 稳定化后填埋

稳定化后填埋是指通过添加稳定剂完成飞灰的稳定固化，再将固化的飞灰进行填埋。对飞灰固化后 12 种重金属的浸出检测结果，基本能满足国家《生活垃圾填埋场污染控制标准》(GB 16889) 对重金属浸出浓度的要求。目前，全国约 80%的飞灰采用稳定化填埋技术处理。该技术虽然解决了飞灰处理问题，但是占用土地资源，同时固化稳定化产物长期的稳定性仍需进一步探索。

（2）高温熔融技术

飞灰高温熔融是指在燃料炉内将飞灰加热到1400℃，将飞灰熔融形成熔解结晶，再经过冷却则会形成致密稳定的玻璃体，实现飞灰的解毒处理，形成的玻璃体可作为建筑材料。该方法既解决了飞灰污染环境、危害人体健康的问题，同时还可以作为建材，做到了无害化、减容化、资源化，已受到广泛关注。但该技术使用成本较高，且熔融过程对设备的腐蚀问题仍有待解决。

（3）高温烧结技术

高温烧结法是将飞灰与黏土、助熔剂等混合后，在1000～1400℃高温下煅烧使其部分熔融，冷却后形成烧结体产物。飞灰中挥发性重金属、可溶盐等物质经过高温煅烧浓缩，在急冷降温过程中凝结形成浓缩盐灰，通过酸洗结晶工艺回收重金属和可溶盐，作为有色金属冶炼原料及工业盐产品对外出售；不易挥发的重金属在高温煅烧过程中通过硅酸盐反应固化在产品矿物晶格中，最终使建材基材的重金属含量和浸出量双降低。

高温烧结技术将飞灰煅烧制成陶粒，减少了资源浪费，实现了危险废物的无害化、资源化处理。该方法在安全处置飞灰的同时，又制成陶粒产品进行下游生产，减少了因制备陶粒对原料的开采。

（4）水泥窑协同处置技术

飞灰与石灰石的主要成分相似，可替代烧制水泥熟料。水泥窑协同处置技术是将飞灰作为水泥原料，彻底分解二噁英，将重金属固化在水泥熟料中。飞灰中的盐分随温度降低逐渐转化为固态，在气液固相间不断转化，容易造成结皮堵塞。目前在飞灰入窑前需水洗，降低盐含量。

159 焚烧底渣如何处置？

焚烧底渣是焚烧后的残余物，如图4-9所示，其产生量视垃圾成分而定，主要成分为氧化锰（MnO）、二氧化硅（SiO_2）、氧化钙（CaO）、三氧化二铝（Al_2O_3）、三氧化二铁（Fe_2O_3）、废金属，以及少量未燃尽的有机物等。垃圾焚烧产生的底渣经过磁选等分离出废钢铁等废旧金属后，可进行综合利用，如用于铺路的垫层、填埋场的覆盖材料和制作免烧砖等，不能综合利用部分可送至卫生填埋场填埋。

图4-9 垃圾焚烧底渣

160 危险废物焚烧处理时会有哪些意外情况发生？如何处理？

危险废物焚烧炉运行期间可能出现意外情况，表 4-1 中列举了若干失常现象及应变措施，以供参考。

表 4-1 危险废物焚烧炉运行期间可能出现的失常现象及应变措施

失常现象	焚烧炉种类	失常的指示讯号	应变措施
部分(或全部)的液体废物输入中断,停止进料	液体焚烧炉 固液焚烧炉	流量计指示超出范围 管道阻塞、压差变化 燃烧室内温度降低 进料泵停止运行	寻找失常原因 增加辅助燃料,以维持温度 继续维持排气处理系统的运营
部分或全部的固体废物的旋转窑进料中止	固体焚烧炉	燃烧室内温度降低 固体进料系统失常	寻找失常原因 增加辅助燃料,以维持温度 继续维持排气处理系统的运营
黑烟由燃烧室内逸出(燃烧情况不稳定或气密性不良)	固体焚烧炉	压差变化 黑烟逸出	停止固体废物的进料 10～30min,但继续维持炉内温度及燃烧 将工作人员迅速撤离失常现场 进料前评估废物的特性
燃烧器的强制送风中止	液体焚烧炉 固液焚烧炉 旋转窑焚烧炉	流量计指示超出范围 自动火焰检测器发出警示讯号 一次风机失常	检查送风系统 如条件允许且安全,尝试开启备用风机或采取应急送风措施 监控燃烧室温度、压力和燃烧状况,防止温度过低导致结焦或熄火
燃烧温度过高	液体焚烧炉 固液焚烧炉 旋转窑焚烧炉	温度指示讯号 高温警示讯号	检查燃料及废物的输入量是否正常 检视温度指示感应器 检查是否其他位置的温度指示亦发生同样的变化 打开燃烧室顶的紧急排放口
燃烧温度太低	液体焚烧炉 固液焚烧炉 旋转窑焚烧炉	温度指示讯号	检查温度传感器的准确性 检查是否燃料及废物输入量低,必要时使用助燃剂 调整燃烧空气量
耐火砖剥落	液体焚烧炉 固液焚烧炉 旋转窑焚烧炉	发生很高的噪声 燃烧室温度降低,粉尘量增加,炉壁发生过热现象	停机
烟囱排气黑度增加	液体焚烧炉 固液焚烧炉 旋转窑焚烧炉	目视或黑度检测仪的指示超出安全运转的上限	检查燃烧情况及 O_2、CO 检测器 检查排气处理系统 检查是否废物进料速率过高,造成燃烧不良,废物是否含高挥发性物质或密封容器内的气、液体突然受热爆炸
排气中 CO 浓度超过 100mg/L 或平均值	液体焚烧炉	CO 侦测器	检查并调整燃烧条件(温度、过剩空气量)

续表

失常现象	焚烧炉种类	失常的指示讯号	应变措施
抽风机失常	液体焚烧炉 固液焚烧炉 旋转窑焚烧炉	抽风马达过热 抽风机供电指示为零或超出范围 风扇停止转动 抽风机的气体进出口压差降低	使用备用抽风机（如果有备用者） 如两个抽风机同时使用，可维持其中未失常抽风机运营，然后检修失常者 如仅有一台抽风机则必须紧急停止焚烧系统的操作
急冷室或喷淋塔排气温度上升，影响排气处理设备的效率	液体焚烧炉 固液焚烧炉 旋转窑焚烧炉	冷却水供应中断或不足 燃烧温度上升	检查冷却水流量 降低焚烧处理量直到水供应正常为止 检查燃烧状况
洗涤器（或洗气塔）的供水部分或全部中断	液体焚烧炉 固液焚烧炉 旋转窑焚烧炉	压差降低 供水泵失常 流量计指示超出范围 烟囱中的酸气检测仪指示增加 附近居民或工作人员反映眼睛有刺痛感	停止废物进料，检查供水系统 如果泵失常则启动备用泵 检查循环水贮槽 检查循环水管是否结垢 使用事故供水系统
洗气塔内固体结垢而堵塞	液体焚烧炉 固液焚烧炉 旋转窑焚烧炉	压差上升 填料或盘板的存水量增加，造成泛溢现象 液面指示升高	停机，检修内部
循环水酸碱度不在正常操作范围之内	液体焚烧炉 固液焚烧炉 旋转窑焚烧炉	pH 值测定计指示超出正常范围 洗气塔效率降低，烟气中酸气增加 附近居民或工作人员反映眼睛有刺痛感	检查碱性中和剂的供应 检查 pH 值检测仪、量测计及计量泵量（碱性剂的供应）的运转情况
除雾器失常	液体焚烧炉 固液焚烧炉 旋转窑焚烧炉	压差增加（由于固体结垢于除雾器上）	清洗除雾器
滤袋破裂	液体焚烧炉 固液焚烧炉 旋转窑焚烧炉	烟气黑度增加	逐步隔离滤袋室内的间隔，检查滤袋是否破裂 如滤袋室内无间隔，则停机全面检修

（二）热解处理

161 什么是固体废物热解技术?

在无氧或者缺氧的条件下，对固体废物中的有机物进行加热，使其发生不可逆的化学变化，主要是使高分子的化合物分解为低分子的处理技术，称为热分解技术，简称热解。

热解处理的主要产物包括气体部分（如氢气、甲烷、一氧化碳、二氧化碳等）、液体部分（如甲醇、丙酮、醋酸、焦油、溶剂油、水溶液等）和固体部分（主要是炭黑）。不同于仅有热能可以回收的焚烧处理，热解技术可产生便于贮存运输的燃气、燃油等。

图 4-10 为典型的立式热解制气工艺结构示意图。

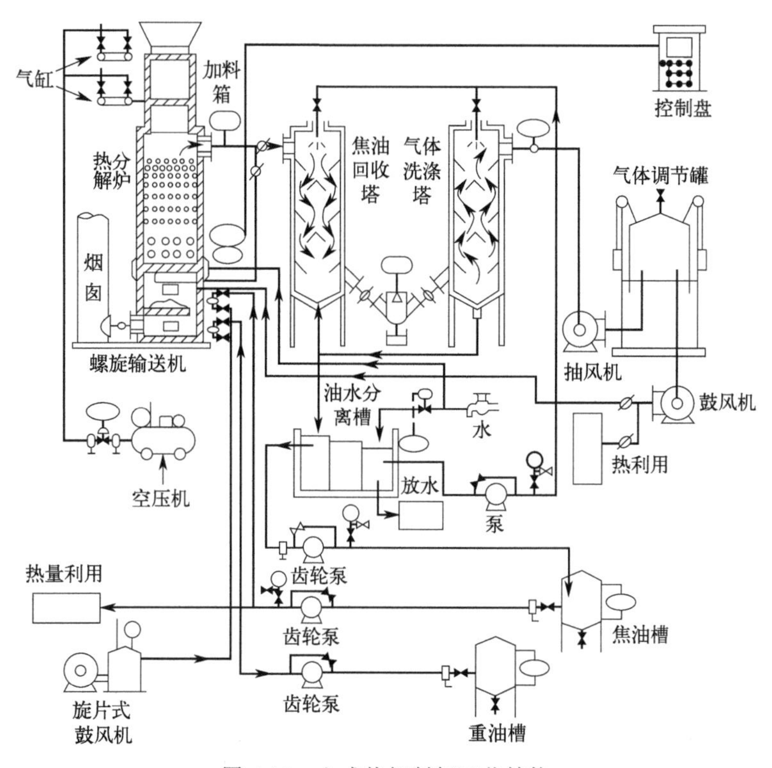

图 4-10　立式热解制气工艺结构

162 适合采用热解技术处理的固体废物有哪些?

适合于热解技术应用的固体废物主要包括废塑料（含氯废物除外）、废橡胶、废轮胎、废油和油泥、有机污泥等。城市生活垃圾、农林废弃物（如纤维素类物质）的热解技术也在蓬勃发展之中。

163 热解处理的产物有哪些?

热解处理的产物有可燃气、液态油、固体燃料、炉渣四项。其中可燃气主要包括 C1～C5 的烃类、氢和 CO 气体；液态油主要包括甲醇、丙酮、乙酸、C5～C25 的烃类等液态燃料；固体燃料主要为含纯碳和聚合高分子的含碳物。

根据热解废物类型不同，热解反应条件不同，热解产物有差异。但产生可燃气量大，特别是温度较高情况下，废物有机成分的 50%以上都转化成气态产物。热解后固体废物减容量大，残余的碳渣较少。

164 热解技术与焚烧技术的区别是什么?

热解技术与焚烧技术的主要区别如下。

(1) 反应原理不同

热解时物质受热发生分解反应；而焚烧是一种发出光和热的剧烈氧化还原反应。反应过程中前者需要吸收大量的热而后者能够产生并释放出大量的热。

(2) 反应条件不同

热解的反应条件是缺氧或者无氧；而焚烧的反应条件是含氧或者富氧。相对焚烧，热解温度要低得多。

(3) 反应产物不同

有机物热解后的生成物质为可燃气体混合物、焦油和焦炭等，并可通过多种方式回收利用。而有机物焚烧后的生成物质一般是二氧化碳、水以及飞灰等，主要利用对象是焚烧过程中释放的显热（供热和发电)。

(4) 主要应用对象不同

热解技术广泛用于生产木炭、煤干馏、石油重整和炭黑制造等方面。燃烧技术则主要用于城市生活垃圾、危险废物处理处置。

165 热解技术与焚烧技术相比较有何优缺点?

固体废物热解技术在减少废物容积、控制废物腐蚀性、增加资源回收和减少空气污染等方面较焚烧技术都具有更大的潜力和效益。具体的优点包括以下几个方面。

① 可以将固体废物中的有机物转化为以燃料气、燃料油和碳黑为主的贮存性能源，还可以回收资源性产物（例如液体产品可以作为化工原料等)。

② 热解处理操作弹性大，对原料的适应性强，可以将城市垃圾和废塑料、下水系统污泥等进行混合热解处理，垃圾成分发生波动时也可以安全运转。

③ 由于是缺氧分解，排气量少，热解烟气的粉尘量较少，能够简化烟气净化系统，有利于减轻对大气环境的二次污染。

④ 残渣量较少，不融出重金属。废物中的硫、重金属等有害成分大部分被固定在碳黑中。

⑤ 由于保持还原条件，Cr^{3+} 不会转化为毒性更强的 Cr^{6+}，同时反应温度较焚烧法低，产生的 NO_x 量较少。

⑥ 热解处理设备构造比焚烧炉简单，投资费用较低。

不过，热解技术与焚烧技术相比也有不足之处。例如，由于热解技术的温度低，并且是还原性反应，因此在彻底减容与无害化方面较之焚烧技术有一定差距；热解技术的应用范围相比于焚烧技术较小，因为几乎所有的有机物质都可以进行焚烧处理，而并非所有的物质都可以进行热解，包括纸类、木材、纤维素、动物性残渣等在内的很多物质利用焚烧处理更加有效，也更加具有经济适用性。

166 热分解的主要影响因素包括哪些方面?

在热解过程中，主要影响因素包括以下几个方面。

(1) 温度

热解温度与气体产量成正比，而各种酸、焦油、固体残渣随着温度的增加呈相应减少之势。应该根据回收目标确定并且控制适宜的热解温度。

(2) 加热速度

气体产量随着加热速度的增加而增加，水分、有机液体含量及固体残渣则相应减少。同时，加热速度也影响气体的成分。

(3) 湿度

热解过程中湿度的影响主要表现在影响产气量及其成分，影响热解内部的化学过程以及整个系统的能量平衡。

(4) 物料因素

主要包括以下三个方面。

① 固体废物的成分　废物组分的不同会导致热解的起始温度有所不同，产物成分及产率也会发生相应的变化。

② 物料的预处理情况　通常，物料颗粒较大时容易减慢传热和传质速度，热解二次反应多，对产物成分有不利影响；物料颗粒较小，则能够促进热量的传递，从而使热解反应进行得更加顺利。因此有必要对固体废物进行破碎处理，使粒度细小而均匀。

③ 含水率　通常含水率越低，物料加热速度越快，越有利于得到较高产率的可燃性气体。

167 热解工艺主要有哪几种?

适合固体废物热解处理的工艺很多，无论何种工艺，热解产物的组成和数量基本上可由物料的构成特性、预处理情况、热解反应温度和物料停留时间等决定。按照加热方式，热解可以分为直接加热法和间接加热法。按照热解反应系统的压力不同，热解可以分为常压热解法和真空（减压）热解法。按照热解温度，可以将热解分为以下三类。

(1) 高温热解法

热解温度一般在1000℃以上，采用的加热方式几乎都是直接加热法。如果采用高温纯氧热解工艺，则反应器中的氧化-熔渣区段温度甚至可以达到1500℃。炼焦用煤在炭化室被间接加热，通过高温干馏碳化，得到焦炭和煤气的过程就属于高温热解工艺。

(2) 中温热解法

热解温度一般在600～700℃之间，主要用于比较单一的物料的能源和资源回收，例如将废轮胎、废塑料转换成类重油物质的工艺。

(3) 低温热解法

热解温度一般在600℃以下。可以利用农业、林业和农业产品加工废物生产低硫、低灰分的炭，根据原料和加工深度的不同将其制成等级不同的活性炭或者用作水煤气原料。

按照热解设备类型的不同，热解则可以分为固定床型热解、移动床型热解、回转窑热解、流化床热解、多段竖炉热解、管型炉瞬间热解、高温熔融炉热解等。其中，回转窑热解和管型炉瞬间热解是最早开发的用于城市垃圾的热解技术，代表性系统为 landgard 系统和 occidental 系统。立式多段竖炉热解主要用于含水较高的有机污泥的处理；流化床有单塔式和双塔式两种，其中双塔式流化床应用比较广泛；高温熔融炉热解是城市垃圾热解中最成熟的一种方式，代表性装置包括新日铁、purox 和 torrax 三种不同的系统。

（三）水泥窑共处置

168 水泥窑共处置固体废物有哪些优缺点?

水泥窑共处置又称水泥窑协同处置，是将满足或经过预处理后满足入水泥窑要求的固体废物投入水泥窑，在进行水泥熟料生产的同时实现对废物的无害化处置的过程。与传统的填埋、焚烧方式相比，水泥窑共处置固体废物在经济、技术、无害化、资源化等方面具有一定的优势。

① 水泥窑协同处置生活垃圾不需要新建填埋场和焚烧炉，只需以现有水泥窑生产设施为基础，建设生活垃圾预处理系统，对水泥窑稍加改进即可。这样，既节省了新建垃圾处理设施的场所和建设投资，又可缓解生活垃圾占地和新建处理设施占地等问题。

② 水泥窑协同处置固体废物技术是在1400℃以上的高温下将石灰石彻底分解成二氧化碳和碱性的氧化钙，稳定的高温燃烧以及碱性气氛降低了垃圾焚烧过程中的二噁英、氯化氢、硫氧化物等有害气体的排放。同时，固体废渣和重金属颗粒物在水泥煅烧高温下会成为玻璃体，该过程中重金属被固定在水泥熟料的晶格中，从而达到被固化的效果，且玻璃体急冷后可以制成水泥熟料，减少了灰渣排放。另外，固体废物中的可燃组分可替代部分燃料，减少了能源消耗。

③ 水泥窑协同处置工艺适用性强，其不仅可协同处理生活垃圾，还适用于约 40 大类危险废物的处置需求，占《国家危险废物名录》大类的 80%以上。

④ 水泥窑区域分布与危险废物产区匹配度较高，水泥窑协同处置固体废物在填补全国各地传统危险废物处理产能缺口的同时，也能缓解传统水泥行业产能严重过剩的现状。

然而，水泥窑协同处置固体废物属于新事物，在国内起步较晚，还存在一些问题有待提升：

① 在技术设计、运行管理、风险管控等多方面都不甚完善。

② 水泥窑协同处置固体废物对水泥生产燃料和原料的替代作用有限，使水泥窑协同处置固体废物的能力受到较大的限制。

③ 我国生活垃圾水分高、灰分高、热值低、氯元素较高，水泥窑协同处置固体废物的预处理系统很难有效降低垃圾中的氯含量，造成后端腐蚀难以消除、水泥品质受到影响等问题。

④ 从现阶段的试点实践来看，水泥窑协同处置固体废物项目存在臭气排放、渗滤液

没有达标处理等问题。

图 4-11 为典型的水泥窑协同处理城市生活垃圾 CKK（CONCH Kawasaki Kiln system）系统示意图。

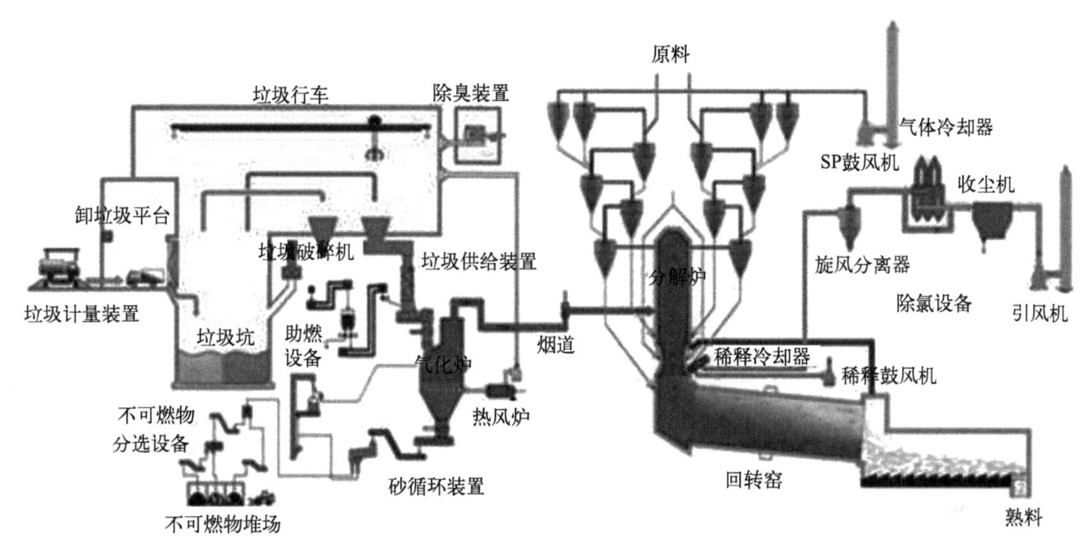

图 4-11　水泥窑协同处理城市生活垃圾 CKK 系统

169 适合水泥窑共处置的固体废物有哪些?

水泥窑可以处置的废物包括生活垃圾、各种污泥（下水道污泥、造纸厂污泥、河道污泥、污水处理厂污泥）、工业危险废物、各种有机废物（废轮胎、废橡胶、废塑料、废油等)、动植物加工废物、受污染土壤、应急事件废物等。

但是，放射性废物、爆炸物及反应性废物、未经拆解的废电池、废家用电器和电子产品、含汞的温度计、血压计、荧光灯管和开关、铬渣、未知特性和未经鉴定的废物禁止入窑进行协同处置。

170 水泥窑共处置固体废物对水泥生产有什么负面影响?

水泥窑共处置固体废物对水泥生产的负面影响主要来自固体废物所包含的碱金属、硫、氯等杂质元素。

① 碱金属、硫、氯等元素在水泥窑内循环富集，在窑尾预分解系统冷却融结引起结皮，轻则影响窑的正常生产和水泥产品质量，重则会导致闭窑。

② 碱在水泥水化过程中，碱金属溶解速度快，生成氢氧碱（KOH、NaOH)，提高水泥浆体碱度，加快水泥熟料矿物的水化，从而影响水泥的凝结时间、强度等性能。

③ 硫元素在熟料晶体中以三氧化硫形式发挥作用，一方面可降低熟料液相生成温度，增加液相量，降低液相黏度，且使晶核形成的速率变慢；另一方面，过多的三氧化硫容易与熟料中的铝酸三钙起作用形成体积膨胀的水化硫铝酸钙，从而造成水泥熟料早期强度增加。

④ 含氯元素的固体废物在水泥窑高温环境分解后，氯元素与窑体金属结构接触，造成腐蚀。

171 水泥窑共处置危险废物的必要条件有哪些？

① 水泥企业应根据生产工艺及技术水平，合理确定共处置废物的种类、处置规模及处置量，并在规定的经营类别允许范围内开展危险废物处置工作。

② 水泥企业应设立处置废物的专职管理部门，配备负责废物管理及环境污染防治的专业技术人员，健全环境风险防控体系和环境应急管理制度，积极防范并妥善应对突发环境事件。

③ 废物贮存设施应单独建设，对性质不相容危险废物应隔离储存。

④ 水泥企业应严格控制水泥窑协同处置入窑废物中重金属投加量；水泥熟料中可浸出重金属含量限值应满足《水泥窑协同处置固体废物技术规范》（GB/T 30760）的要求。

⑤ 窑尾烟气除尘设施应采用高效袋式除尘器净化，生产过程中产生的渗滤液和清洗废水应妥善处理。

172 危险废物干法水泥窑共处置的投加点在哪里？

不同性质的危险废物在水泥窑共处置时适合投加的位置有所差异。

① 窑头主燃烧器　适合投加液态或易于气力输送的粉状废物；含 POPs 物质（持久性有机污染物）或高氯、高毒、难降解有机物质的废物；热值高、含水率低的有机废液。

② 窑门罩　适合投加不适于在窑头主燃烧器投加的液体废物，如各种低热值液态废物。

③ 窑尾烟室　适合投加因受物理特性限制不便从窑头投入的含 POPs 物质和高氯、高毒、难降解有机物质的废物，以及含水率高或块状的废物。

④ 分解炉和上升烟道　适合投加粒径较小和含水率较低的危险废物。

（四）填埋处置

173 什么是固体废弃物填埋处置技术？

填埋处置技术是从传统的堆放和土地处置发展起来的一项最终处置技术，它不是单纯的堆、填、埋，而是按照工程理论和土工标准，对固体废物进行有控管理的一种综合性科学工程方法。

填埋处置的全过程包括选址、设计、场地布设、填埋操作、封场和后期管理等。其优点是工艺简单、成本较低，适于处置多种类型固体废物，已成为目前固体废物最终处置的一种最主要的方法。但其也面临着许多技术问题，如场地的基础建设，场底的衬垫材质与价格，渗滤液的收集控制问题，填埋气体的收集和控制问题，以及后期有效管理等。

根据所处置的废物种类及其性质，以及对处置场环境条件和处置技术等的要求不同，填埋技术一般可分为两类：卫生填埋处置技术和安全填埋处置技术。卫生填埋处置技术主要用于处置城市垃圾。安全填埋处置技术主要用于处置各种工业固体废物。

174 填埋场中有哪些反应过程?

固体废物在长期处置过程中经历了复杂的生物、化学和物理反应，具体如下。

(1) 生物反应

生物降解是固体废物填埋场中发生的最主要的反应，过程通常从有机物的好氧生物降解开始，产生的主要气体是 CO_2，好氧降解只能持续比较短的时间。一旦废物中的氧气被耗尽，降解就变成厌氧过程，有机物质被转变成 CO_2、CH_4、少量的氨和硫化氢，最终处理的结果是使所处置的有机废物逐渐达到稳定化。此外，填埋场内发生的许多化学反应也以生物作用为媒介。

(2) 化学反应

填埋场中发生的化学反应主要有溶解、沉淀、吸附、脱卤和氧化等。进入填埋场的水在废物层中渗透时，会将废物中的可溶物质溶解出来，产生有机物和盐分含量很高的渗滤液，在场内的某些区域，由于 pH 值变化等原因，渗滤液中的某些盐类会产生沉淀反应。土壤可以吸附某些有机和无机污染物质，在一定条件下，这些物质也会发生解吸作用，使污染物扩散出来。另外，有机化合物的脱卤作用和水解、化学降解作用也是降解污染物的重要途径，氧化还原反应还可以影响金属和金属盐的可溶性。

(3) 物理反应

填埋场中发生的物理反应主要是蒸发、沉降和扩散等。通过这些反应，固体废物中的污染物质不断地向周围环境释放，进入大气、水体、土壤等。

填埋场内发生的上述生物、化学、物理反应，通常都是同时发生的，彼此间相互影响，作用十分复杂。

175 固体废物填埋场分为哪几种类型?

固体废物填埋场的类型很多，按填埋场地形特征的不同，可分为坡地型填埋场、山谷型填埋场、平原型填埋场、废矿坑填埋场；按填埋场地水文地质条件的不同，可分为干式填埋场、湿式填埋场和干、湿式混合填埋场；按填埋场的状态可分为厌氧性填埋场、好氧性填埋场、准好氧性填埋场和保管型填埋场；按入场固体废物种类可分为生活垃圾填埋场、危险废物填埋场、工业固体废物填埋场、建筑垃圾填埋场等；按填埋场构造，又可以分为衰减型填埋场和封闭型填埋场。

德国北莱茵-威斯特法伦州根据固体废物的类别、特性和对水资源保护的目标，按照对环境危害程度的大小和危害时间的长短对固体废物进行分类，将填埋场分为如下六种类型。

① 一级填埋场　即惰性废物填埋场或堆放场，是土地填埋处置的一种最简单的方法。它实际上是把建筑废物、未受污染的天然松散或坚硬岩石以及带有相对融熔状态的矿物材料（如来自炼焦炉熔渣）等惰性废物直接埋入地下。一般分浅埋和深埋两种。

② 二级填埋场　即矿业废物处置场，主要用于处置电厂的粉煤灰、类似于融熔状态的废物（惰性物质）等可导致水域有轻微的、暂时影响的废物处置。

③ 三级填埋场　即城市垃圾卫生填埋场。用于处置在一段时间内会对公众健康及环境安全造成危害的一般固体废物，主要为城市垃圾。

④ 四级填埋场　即工业废物土地填埋场，用于处置一般工业有害废物，如来自烟气脱硫后的石膏。也称手工业和工业废物填埋场。

⑤ 五级填埋场　也称危险废物安全土地填埋场，主要用于处置危险废物，对填埋场场址选择、工程设计、建造施工、营运管理和封场后的管理都有特殊的严格要求。

⑥ 六级填埋场　也称特殊废物深地质处置库，或深井灌注。一般是建在地下几百米深、具有良好地质条件的处置场。主要用于处置因其有害性质（例如易溶和难分解的物质成分）不能在地面填埋场处置，必须封闭处理的液体、易燃废气、易爆废物，以及中、高水平放射性废物等特殊废物。用于处置高水平放射性废物的地下处置场习惯称之为深地质处置库。

固体废物土地填埋处置的可行性取决于多种因素，如废物的种类、数量和性质，有关的法规，公众的观念和可接受性，土壤和场地的特性等。目前采用较多的是城市垃圾卫生填埋、危险废物安全填埋和中低放射性废物浅地层埋藏等。

176 固体废物填埋场的填埋方式有哪几种?

固体废物填埋场的填埋方式与地形地貌有关，一般可分为山谷型填埋和平地型填埋。平地型填埋又可分为地上式和地下式。

（1）山谷型填埋场

我国大部分填埋场属于此类型。通常是在山谷出口处设一垃圾坝，在填埋场上方设挡水坝，在填埋场四周开挖排洪沟，严格控制地表排水不能进入填埋场。最简单的填埋场防渗方法是采用垂直密封技术，在填埋场周边设置垂直防渗帷幕，水文地质条件较好的山谷也可仅在垃圾坝下面设置垂直防渗帷幕；也可采用水平基础密封和斜坡密封技术，在填埋场底部和边坡铺设防渗衬层。这种类型的填埋场很明显的特征是填埋废物深度很大，沉降作用在废物和大气界面形成了一些小孔，空气较易侵入，表面释放物容易发散。

（2）地上式填埋

该填埋方式通常适用于地下水位较高或者地形不适合挖掘的地方。掩埋物必须从附近地区运来或者从采土坑中取出，要求坐落在较厚的黏土层之上，黏土层的渗透系数 K 值在 10^{-7}cm/s 以下，不符合该数值时需要铺设人工密封层。地上式填埋场堆存的废物最好是有害物质成分低的惰性废物，如建筑废墟和人工挖土等。尽量减少有机废物的成分，因为有机废物易腐烂并散发出异味，甚至溢流出渗滤液。

堆式填埋场尽量选择在距居民区较远的地方，或者是有树林遮挡的地方。为了避免对环境造成危害，地上式填埋场应采用边作业边封顶的方式，废物的堆存应从一侧开始，当达到堆存高度后要及时采取表面密封措施，以尽可能地减少废物堆的裸露面积。

(3) 地下式填埋

该填埋方式适合场地有丰富的覆盖层物质可供开挖而地下水位较深的地方。废物放入挖掘坑中。开挖土用于覆盖层。底部常铺设合成膜材料或者低渗透性的黏土组成的衬层，或者两者都用的复合衬层，以防止高地下水位以下的底层发生气体迁移和渗滤液泄漏。如果填埋场建在最高地下水位之下，必须考虑地下水排水。也可以利用野外现有的深坑或低凹的地形，最好是边坡稳定、自然密封层良好的黏土坑，例如以往烧砖制瓦取土用的黏土坑，如地质条件满足要求可作为坑式填埋场使用。

地下式填埋场所要求的地质条件是具有良好性能且厚度较大的天然密封层，例如各种矿物成分的黏土层、基岩山区的黏土岩和页岩等。密封层的渗透系数最好在 10^{-7}cm/s 以下，如果不足该数据时，应附加人工密封层。地下式填埋场所处地点的地下水深度应较大，至少在填埋场基础以下 3m，或按所填装的废物种类所对应的不同填埋场级别来确定。为了防止地面降雨向坑内汇集，应在填埋场外围修筑环形排水沟。

177 厌氧型填埋场、好氧型填埋场和准好氧型填埋场的机理分别是什么?

厌氧填埋又称厌氧土地处理。在填埋场中使废物层内达到厌氧状态后废物发酵分解，有机物经由有机酸和乙醇变成沼气以及二氧化碳。与好氧填埋相比，厌氧填埋场地的稳定化较慢。厌氧填埋是目前世界范围内应用最为广泛的填埋方式，厌氧填埋的指导思想是将垃圾填埋体隔绝于周围的环境，经过漫长的厌氧消化，最终实现稳定化、无害化的目的。

好氧型填埋场是在填埋堆体内布设通风管网，用鼓风机送入空气，使有机质好氧分解加速，达到快速稳定的目的。好氧填埋场堆体沉降迅速，反应过程中产生较高温度（60℃左右），使病原菌等得以消灭，并可有效控制恶臭气体的释放。由于通风加大了填埋堆体的蒸发量，可部分甚至完全消除垃圾渗滤液。因此，填埋场底部只须作简单的防渗处理，不需布设收集渗滤液的管网系统。好氧填埋适合干旱少雨地区的中小型城市，以及填埋有机物含量高、含水率低的生活垃圾。该类型的填埋场，通风阻力不宜太大，故填埋体高度一般都较低。好氧填埋场结构较复杂，施工要求较高，单位造价高，有一定的局限性，故其采用不是很普遍。我国老旧填埋场的修复及加速稳定化方面应用该类型填埋场技术的越来越多。

准好氧型填埋场是在改良型厌氧卫生填埋的基础上，不需鼓风设备，只需增大排气、排水管径，扩大排水和导气空间，使排气管与渗滤液收集管相通，使得排气、进气形成循环，在填埋地表层、集水管附近、立渠和排气设施附近形成好氧状态，从而扩大填埋层的好氧区域，促进有机物分解。而在空气接近不了的填埋层中央部分等仍处于厌氧状态，在厌氧状态区域，部分有机物被分解，还原成硫化氢，垃圾中含有的铬、汞、铅等重金属离子与硫化氢反应，生成不溶于水的硫化物，存留在填埋层中。这种好氧、厌氧相结合的填埋方式称为准好氧填埋。准好氧填埋场内因外界空气可以进入垃圾层，使有机物降解速度加快，达到快速降解的作用。同时，准好氧填埋可有效降低渗滤液的污染物浓度，消除厌氧型填埋场的氨积累问题，简化了渗滤液的处理工艺，提高了土地的利用率。图 4-12 为准好氧填埋场原理示意图。

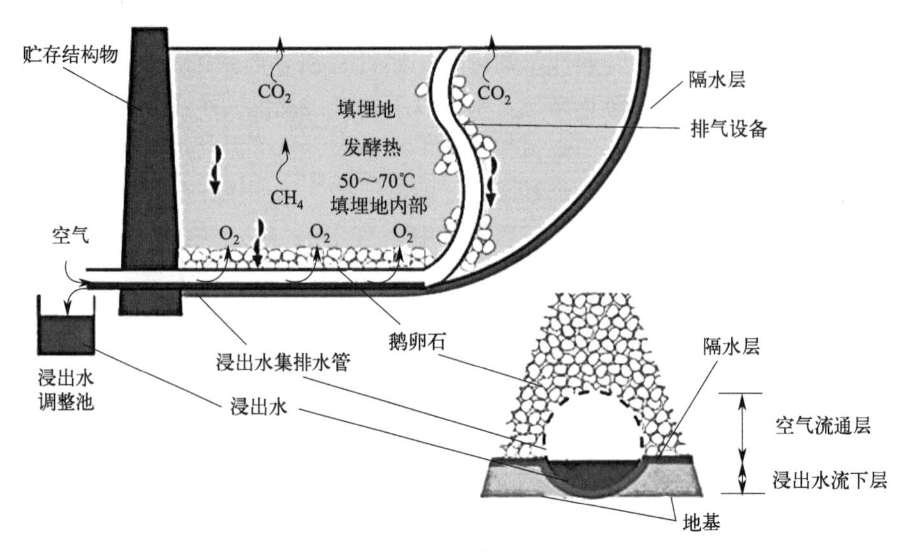

图 4-12 准好氧填埋场原理

178 生活垃圾填埋场无害化评级的主控指标有哪些?

为规范生活垃圾填埋场的评价，提高我国填埋场工程建设和运行管理水平，住房和城乡建设部于 2019 年修订了《生活垃圾填埋场无害化评价标准》(CJJ/T 107—2019)。该标准主要从填埋场工程建设水平和填埋场运行管理水平两方面对填埋场无害化开展评价。

填埋场工程建设水平评价包括：①填埋场选址；②垃圾进场计量设施；③防渗系统，包括填埋库区防渗系统设置、渗滤液调节池防渗、防渗层施工质量控制、防渗层破损检测等；④渗滤液导排及处理设施，包括渗滤液导排系统、渗滤液储存调节和渗滤液处理工艺和设施等；⑤地表水与地下水导排设施，包括地下水导排设施、填埋区外地表水径流导排设施、填埋区雨污分流系统等；⑥垃圾坝；⑦填埋气体导排收集处理及利用设施；⑧环境监测设施，包括地下水监测井和检测化验设备；⑨填埋作业设备配置，包括垃圾摊铺压实设备和作业面消杀除臭设备等。

填埋场运行管理水平评价包括：①垃圾进场计量与填埋物控制，包括垃圾计量统计和填埋物控制；②填埋作业，包括填埋作业规划、分区分单元填埋、覆盖及雨污分流管理、垃圾推铺压实、作业面控制和防渗膜保护等；③场区消杀除臭及飘扬物控制，包括消杀除臭作业和现场效果；④堆体边坡；⑤渗滤液导排与处理设施运行，包括渗滤液导排和渗滤液处理设施运行；⑥填埋气体导排收集及处理利用系统运行；⑦环境监测，包括场内地下水监测频次与结果和政府部门监督性环境监测结果；⑧运行人员配备，包括技术人员和操作工配备；⑨管理，包括管理制度、安全管理、管理体系认证、填埋工艺设施设备维护与运行记录资料等；⑩填埋场总体环境等。

179 生活垃圾填埋场常见的污染问题有哪些？

生活垃圾填埋后对环境造成的污染是多方面的，其中最主要的是对水、大气和土壤的污染。

（1）水污染

垃圾填埋对水产生的污染主要来自垃圾渗滤液。这是垃圾在堆放和填埋过程中由于发酵、雨水淋刷和地表水、地下水浸泡而渗滤出来的污水。渗滤液成分复杂，其中含有难以生物降解的萘、菲等芳香族化合物，氯代芳香族化合物，磷酸脂，邻苯二甲酸脂，酚类和苯胺类化合物等。渗滤液对地面水的影响会长期存在，即使填埋场封闭后一段时期内仍有影响。渗滤液对地下水也会造成严重污染，主要表现在使地下水水质混浊，有臭味，COD、三氮（NH_4^+-N、NO_2^--N、NO_3^--N）含量高，油、酚污染严重，大肠菌群超标等。地下和地表水体的污染，必将会对周边地区的环境、经济发展和人民群众生活造成十分严重的影响。

（2）大气污染

卫生填埋场中的生活垃圾含有大量有机物，这些有机物被微生物厌氧消化、降解，会产生大量的垃圾填埋气。填埋气主要成分为 CH_4、CO_2 以及其他一些微量成分，如 N_2、H_2S、H_2 和挥发性有机物等，其中 CH_4 的含量达到 40%～60%。CH_4 和 CO_2 是主要的温室气体，CH_4 对 O_3 的破坏能力是 CO_2 的 40 倍，产生的温室效应比 CO_2 高 20 倍以上，CH_4 和 CO_2 产生的温室效应会使全球气候变暖。CH_4 易燃易爆，当其与空气混合比达到 5%～15%时，极易引发爆炸和火灾事故。填埋气的恶臭气味会引起人的不适，其中含有多种致癌、致畸的有机挥发物。这些气体如不采取适当措施加以回收处理，而直接向场外排放，会对周围环境和人员造成伤害。

（3）土壤污染

城市生活垃圾中含有大量的玻璃、电池、塑料制品，它们直接进入土壤，会对土壤环境和农作物生长构成严重威胁。因此，许多城市在填埋场选址时遇到很大阻力，郊区农民拒收垃圾，以及反对在当地建填埋场的事件屡见不鲜。而在我国许多大城市及人口稠密的东南沿海城市，填埋场的建设也存在着无地可用的问题。

180 填埋场区域大气、恶臭气体控制的目标值和主要方法有哪些？

根据《生活垃圾填埋场污染控制标准》（GB 16889—2024）生活垃圾填埋场应采取甲烷减排措施，具体为：填埋场应设置填埋气体导排系统；设计填埋量不小于 250 万吨且生活垃圾填埋厚度超过 20m 的填埋场，应建设填埋气利用或火炬燃烧设施；设计填埋量小于 250 万吨且不具备填埋气体利用条件的填埋场应采用准好氧填埋工艺，或采用火炬燃烧设施、生物覆盖、生物滤池等方式处理填埋气。该标准要求填埋场上方甲烷气体含量应小于 5%，填埋场建（构）筑物内甲烷气体含量应小于 1.25%。

对恶臭气体而言，填埋作业时应控制作业面积，采取及时喷洒除臭药剂、及时覆盖、膜下负压抽气等措施减少恶臭气体影响；渗滤液回灌时应采取措施减少恶臭气体影响，不应采用表面喷洒等表面回灌方式；填埋场恶臭污染物排放应符合《恶臭污染物排放标准》（GB 14554—1993）的规定，该标准规定了氨、三甲胺、硫化氢、甲硫醇、甲硫醚、二甲二硫、二硫化碳、苯乙烯 8 种具体恶臭物质的浓度及整体臭气浓度。

181 填埋场的运行管理主要包括哪些方面内容?

填埋场运行管理内容见图 4-13。

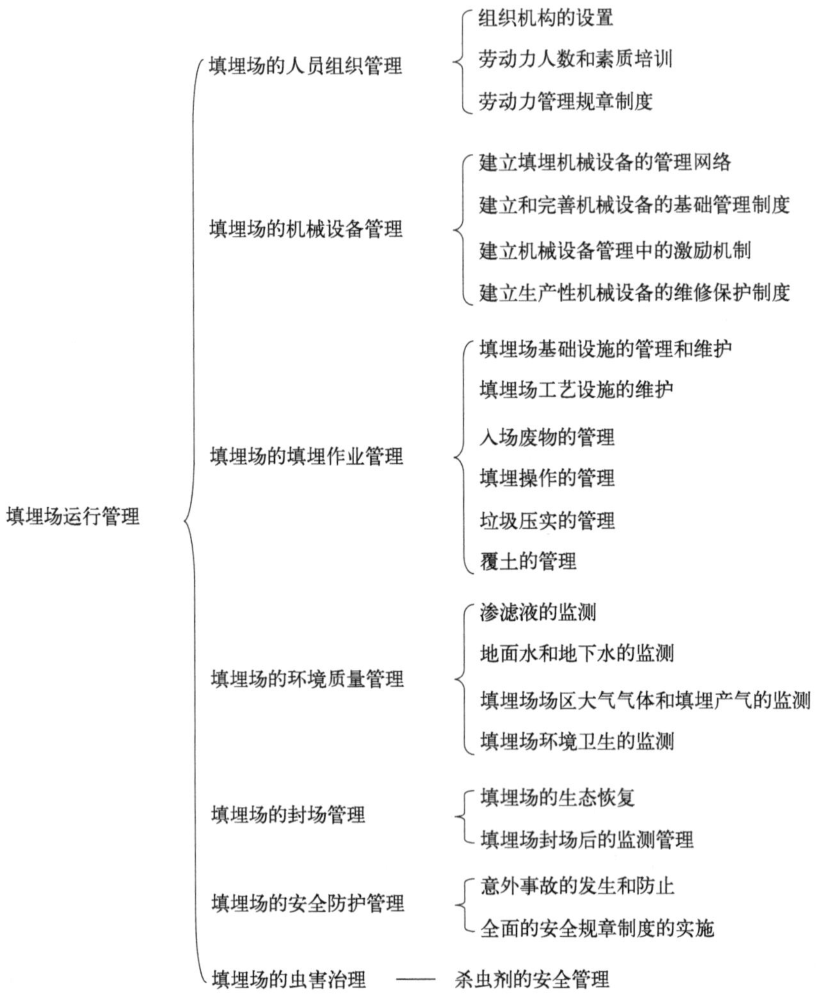

填埋场运行管理
- 填埋场的人员组织管理
  - 组织机构的设置
  - 劳动力人数和素质培训
  - 劳动力管理规章制度
- 填埋场的机械设备管理
  - 建立填埋机械设备的管理网络
  - 建立和完善机械设备的基础管理制度
  - 建立机械设备管理中的激励机制
  - 建立生产性机械设备的维修保护制度
- 填埋场的填埋作业管理
  - 填埋场基础设施的管理和维护
  - 填埋场工艺设施的维护
  - 人场废物的管理
  - 填埋操作的管理
  - 垃圾压实的管理
  - 覆土的管理
- 填埋场的环境质量管理
  - 渗滤液的监测
  - 地面水和地下水的监测
  - 填埋场场区大气气体和填埋产气的监测
  - 填埋场环境卫生的监测
- 填埋场的封场管理
  - 填埋场的生态恢复
  - 填埋场封场后的监测管理
- 填埋场的安全防护管理
  - 意外事故的发生和防止
  - 全面的安全规章制度的实施
- 填埋场的虫害治理 —— 杀虫剂的安全管理

图 4-13 填埋场的运行管理

182 填埋场监测的目的和项目包括哪些?

对填埋场进行监测的基本目的是检查填埋场是否按设计要求正常运行以及确保填埋场符合所有管理标准。

根据《生活垃圾卫生填埋场运行维护技术规程》(CJJ 93—2011),填埋场开始运行前,应进行填埋场的本底监测,包括环境大气、地下水、地表水、噪声;填埋场运行过程中应依据现行国家标准《生活垃圾填埋场污染控制标准》(GB 16889—2024)进行环境污染、环境质量的监测以及填埋场运行情况的检测。

填埋场日常监测项目应包括：垃圾特性、堆体沉降、边坡稳定性、填埋场内渗滤液水位、排水系统内的水位、填埋场渗滤液通过底部衬层或基础的渗漏情况、场址周围地下水水质、填埋场及其周围土壤和大气中的气体浓度、渗滤液收集池中的渗滤液水位和水质、苍蝇密度等内容。

在制定填埋场的监测计划时通常需要确定以下内容：使用的监测仪器和设备类型；监测仪器的安装位置；监测频率以及监测的化学成分种类，具体可参见《生活垃圾填埋场污染控制标准》(GB 16889)、《生活垃圾卫生填埋场环境监测技术要求》(GB/T 18772) 等标准。

183 如何进行填埋场的虫害治理?

填埋场的虫害治理通常采用喷洒药物的方法。通常使用的杀虫药物及药效见表 4-2。

表 4-2 常用的杀虫药物及药效

杀虫药物	药效
敌百虫	主要作用是能够引发胃毒和接触后的杀灭作用。对于蚊蝇、螨、虱、跳蚤、臭虫等均有杀灭作用
敌敌畏	主要作用是熏蒸、触杀和胃毒三种，杀虫效力比敌百虫高数倍。是一种高效、速杀、广谱的杀虫剂，也是目前应用最为广泛的杀虫剂
倍硫磷	主要作用以触杀和胃毒为主，击倒速度慢，但残效期长。能杀灭蚊蝇、臭虫、虱、跳蚤等
辛硫磷	主要作用以触杀为主。杀虫效力强、广谱、残效期长
马拉硫磷	主要作用为触杀和胃毒，有微弱的熏蒸作用，是有机磷杀虫剂里毒性最低的品种。具有中等杀虫效力，对蚊蝇、虱、臭虫均有杀灭作用
巴沙	以往多用于杀灭农业害虫，现发现对于蚊子的幼虫孑孓杀灭速度很快，对于家蝇也有较好的杀灭作用，对人畜毒性低
胺菊酯	主要作用是触杀，击倒速度极快。对蚊蝇、虱、螨都有良好的防治作用

某些杀虫剂混合使用时具有加和或拮抗作用，选择具有加和作用的组合，可以增加药效，降低成本，且对于已有抗药性的昆虫具有良好的效果。

184 常用的填埋场机械设备包括哪些?

常用的填埋场机械设备包括铲运和挖掘设备、压实设备、装载和运输设备。

(1) 铲运和挖掘设备

生活垃圾填埋场常用的铲运和挖掘设备包括推土机、铲运机、挖掘机和松土器。

(2) 压实设备

包括滚动碾压式和夯实式。其中滚动碾压式又可分为钢轮式、羊脚碾式、充气轮式、自振动空心轮压式等。

(3) 装载和运输设备

包括装载机、运送机、转运和起吊设备等。

根据《生活垃圾卫生填埋处理工程项目建设标准》（建标 124—2009），填埋场主要工艺设备应根据日处理垃圾量和作业区、卸车平台的分布情况，参照表 4-3 选用。

表 4-3　填埋场工艺设备选用　　单位：台

建设规模	推土机	压实机	挖掘机	装载机
Ⅰ类	3～4	2～3	2	2～3
Ⅱ类	2～3	2	2	2
Ⅲ类	1～2	1	1	1～2
Ⅳ类	1～2	1	1	1～2

185 填埋场是如何作业的？

填埋场设置有填埋物检测区域，对进场的固体废物进行检测，并进行计量。填埋时填埋场将库区分成各个填埋单元，采用分单元、分层作业的方式进行。填埋单元作业工序为卸车、分层摊铺、压实，达到规定高度后进行覆盖、再压实。

每层垃圾摊铺厚度依填埋作业设备的压实性能、压实次数及垃圾的可压缩性确定，厚度不宜超过 60cm，且宜从作业单元的边坡底部到顶部摊铺：垃圾压实密度应大于 600kg/m^3。每一单元的垃圾高度宜为 2～4m，最高不得超过 6m。单元作业宽度依填埋作业设备的宽度及高峰期同时进行作业的车辆数确定，最小宽度不宜小于 6m。单元的坡度不宜大于 1∶3。

每一单元作业完成后，应进行覆盖，常见的覆盖材料包括 HDPE 膜或覆盖土。覆盖层厚度宜根据覆盖材料确定，当采用土覆盖时土层厚度宜为 20～25cm；每一作业区完成阶段性高度后，暂时不在其上继续进行填埋时，应进行中间覆盖，覆盖层厚度宜根据覆盖材料确定，土覆盖时土层厚度宜大于 30cm。

填埋场填埋作业达到设计标高后，应及时进行封场和生态环境恢复。

186 填埋作业的安全注意事项有哪些？

填埋作业的安全注意事项如下。

① 填埋场必须设置有效的气体导排设施，填埋气体严禁自然聚集、迁移等，防止引发火灾和爆炸。填埋场不具备填埋气体利用条件时，应主动导出并采用火炬法收集燃烧处理。未达到安全稳定的旧填埋场应设置有效的填埋气体导排和处理设施。

② 严禁带火种车辆进入场区，场区内应设置明显防火标志，填埋区严禁烟火。

③ 填埋场存储柴油及叉车在填埋场加注柴油作业，应当划设指定区域，设置明显的警示标志，并配置干粉灭火器。

④ 装卸与倒运作业范围内应当设置明显的警示隔离区域，防止无关人员误入作业现场，造成车辆伤害事故。

⑤ 填埋作业人员应当根据填埋废物的危险特性，针对性地配置劳动防护用品与应急处置工具，包括（但不限于）安全帽、工作服、安全鞋、安全眼镜、防尘口罩、安全带、灭火器、急救箱等。

⑥ 填埋作业人员夏季应当注意防止高温中暑，冬季应当注意防止低温冻伤，应当采取室外作业人员与室内作业人员轮换作业等防护措施。

⑦ 人员进、出（上、下）填埋场时，应当规定专用通道，并铺设保护设施以及便于人员攀爬的设施，不应直接踩踏防渗膜。

187 我国生活垃圾填埋场的特征性问题有哪些?

我国生活垃圾填埋技术在迅速发展过程中，对国际填埋技术开发和应用的实践经验借鉴较多，甚至一些技术规范和标准内容照搬自欧美发达国家，而对我国垃圾特性考虑不充分。我国生活垃圾由于自身组成及收集方式所造成的高含水率、高有机质特点，使我国填埋场在内部环境演变、垃圾降解以及污染物产生与迁移方面与西方国家存在显著差异，也使我国填埋场在实际运营过程中暴露出许多特征性问题。

（1）渗滤液导排系统淤堵

借鉴于西方国家，已废止的《城市生活垃圾卫生填埋技术标准》（CJJ 17—1988）和《生活垃圾卫生填埋技术规范》（CJJ 17—2004）对渗滤液导排系统进行了规范性要求。在实际运营过程中，很多填埋场渗滤液导排系统效率低下，甚至在短期内就迅速失效，造成渗滤液导排不及时，场内水位升高。导排层淤堵是导排系统失效的最主要原因。

（2）填埋场内渗滤液水位壅高

我国垃圾含水率高，加上填埋场导排系统极易发生淤堵，不能及时将渗滤液排出，很多填埋场都出现了渗滤液水位壅高的现象。填埋场长期高水位运行不仅影响填埋气体的导排和收集，易发生垃圾堆体边坡失稳，加剧污染物的渗漏和扩散，而且在同样防渗衬层设计条件下，对地下水的污染风险高。

（3）渗滤液处理难度大且处理不彻底

填埋场渗滤液具有氨氮浓度高、微生物营养元素比例失衡以及水质水量变化大等特点。由于我国渗滤液水量和性质与欧美填埋场存在很大差异，可借鉴的处理经验不多，我国已经自主发展出了渗滤液处理工艺体系，生物处理与膜深度处理组合已经成为我国渗滤液的主流处理工艺。虽然膜处理技术能够使出水达到相关排放标准，但产生了富集难降解有机物和大部分盐分的浓缩液，如不对其进行妥善处理，则实质上并未从根本上实现渗滤液的处理。

（4）填埋场作业面非甲烷有机化合物释放量大

由于我国垃圾中易降解有机质含量高，垃圾很快就会发生前期降解产气并无组织地释放到空气中的现象，其中包含的大量非甲烷有机化合物（non-methane organic compounds，NMOCs），年均总浓度可达到 10000$\mu g/m^3$，夏季时总浓度最高，高于国外填埋场 2 个数量级。NMOCs 除具有恶臭和温室效应属性外，许多物质还有一定的毒性和致癌性，对周围环境尤其是操作工人，造成了严重威胁。

188 填埋场规划和设计过程包括哪些步骤?

通常，在选定了填埋场场址后，需要对填埋场进行规划和设计，其主要步骤如下。

（1）布局规划

包括确定填埋场场地的面积、基础设施的位置、覆盖层物质的堆放场地、绿化带位置等。

（2）确定填埋场构造和填埋方式

根据固体废物的类别和性质、场址地形地貌、水文地质和工程地质条件，以及相关的法律法规要求，确定填埋场的构造和填埋方式。考虑的重点包括填埋场结构、渗滤液控制设施、填埋气体控制设施和覆盖层结构。

（3）确定填埋场的容量

填埋场容量除与填埋场面积和填埋高度有关外，还与固体废物的可压缩性、日覆盖层厚度、废物分解特性和负荷高度有关。其估算方法是：首先确定填埋场的理论容量，然后考虑填埋废物的初始密度，计算因为上覆压力作用而导致的最终压实密度，以及生物降解作用造成的质量降低数，最后确定填埋场能够容纳固体废物的实际量。

（4）地表水排水设施

地表排水系统的规划应包括降雨排水道的位置、地表水道、沟谷和地下排水系统的位置。根据填埋场的位置和结构以及地表水水系特征确定是否需要暴雨贮存库。

（5）环境监测设施

设计考虑主要包括确定包气带气体和液体、填埋场地上下游的地下水水质和周围环境气体的监测设施、渗滤液和填埋气体检测设施等。应根据填埋场的大小、结构以及当地对空气和水的环境质量要求确定监测设施的多少。

（6）场区环境考虑

场区环境包括建立填埋场周围的防护屏障、控制尘土的飞扬、防止有害虫类和传染性疾病的传播等，并须注意减少填埋场作业对周围居民可能造成的影响，防止废物中的有害成分对环境造成二次污染。

（7）场地基础设施

主要包括填埋场出入口、运转控制室、库房、车库和设备车间、设备和载运设施清洗间、废物进场记录、过磅地秤、其他用房、场内道路建设、围墙及绿化设施等的规划。

189 填埋场选址时应该考虑哪些问题？

填埋场选址的基本原则是技术、经济方案合理，投资最少，以实现经济效益和环境效益双赢的目的。为此，在规划填埋场时，首先应收集当地的地质、水文和气象资料，初步筛选出若干可供建设填埋场的备选地区。再根据选址基本原则，对这些备选场址进行比较和评估。评估需考虑的因素如下。

（1）可利用的土地面积

填埋场场地应保证有充足的可使用面积，应考虑到二期工程或其他后续工程的兴建使用。尽管填埋场大小没有法律规定，但一般来说一个场地至少要能运行五年，并包括一个适当大小的缓冲带。运行时间越短，单位废物处置费用就越高。

（2）运输距离和道路条件

原则上运输距离越短越好，但也要综合考虑其他各个因素，长距离运输现在也已很常见。由于通常适合建设填埋场的土地不在城市已建道路的附近，因此，建设出入填埋场的道路和使用长距离的运输车辆成为填埋场选址的重要因素。如果有铁道线路可以利用时，可以以铁路作为长距离运送固体废物的运输工具。

(3) 对居民区的影响

由于在固体废物的运输和填埋期间会产生臭味及有害废物飘尘，故填埋场场址应与居民区至少间隔 1km 以上，以保证有害物质在当地气象扩散条件下不影响居民区，同时在建场前应做好这方面的环境影响评价。填埋场在作业期间，噪声的影响应符合居民区的噪声标准。

(4) 地形地貌和水文条件

填埋场场址应选在渗透性弱的岩层基础上，基础岩性最好为黏性土、砂质黏土或致密的火成岩，并应避开断层活动带、构造破坏带、褶皱变化带等不稳定地带或其他沟谷分布区。填埋场地形应有利于施工和其他配套建筑设施的布置。不宜选址在地形坡度起伏变化大的地方和低洼汇水处。应尽可能利用现有的自然空间，将施工土方量减至最小。另外，填埋场的场地必须位于饮用水保护区、水体和洪水区之外。最佳的填埋场场址位置是在封闭的流域区内，这对地下水资源造成危害的风险最小。

(5) 气候和环境条件

填埋场选址必须考虑当地的气候条件，如气温、风向、降水量等。并考虑当地的环境条件，应在城市工农业发展规划区、风景规划区、自然保护区之外，在其运营期间应尽可能减少对周围景观的破坏，并且不要对周围主要的有价值的地貌、地形造成不必要的损坏。

190 生活垃圾卫生填埋场选址的具体程序如何?

填埋场选址通常包括场地初步评估、审查候选场地和确定场地三个步骤。

(1) 场地初步评估

主要包括：①自然条件以及人口统计资料；②根据选址原则以及相关考虑因素（包括运输距离、地质、水文、气候等条件）选择若干合适的区域；③确定出备选场地；④进行经济可行性评估；⑤对备选场地进行现场勘查，详细了解其位置、土地使用、运输、地形、地质、土壤等方面的特点；⑥排除不合适的场地。

(2) 审查候选场地

主要包括：①调查初步评估后剩余的场地的特有问题；②对备选场地进行优劣排序；③听取公众意见。

(3) 确定场地

主要包括：①对各个场地进行预设计；②确定并评估填埋终场后的场地使用途径；③在预设计的基础上进行详细的经济评估；④根据综合的安全性和经济性进行优选，排定中选和候补场地；⑤为取得场地的使用权办理相关手续，进行相关工作。

191 生活垃圾填埋场的主体工程包括哪些部分?

生活垃圾填埋场的主体工程主要包括以下几个部分。

① 地基处理工程　填埋场场地需要经过平整、碾压和夯实，并且根据渗滤液导排要求形成一定的纵横坡度。

② 基底防渗层工程　防止垃圾渗滤液从填埋位置通过地基层向下渗漏，继而通过下层土壤进一步侵入地下水或者流进地表水体。

③ 衬层　衬层是填埋场得以形成封闭系统的关键部分，应该根据场地的防渗要求铺设衬层。

④ 渗滤液导排与处理系统　收集系统通常采用导流层或者盲沟（穿孔管）铺设，管道或者沟道应该坡向集水井或者污水调节池。

⑤ 填埋气体的收集和利用工程　根据场地规模、垃圾成分、产气速率、产气量等确定填埋场产气处理或利用方案。

⑥ 雨水导排系统　填埋场必须设置独立的雨水导排系统，根据当地的降水情况和场区地质条件设置明沟或者地下排水管道系统。

⑦ 最后覆盖系统工程　减少水分对填埋场的渗入，并对填埋物进行封闭。

⑧ 填埋终场后的生态恢复系统　地面植被的覆盖能够保证最终填埋恢复系统的长期稳定以及正常功能的发挥，在达到卫生填埋的要求之上，应该根据当地自然条件，选择适宜的植被，在填埋场周边设置隔离林带，改善环境，改良填埋土地性状，便于以后开发利用。

图 4-14 为填埋堆体主体结构示意图。

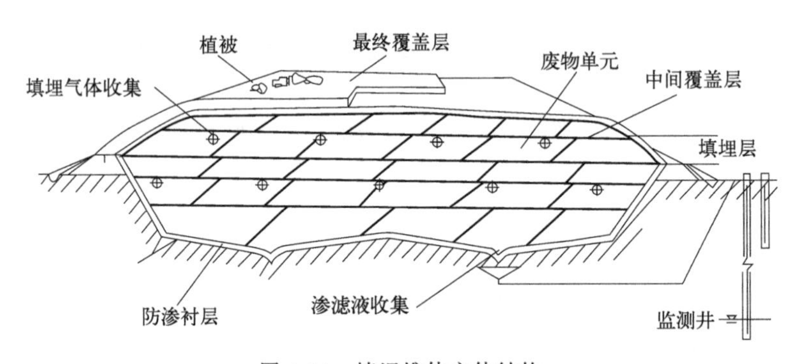

图 4-14　填埋堆体主体结构

192 填埋场主体工程以外的配套工程通常包括哪些?

除了主体工程，填埋场还要有适当的配套工程，用以保证填埋场全天候正常安全运作以及不污染环境。配套工程通常包括：①可靠的电力供应系统；②可靠的供水水源和完善的供水设施；③道路系统；④机器维修；⑤微尘沙粒飞扬控制系统；⑥计量系统；⑦监测化验系统；⑧辅助系统（如行政管理，生活福利等辅助建筑物）；⑨其他辅助设备（如垃圾筛分系统、油罐车、药物喷洒车、洒水车、消防车等）。

193 生活垃圾填埋场的入场标准分别是什么？

可以直接进入生活垃圾填埋场填埋处置的废物包括：①由环境卫生机构收集或者自行收集的生活垃圾；②生活垃圾焚烧炉渣（不包括焚烧飞灰）；③生活垃圾堆肥处理产生的固态残余物；④与生活垃圾性质相近的一般工业固体废物；⑤除②和③以外的其他生活垃圾处理设施产生的固体废物；⑥装修垃圾和拆除垃圾回收利用后产生的固体废物。

满足国家危险废物名录有关处置环节豁免管理规定的医疗废物，经消毒、破碎毁形处理后，可以进入填埋场进行填埋处置。

生活垃圾焚烧飞灰和医疗废物焚烧残渣（包括飞灰、底渣）仅可进入填埋场的独立填埋分区进行填埋处置，且应满足二噁英含量低于3μg TEQ/kg及按照《固体废物　浸出毒性浸出方法　醋酸缓冲溶液法》(HJ/T 300）制备的浸出液中危害成分浓度低于表4-4规定限值的要求。

表 4-4　浸出液污染物浓度限值

序号	污染物项目	浓度限值/(mg/L)	序号	污染物项目	浓度限值/(mg/L)
1	总汞	0.05	7	总钡	25
2	总铜	40	8	总镍	0.5
3	总锌	100	9	总砷	0.3
4	总铅	0.25	10	总铬	4.5
5	总镉	0.15	11	六价铬	1.5
6	总铍	0.02	12	总硒	0.1

除前述的与生活垃圾性质相近的一般工业固体废物外，其他一般工业固体废物经处理后，按照《固体废物　浸出毒性浸出方法　醋酸缓冲溶液法》(HJ/T 300）制备的浸出液中危害成分浓度低于表4-4规定限值的要求，仅可进入填埋场的独立填埋分区进行填埋处置。

厌氧产沼等生物处理后的固态残余物、粪便经处理后的固态残余物和经处理后含水率小于60%的生活污水处理厂污泥，可进入填埋场进行填埋处置。生活污水处理厂污泥进行混合填埋时还应符合《城镇污水处理厂污泥处置　混合填埋用泥质》(GB/T 23485）中关于混合填埋的规定。

194 什么是填埋场密封系统？填埋场密封技术主要分为哪几种？

填埋场密封系统是为了防止填埋气体和渗滤液污染环境并防止地下水和地表水进入填埋场中而建设的填埋场设施，如图4-15所示。

填埋场密封技术通常可分为基础密封、垂直密封和表面密封三种。

① 基础密封是在填埋场底部和周边设立衬层系统。

② 垂直密封则是在填埋场的周边利用基础下方存在的不透水或弱透水层，在其中建设垂直密封墙（也叫防渗帷幕）。对于山谷型填埋场而言，截污坝也是垂直密封建筑。

③ 表面密封指的是废物填埋作业完成之后在它的顶部铺设的覆盖层。表面密封系统

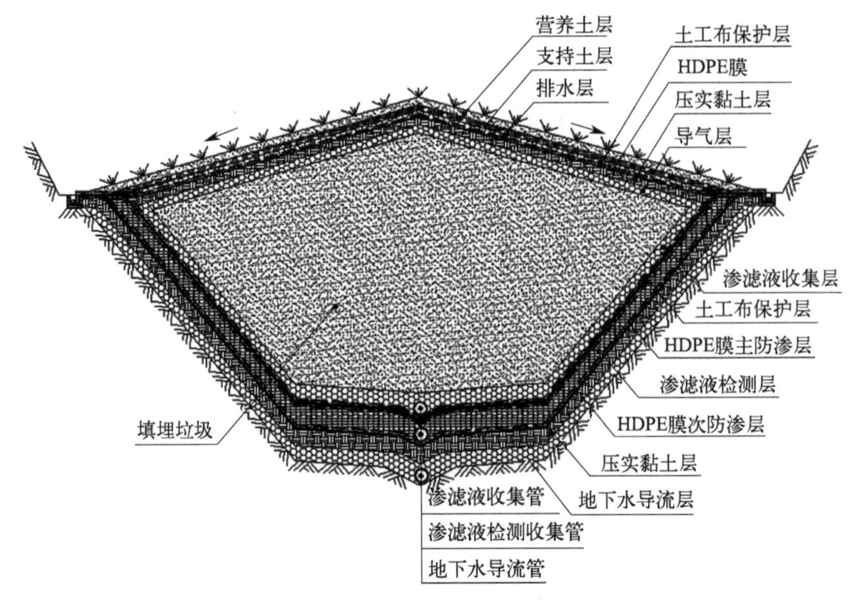

图 4-15　典型填埋场密封系统结构

也称为最终覆盖层系统或者简称为盖层系统。

195 填埋场密封系统的作用是什么?

基础密封和垂直密封的作用主要是：①控制渗滤液的渗流，尽量使其进入收集系统，以免造成土壤和地下水的污染；②控制填埋气体的迁移，使其得到有控释放和收集，防止其侧向或者向下迁移到填埋场之外，造成对大气环境的污染和危害；③防止地下水进入填埋场中而导致渗滤液产生量增加。

表面密封系统的作用则在于：①减少地表水（包括雨水和溶化雪水等）渗入填埋场；②控制填埋气体从填埋场上部释放；③抑制病原菌的繁殖；④避免有害物质污染地表径流；⑤避免危险废物的扩散；⑥提供一个可以进行景观美化的表面；⑦便于填埋土地的再利用。

196 常用的垂直密封系统的制作类型有哪几种?

常用的垂直密封系统的制作类型包括打入法、工程开挖法和土层改性方法三种。

① 打入法　打入法施工的密封墙是利用打夯或液压动力将预制好的密封墙体构件打入土体。用这种方法施工的密封墙有板桩墙、窄壁墙和挤压密封墙。

② 工程开挖法　工程开挖方法施工的密封墙是通过土方工程将土层挖出，然后在挖好的沟槽中建设密封墙。

③ 土层改性方法　土层改性方法是用充填、压密等方法使原土渗透性降低而形成密封墙。主要用充填方法和压密方法施工，使原状土的孔隙率缩小形成密封墙。

197 什么是填埋场的衬层？常见的衬层系统主要分为哪几类？

现代的卫生填埋场通常都需要在地基层之上铺设衬层，以防止垃圾渗滤液从填埋位置通过地基层向下渗漏，继而通过下层土壤进一步侵入地下水或者流进地表水体。

根据填埋场渗滤液收集系统、防渗系统和保护层、过滤层的不同组合，衬层系统结构可以分为单层衬层系统、复合衬层系统、双层衬层系统和多层衬层系统等。

(1) 单层衬层系统

即只有一个防渗层，其上是渗滤液收集系统和保护层。必要时其下有一个地下水收集系统和一个保护层。这种类型的衬层系统只能用在抗损性低的条件下。

(2) 复合衬层系统

即由两种防渗材料相贴而形成的防渗层，它们相互紧密地排列，提供综合效力。比较典型的复合结构是上层为柔性膜，其下为渗透性低的黏土矿物层。与单层衬层系统相似，复合防渗层的上方为渗滤液收集系统，下方为地下水收集系统。复合衬层的关键是使柔性膜紧密接触黏土矿物层，以保证柔性膜的缺陷不会引起柔性膜沿两者的结合面移动。

(3) 双层衬层系统

包含两层防渗层，两层之间是排水层，以控制和收集防渗层之间的液体或气体。衬层上方为渗滤液收集系统，下方可有地下水收集系统。透过上部防渗层的渗滤液或者气体受到下部防渗层的阻挡，而在中间的排水层中得到控制和收集。在这一点上它优于单层衬层系统，但从施工和防渗效果等方面看，它一般不如复合衬层系统。

(4) 多层衬层系统

这是复合衬层系统和双层衬层系统的综合。其原理与双层衬层系统类似，但上部的防渗层采用复合防渗层，在两个防渗层之间设排水层，用于控制和收集从填埋场中渗出的液体。防渗层之上为渗滤液收集系统，下方为地下水收集系统。多层衬层系统综合了复合衬层系统和双层衬层系统的优点，具有抗损坏能力强、坚固性好、防渗效果好等优点，但多层衬层系统往往造价也高。

198 如何选择填埋场衬层系统？

选择填埋场衬层系统应考虑以下因素。

(1) 环境

衬层系统的最初选择过程应包括环境风险评价。根据衬层系统的不同结构设计和填埋场场区条件等，运用风险分析方法确定填埋场释放物环境影响，进而选择合理的衬层系统。

(2) 场区地质、水文、工程地质条件

如果填埋场场底低于地下水位，则衬层设计应考虑地下水渗入填埋场的可能性及对渗滤液产生量的影响，并需要控制因地下水位上升而对衬层系统施加的压力。

(3) 衬层系统材料来源

从减少填埋场建设费用的角度考虑，衬层系统应尽量使用在场址区合理距离内可得到的自然材料。例如，在场址区及附近如果有黏土，应使用黏土作为衬层系统的防渗层与保护层；如果没有质量高的黏土，但有粉质黏土，则衬层可采用质量较好的膨润土来改性粉质黏土，使其达到防渗设计要求；如果没有足够的天然防渗材料，衬层可使用柔性膜或者天然与人工合成材料。

（4）废物的性质及与衬层材料的兼容性

衬层材料的选择应与填埋废物具有相容性，废物的某些理化性质不能造成衬层的损坏，这就要求衬层具有化学抗性和相应的持久性。选择衬层系统时要充分考虑衬层材料和废物、渗滤液、气体成分的关系，尽量实现在可能温度条件下的完全兼容。

（5）施工条件

衬层系统的设计还要考虑施工方便。在铺设衬层时，衬层系统的每个单层不能危及其下一层。

（6）经济可行性

这是衬层系统选择中始终要考虑的基本因素。衬层系统应该在满足环境要求的条件下，选择更为经济的衬层系统。

另外，一般而言衬层系统很少采用单层衬层系统。但在某些环境中，如果场区地层具有低渗透性，地质屏障系统本身提供了一定的保护，就可以降低对密封屏障系统的要求，减少所需的额外保护。

199 填埋场防渗材料主要有哪几种?

填埋场所选用的防渗衬层材料通常可分为四类。

（1）无机天然防渗材料

主要有黏土、亚黏土、膨润土等。黏土衬层较为经济，至今仍在填埋场中被广泛采用。黏土的选择主要根据现场条件下所能达到的压实渗透系数来确定。在最佳湿度条件下，当被压制到90%～95%的最大普式干密度时，其渗透性很低（通常为10^{-7}cm/s或者更小）的黏土，可以作为填埋场衬层材料。

（2）人工改性防渗材料

人工改性防渗材料是在填埋场区及其附近没有合适的黏土资源或者黏土的性能无法达到防渗要求的情况下，将亚黏土、亚砂土等进行人工改性，使其达到防渗性能要求而成的防渗材料。人工改性的添加剂分有机和无机两种。有机添加剂包括一些有机单体（如甲基脲等）的聚合物；无机添加剂包括石灰、水泥、粉煤灰和膨润土等。相对而言，无机添加剂费用低、效果好，适合在我国推广应用。

（3）天然和有机复合防渗材料

主要指聚合物水泥混凝土（PCC）防渗材料，沥青水泥混凝土也属于该类材料。聚合物水泥混凝土（PCC）是由水泥、聚合物胶结料与骨料结合而成的新型填埋场防渗材料。在水泥混凝土搅拌阶段，掺入聚合物分散体或者聚合物单体，然后经过浇铸和养护而成。具有比较优良的抗渗和抗碳化性能，以及较高的耐磨性和耐久性。在力学性质方面，其抗压强度、抗折强度、伸缩性、耐磨性都可以通过配方改变加以改善。

（4）人工合成有机材料

通常称为柔性膜，主要包括聚乙烯、聚氯乙烯、氯化聚乙烯、氯磺聚乙烯、塑化聚烯烃、乙烯-丙烯橡胶、氯丁橡胶、热塑性合成橡胶等。柔性膜防渗材料通常具有极低的渗透性，其渗透系数均可达到 10^{-11}cm/s。现广泛使用的是高密度聚乙烯（HDPE）防渗卷材。

200 填埋场衬层设计包括哪些步骤?

通常情况下，填埋场的衬层设计包括以下几个步骤：①确定填埋场类型；②确定场区地下水功能和保护等级；③确定衬层材料及衬层构造；④建立废弃物浸出液分配模型，确定防渗层的有关设计参数；⑤考虑衬层的施工及其对衬层质量的影响。

201 黏土衬层设计应该考虑哪些因素?

在进行黏土衬层设计时，应该考虑以下因素。

（1）黏土衬层的厚度

厚度越大，其防渗能力越强。但衬层厚度过大，不仅占据了大量有效填埋空间，而且将大幅度提高土建工程费用。因此，必须根据具体情况合理设计填埋场黏土衬层的厚度，达到既能满足防渗要求，又能降低建设费用的目的。

（2）渗透性

度量黏土衬层渗透性的主要指标是渗透系数，用 K 表示。严格地说，不同成分的渗滤液在不同温度条件下在相同性质的黏土中的渗透能力是不同的。因此，渗滤液在黏土中的渗透系数要根据渗滤液实际成分，在填埋场可能的温度范围内，运用设计的黏土材料性质和厚度进行试验，才能加以确定。

（3）含水率与密实度

土壤要有一定的含水率和密实度，以达到渗透性低和强度高的目的。实验研究表明，当土壤含水率略高于土的最佳含水率时，通常可以获得最佳渗透性。在具体工程设计前，应该进行密度、湿度和渗透性的实验，建立三者之间的关系曲线，从而确定最优值。

（4）土块大小与级配

土块的大小将影响土的渗透性质和施工质量。通常，土块越小，其中水分分布越均匀，压实效果越好。尤其当土壤含水率小于拟定的压实最佳含水率时，土块的大小将更为重要。因此，在设计中一般推荐土块的最大尺寸为 2cm。如果现场土块尺寸太大，应首先进行机械破碎。

土壤颗粒的级配，同样影响着土壤的透水性。级配良好的土壤，其透率较小。土壤级配很重要，具有较低比例黏土成分但级配良好的材料仍可作衬层材料。一般而言，具有较高的黏土成分或较高的淤泥和黏土成分的材料具有低渗透性。具有高比例石块或过多大颗粒的材料一般不适于作衬层材料。为了确定黏土颗粒级配和黏土的性质，需要对黏土进行颗粒分析实验。

（5）塑性

黏土要形成有效的衬层或衬层组成部分，要具有一定的可塑性。但高度塑性的土壤容易收缩和干化断裂。一般液限指数（W_t）在25%～30%之间，塑限指数（W_p）在10%～15%之间，可以使用高塑性的土壤材料，但要避免其收缩。

（6）强度

黏土材料应具有足够的强度，不应在施工和填埋作业负荷作用下发生变形。

（7）与容纳废弃物的化学相容性

在使用黏土作为防渗材料时，必须根据欲填废物的种类进行化学相容性试验。化学不相容的废物不能在填埋场中填埋。如果必须填埋此类废物，则应考虑采取其他防渗措施或者在填埋前进行固化等预处理。

（8）黏土衬层的坡度设计与排水层设计

推荐黏土衬层的设计坡度为2%～4%；推荐衬层系统中的排水层厚度为30～120cm，集水管最小直径为15cm，管道间距为15～30m。

202 高密度聚乙烯（HDPE）膜作为防渗材料具有哪些特点?

高密度聚乙烯是目前应用最为广泛的填埋场防渗柔性膜材料，其特点是：①防渗性能好，渗透系数K小于10^{-12}cm/s；②化学稳定性好，对大部分化学物质有抗腐蚀能力；③机械强度较高；④便于施工，已经开发了一系列配套的施工焊接方法，技术上比较成熟；⑤性能价格比较合理；⑥气候适应性较强，可在低温下工作。

203 在做防渗层设计时，对高密度聚乙烯（HDPE）膜有何要求?

在基础防渗工程中，除特殊情况外，高密度聚乙烯膜并不单独使用，而常用于复合衬层系统、双层衬层系统和多层衬层系统的防渗层设计。它需要较好的基础铺垫，才能保证稳定、安全而可靠地工作。对高密度聚乙烯膜的性能要求包括原材料性能和成品膜性能两个方面，主要指标如下。

（1）密度

用于安全填埋场的高密度聚乙烯膜的密度不应小于0.939g/cm^3。

（2）熔融指数

熔融指数低，材料脆，但刚性增强。熔融指数的最佳值为0.22g/10min。一般熔融指数在0.05～0.3g/10min范围可满足要求。

（3）炭黑含量

反映了材料抗紫外线辐射的能力。一般来说，炭黑添加量为2%～3%。不含炭黑的HDPE膜不能用在露天填埋场的设计和施工中。

（4）原料要求

聚乙烯原材料必须是一级纯品，不含杂质。不能用废聚乙烯再生产品。

（5）膜厚度

选择 HDPE 膜的厚度，一般不以其抗渗能力为依据，因为 HDPE 膜的抗渗能力是有保证的。选择膜厚度应主要考虑：①膜的抗紫外线辐射能力；②膜的抗穿透能力；③抗不均匀沉降能力。当然，膜厚度大，对后二者有利。但是，膜厚度增加将使膜的价格成比例增加，所以必须综合考虑。

（6）膜抗穿能力

HDPE 膜的抗穿能力与其厚度有关。不同膜厚度有不同要求。HDPE 膜的抗穿能力是比较强的，但是仍然不能防止一些针状物或者某些生物作用对膜的穿透。由于填埋场施工条件比较复杂，存在膜穿透的条件，因此在施工中要特别注意。

（7）膜拉伸强度

不同膜厚度对膜拉伸强度有不同要求。膜的拉伸强度是膜设计应用的基本条件之一。膜在填埋场条件下有时将处于受拉状态。试验结果显示，HDPE 膜的单向拉伸强度较大，可以在发生较大变形时不产生破裂。但其抗双轴向拉力的能力很低，因此，要尽量减少产生双轴拉力的可能性。

（8）渗透系数

HDPE 膜的渗透系数要小于 10^{-12}cm/s。质量合格的 HDPE 防渗膜的抗渗能力很强，渗透系数比优质黏土低 4～5 个数量级，防渗性能能够达到这一指标要求。

204 在使用高密度聚乙烯（HDPE）膜作为防渗层时，需要满足哪些要求？

HDPE 膜的铺设设计要满足以下要求：

① 防渗膜的铺设必须平坦、无皱折；

② 膜的搭接必须考虑使其焊缝尽量减少；

③ 在斜坡上铺设防渗膜，其接缝应从上到下，不允许出现斜坡上有水平方向接缝，以避免斜坡上由于滑动力可能在焊缝处出现应力集中；

④ 基础底部的防渗膜应尽量避免埋设垂直穿孔的管道或其他构筑物；

⑤ 边坡必须锚固，推荐采用矩型槽覆土锚固法；

⑥ 边坡与底面交界处不能设焊缝，焊缝不在跨过交界处之内。

205 高密度聚乙烯（HDPE）膜施工中的焊接质量检查有哪些方法？

高密度聚乙烯防渗膜施工中，焊接质量检查是一个十分重要的内容，在施工过程和施工后都需要进行焊接质量检查。检查方法主要有目测、非破坏性测试和破坏性测试三种。

（1）目测

这是质量检查的第一关也是非常重要的一关，因为非破坏试验和破坏试验都不能做到

100%，而目测能顾及整个焊接现场及焊接质量。目测一般不需任何工具，花费低，凭经验和责任就能发现很多质量问题，也为非破坏试验和破坏试验的采样起向导作用。

目测的主要内容包括：

① 膜铺放前应目测检查膜下垫层的施工质量是否满足设计要求，如果发现有不满足设计要求的地方，一定要进行修补，达到设计要求之后方能铺放高密度聚乙烯防渗膜；

② 对膜产品质量的目测主要是检查膜上是否有孔、打皱或者厚薄不均的现象，符合质量要求的膜才能入场铺设；

③ 焊接过程和焊接厚度的目测检查。

(2) 非破坏性测试

非破坏性测试是高密度聚乙烯膜焊接质量检验的一个必经步骤，其目的是检测焊缝是否连续，看其是否出现短路现象，发现问题及时修补。非破坏性测试不是检查焊接强度，而是检查焊接整体质量，它应在焊接施工过程中，而不是在焊接施工完成之后。比较常用的非破坏性测试方法为真空箱测试法和空气压力测试法。

(3) 破坏性测试

破坏性测试的目的是检查焊缝的强度，它是目测和非破坏性测试所不能替代的，也是检查焊缝强度所必须的。破坏性测试的内容包括剪切拉伸测试和张力拉伸测试。破坏性测试不能100%进行，只能采样进行。

206 填埋场铺设衬层时应考虑哪些因素?

在铺设填埋场衬层时，应该考虑以下因素。

① 边壁的坡度　要求小于1∶3，便于衬层的铺设。

② 基础的硬度　如果底部基础为硬岩层，则不必平整场地和铺设密封材料，否则必须平整场地并铺设膨润土等密封材料。

③ 底部基岩的稳定性　衬层不能承受突然的和不均衡的下沉。

④ 底部土壤的渗透性　有些填埋场可以先铺一层土壤，以形成天然的不渗透层。

⑤ 地下水流入　应有地下水或其他的自然界的水进入场内的应急措施。

⑥ 场地底部与地下水位关系　场地底部应高于地下水位，可以先用惰性材料抬高底面高度，再铺衬层。

⑦ 地基的稳定性　填埋场一般需要修建堤坝及单元填埋室的边壁，否则在斜坡上铺设衬层可能会有问题。

⑧ 渗滤液的处理与处置　当渗滤液的发生量超过填埋场所能承受的能力时，应考虑渗滤液处理设施的可能性。

207 填埋场渗漏检测方法有哪些？各有什么优缺点?

目前，国内外填埋场渗漏检测方法主要有以下10种。

(1) 地下水监测法

地下水监测法是通过检测填埋场的集水井中是否有渗漏液来实现的。如果没有渗漏，集水井中的水应是干净的地下水；一旦发生渗漏并流到了地下水层，就有可能在集水井中发现渗漏液。

优点：利用填埋场自身的设施进行检测。

缺点：仅通过在监测井中采样进行常规分析，只能监测填埋场浅层部分点位的地下水水质状况，而对于深层更大范围内地下水的水质状况，或判断填埋场是否发生渗漏无能为力。

（2）扩散管法

扩散管法是将气体透过性管路网络埋在衬层下的土壤中，一个运转周期后，若存在渗漏液进入土壤层中，并且渗漏液蒸汽扩散进入管路，可以通过抽出管内气体、探测记录污染物浓度，从而达到检测渗漏点的目的。因为从渗漏点漏出渗漏液的量与渗漏点的大小成比例，其扩散于土壤中，同样按照一定的体积比例进入扩散管，所以，分析管内污染物的浓度可以近似得到渗漏点大小。

优点：系统可自行运行，操作费用少。

缺点：如果渗漏液不易汽化，只有当渗漏液接触到扩散管才能检测到渗漏点。

（3）电容传感器法

电容传感器法是通过测量土壤绝缘常数的变化来检测渗漏点。当土壤因渗漏液而变得潮湿，绝缘常数增加，测试一个区域土壤绝缘常数的变化，可知是否有渗漏点出现。

优点：技术比较成熟。

缺点：通过电容传感器测到的只是湿度量的变化，一旦地下水位上升，容易出现误报。

（4）跟踪剂法

跟踪剂法是将采样收集探针插入填埋场周边近地面的土壤中，并把一种易挥发的化学跟踪剂注入垃圾填埋场中，如果探针检测到跟踪剂，则表明有渗漏点。

优点：可用于任何填埋物和填埋场任何阶段的检测。

缺点：大多数跟踪系统只能确定是否存在渗漏点，而不能发现渗漏点位置，即不能准确定位。

（5）电化学感应电缆法

电化学感应电缆法是利用埋在土工膜下土壤中的电缆的感应来实现渗漏点检测任务。目标污染物能引起感应电缆的物理和化学变化，这些变化又引起或干扰光电信号，许多电缆通过测量由于与污染物接触导致的电压降来检测渗漏点。

优点：特别适用于检测含有烃类化合物的填埋场。电缆发生的反应大多数是可逆的，所以电缆可以利用可逆反应再生而不需要在出现渗漏后被替换。

缺点：电缆只能检测一个狭窄范围内的某种或某些特殊污染物。每个填埋场必须安装特殊的电缆来检测产生渗漏液的不同成分。

（6）双电极法

双电极法是利用渗漏液或地下水的导电性和防渗膜的绝缘性来实现的。放置一个发射电极在填埋场中，另一个接收电极在填埋场以外近地面的土壤中。当土工膜没有渗漏点时，给两个电极加一定的电压，不能形成回路，无电流；当有渗漏点时，电流就可以把渗漏液或地下水作为导体穿过渗漏点从而形成回路，显示一定的电流值。

优点：不需要预先在衬层下安装任何传感器。

缺点：只能检测到有无渗漏点，不能检测到渗漏点的大小、位置和数量。一旦地下水位上升，容易出现误报。

（7）电阻率法

电阻率法是利用渗漏液比地下水电阻率低的特点来实现的。土工膜施工时在膜下铺设格栅状电极，当有渗漏发生时，离渗漏点近的地方电压较高，离渗漏点远的地方电压较低。根据绘制的电压分布图可以判断渗漏点的位置、大小和数量。

优点：组件简单、耐用，可检测衬层下的完整区域。

缺点：不适用于已建好的填埋场，因为电极格栅必须在施工时被放入填埋单元。

（8）感应电势法

感应电势法是利用介质中稳恒电流场下电势分布的情况进行定位的方法。在防渗膜上、下各放一个供电电极，供电电极两端接高压直流电源。一般情况下，当防渗膜完好无损时，供电回路中没有电流流过；当防渗膜上有渗漏点时，回路中将有电流产生，并在膜上、下介质中形成稳定的电流场，根据介质中各点的电势分布规律，进行渗漏点定位。

优点：定位准确，检测范围广。

缺点：不适用于已建好的垃圾填埋场，且成本相对较高。

（9）地质仪器探测法

地质仪器探测法是利用在工程勘察领域得到广泛应用的技术进行填埋场渗漏检测，主要有高密度电阻率法、探地雷达法、瞬变电磁法等。

优点：可用于建成或运营中的填埋场的渗漏检测，且检测方便。

缺点：只能确定是否存在渗漏点，不能对渗漏点进行准确定位。

（10）高压直流电法

高压直流电法是利用防渗膜的高阻特性，在防渗膜上下分别提供正负高压直流电源，根据感应电势在防渗膜上下介质中的分布情况来进行渗漏点检测和定位。根据电流变大、局部电势异常、与历史数据比较差异进行渗漏检测，提高检测系统的可靠性。

优点：检测系统可靠，可有效检测填埋场施工和运营过程中的防渗膜渗漏点，且定位准确。

缺点：成本相对较高，且由于废物对电极、电极接头和导线等渗漏电检测元件的腐蚀，其使用寿命受限，一般为 15 年。

208 生活垃圾填埋场渗滤液具有哪些特点？

渗滤液中污染物种类多、浓度高、浓度变化范围大，其水质会随着外界水文地质、气候、填埋规模、填埋工艺、填埋时间和垃圾成分变化而变化。同时，渗滤液水量也随旱季雨季差异而变化显著。

具体而言，垃圾渗滤液水质的具体特点如下。

① 有机物含量高　垃圾渗滤液中，COD 和 BOD 值最高可达几万毫克每升，比城市生活污水高出很多。

② 金属离子含量高　垃圾渗滤液中所含金属离子可达10多种，尤其是铁和锌在酸性发酵阶段浓度较高。

③ 水质变化较大　渗滤液水质与填埋场构造方式，垃圾的种类、质量、数量以及填埋年限，气候和天气都有关系。这些因素导致渗滤液水质不断地发生变化，其规律难以把握。

④ 氨氮含量高　随着填埋期变长，渗滤液中的氨氮浓度会越来越高，过高的氨氮浓度会影响微生物活性，降低生物处理效果。

⑤ 所含营养元素比例失调　污水的生化处理中，适宜的营养元素比例为BOD∶N∶P＝100∶5∶1，通常垃圾渗滤液中由于BOD含量较高，都会产生缺磷现象，需要采取补给措施进行处理。

图4-16为渗滤液组分随填埋时间的变化规律。

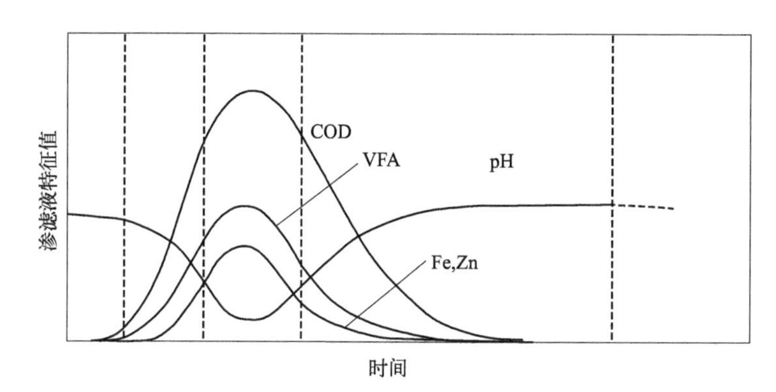

图4-16　渗滤液组分随填埋时间的变化规律
（VFA为挥发性有机酸）

209 生活垃圾填埋场产生的渗滤液性质如何？

填埋渗滤液的性质与填埋废物的种类、性质及填埋方式等许多因素有关，化学成分变化较大，其浓度和性质随时间呈高度的动态变化关系，主要取决于填埋场的使用年限和取样时填埋场所处的阶段。

对于普遍采用的厌氧填埋来说，渗滤液的性质一般如下。

① 色嗅　色度一般在2000～4000之间，呈淡茶色或暗褐色，有较浓的腐化臭味。

② pH值　填埋初期pH值为6～7，随时间推移，pH值可提高到7～8。

③ BOD_5　随着时间和微生物活动的增加，渗滤液中的BOD_5也逐渐增加。一般填埋6个月至2.5年，达到最高峰值，此时BOD_5多以溶解性为主，随后开始下降，到6～15年填埋场安定化为止。

④ COD　COD含量受垃圾类型、填埋方式、填埋时间等因素影响。一般来说，渗滤液COD的浓度范围在数千至数十万毫克每升之间。渗滤液的生物降解性可用BOD/COD的值来反映，填埋初期，这一比值在0.5或者更大一点的量级上；当介于0.4～0.6之间时，表明渗滤液中的有机物质开始生物降解；对于成熟的填埋场，渗滤液的BOD/COD值通常为0.05～0.2，其中常含有不被生物降解的腐殖酸和富里酸。

⑤ TOC　浓度一般为265～2800mg/L。BOD_5/TOC可反映渗滤液中有机碳氧化状态。填埋初期，BOD_5/TOC值高；随着时间推移，填埋场趋于稳定化，渗滤液中的有机碳以氧化态存在，则BOD_5/TOC值降低。

⑥ 溶解总固体　渗滤液中溶解固体总量随填埋时间推移而变化。填埋初期，溶解性盐的浓度可达10000mg/L，同时具有相当高的钠、钙、氯化物、硫酸盐和铁。填埋6～24个月达到峰值，此后随时间的增长无机物浓度降低。

⑦ SS　一般多在300 mg/L以下。

⑧ 氮化物　氨氮浓度较高，以氨态为主，一般为0.4 mg/L左右，有时高达1 mg/L，有机氮占总氮的10%。

⑨ 重金属　生活垃圾单独填埋时，重金属含量很低，不会超过环保标准。但与工业废物或污泥混合填埋时，重金属含量会增加，并可能超标。

210 填埋场渗滤液的主要来源有哪些?

填埋场渗滤液的主要来源如下。

① 降水　包括降雨和降雪，是渗滤液产生的主要来源。

② 地表径流　来自场地表面上坡方向的径流水（包括地表灌溉）对渗滤液的产生量也有较大的影响。

③ 地下水　如果填埋场地的底部低于地下水位，则地下水就有可能渗入填埋场内，形成渗滤液。在设计施工中采取防渗措施可以避免或减少地下水的渗入量。

④ 废物及覆盖材料中的水分　固体废物入场时携带的水分有时可能成为渗滤液的主要来源之一。

⑤ 有机物分解生成水　垃圾中的有机组分在填埋场内经厌氧分解会产生水分，其产生量与垃圾的组成、pH值、温度和菌种等因素有关。

211 影响渗滤液产生的因素有哪些?

填埋场渗滤液的产生量通常与填埋场构造、获水能力、场地地表条件、固体废物条件和填埋场操作条件等因素有关，并受其他一些因素的制约。

① 填埋场构造　如果填埋场的防渗系统不理想，则地表径流和地下水对垃圾渗滤液的影响将很大。通常，一个设计完好的填埋场可以避免地表径流和地下水进入填埋场。

② 降水　降水是影响渗滤液产生量的重要因素。影响渗滤液产生的降雨特征主要有降雨量、降雨强度、降雨频率和降雨周期。

③ 地表径流　指来自场地表面上坡方向的径流水，称为区域地表径流，具体数量取决于填埋场地周围的地势、覆土材料的种类及渗透性能、场地的植被和排水设施情况等。

④ 贮水量　水分有两种途径滞留在废物中：一是滞留在废物微观结构的毛细管中；二是滞留在废物颗粒间隙处，称为游离水。在废物及覆盖层中的水处于饱和状态时，超出

的贮水量将迅速下排成为渗滤液。

⑤ 腾发量　渗入并保持在填埋场覆盖层或废物层上部的大气降水，会因地表蒸发和植物蒸腾作用不断进入大气。地表蒸发和植物蒸腾作用二者实际上很难截然分开，可以统称为腾发，其量的大小主要取决于辐射、气温、湿度和风速等气象因素和土壤中含水率的大小、分布，以及地表植物的种类、密度等。

⑥ 其他影响因素　包括城市垃圾中有机物厌氧分解形成填埋气体时所要消耗的水分，以及形成水蒸气所消耗的水分等。

212 控制渗滤液产生量的工程措施有哪些?

常用的控制渗滤液产生量的工程措施包括以下几个方面。

(1) 控制入场废物含水率

填埋过程中随填埋废物带入的水分，其量在渗滤液产生量中占相当大的比例。为此，必须控制入场填埋废物的含水率，对于城市垃圾卫生填埋场，一般要求入场填埋的城市垃圾含水率<30%（质量分数）。当垃圾含水率较高时，可以采取适当的预处理措施除去其中的水分。

(2) 控制地表水入渗量

由于地表水渗入是渗滤液的主要来源，因此消除或者减少地表水的渗入量是填埋场设计最为重要的方面。对包括降雨、暴雨地表径流、间歇河和上升泉等的所有地表水进行有效控制，可以减少填埋场渗滤液的产生量。

控制设施的规模大小是根据对降水量的预测，包括暴雨产生的几率和降水密度而确定的。其设计使用年限应以能控制 25～50 年内所发生的 24h 最大降雨量为准。可供选用的控制设施有雨水流路、雨水沟、涵洞、雨水贮存塘等。

(3) 控制地下水入渗量

可以通过设置隔离层、设置地下水排水管以及抽取地下水等方法控制浅层地下水的横向流动，使之不进入填埋区域，从而减少因此而产生的渗滤液量。

213 如何估算填埋场渗滤液的产生量?

渗滤液最大日产生量、日平均产生量及逐月平均产生量宜按下式计算，其中浸出系数应结合填埋场实际情况选取。

$$Q=I\times(C_1A_1+C_2A_2+C_3A_3+C_4A_4)/1000$$

式中，Q 为渗滤液产生量，m^3/d；I 为降水量，mm/d；C_1 为正在填埋作业区浸出系数，宜取 0.4～1.0，具体取值可参考表 4-5；A_1 为正在填埋作业区汇水面积，m^2；C_2 为已中间覆盖区浸出系数；A_2 为已中间覆盖区汇水面积，m^2；C_3 为已终场覆盖区浸出系数；A_3 为已终场覆盖区汇水面积，m^2；C_4 为调节池浸出系数，取 0 或 1.0（若调节池设置有覆盖系统取 0，若调节池未设置覆盖系统取 1.0）；A_4 为调节池汇水面积；m^2。

表 4-5 正在填埋作业单元浸出系数 C_1 取值表

所在地年降水量/mm	年降雨量≥800	400≤年降雨量<800	年降雨量<400
有机物含量>70%	0.85～1.00	0.75～0.95	0.50～0.75
有机物含量≤70%	0.70～0.80	0.50～0.70	0.40～0.55

注：若填埋场所处地区气候干旱、进场生活垃圾中有机物含量低、生话垃圾降解程度低及埋深小时宜取高值；若填埋场所处地区气候湿润、进场生活垃圾中有机物含量高、生活垃圾降解程度高及埋深大时宜取低值。

公式中有关参数的取值情况如下。

① I 的取值　当计算渗滤液最大日产生量时，取历史最大日降水量；当计算渗滤液日平均产生量时，取多年平均日降水量；当计算渗滤液逐月平均产生量时，取多年逐月平均降雨量。数据充足时，宜按 20 年的数据计取；数据不足 20 年时，可按现有全部年数据计取。

② C_2 的取值　当采用膜覆盖时宜取（0.2～0.3）C_1，生活垃圾降解程度低或埋深小时宜取下限，生活垃圾降解程度高或埋深大时宜取上限；当采用土覆盖时宜取（0.4～0.6）C_1，若覆盖材料渗透系数较小、整体密封性好、生活垃圾降解程度低及埋深小时宜取低值，若覆盖材料渗透系数较大、整体密封性较差、生活垃圾降解程度高及埋深大时宜取高值。

③ C_3 的取值　宜取 0.1～0.2。若覆盖材料渗透系数较小、整体密封性好、生活垃圾降解程度低及埋深小时宜取下限；若覆盖材料渗透系数较大、整体密封性较差、生活垃圾降解程度高及埋深大时宜取上限。

④ A_1、A_2、A_3 的取值　A_1、A_2、A_3 随不同的填埋时期取不同值，渗滤液产生量设计值应在最不利情况下计算，即在 A_1、A_2、A_3 的取值使得 Q 最大的时候进行计算；当考虑生活管理区污水等其他因素时，渗滤液的设计处理规模宜在其产生量的基础上乘以适当系数。

214 典型的填埋场渗滤液导排系统由哪几个部分组成?

渗滤液收集系统通常由导流层、收集沟、管道系统、集水池、提升多孔管、潜水泵和调节池等组成。按照《城市生活垃圾卫生填埋处理工程项目建设标准》（建标 124—2009）的要求，所有这些组成部分要按填埋场多年逐月平均降雨量（一般为 20 年）产生的渗滤液产出量设计，并保证该套系统能在初始运行期较大流量和长期水流作用的情况下运转而功能不受到损坏。

（1）导流层

它位于底部防渗层上面，通常由厚 30cm 以上的砾石铺设构成。在排水层内设有穿孔管网，在排水层和废物之间以及穿孔管外通常应设置天然或人工过滤层（如无纺布），以防止小颗粒土壤和其他物质堵塞排水层。这样可使渗滤液快速流入排水管，降低衬层上的饱和水深度。

（2）管道系统

一般在填埋场内平行铺设，位于衬层的最低处。管道上开有许多小口。管间距要合适、以便能及时迅速地收集渗滤液。有条件时，管道系统可具有一定的纵向坡度，使渗滤液以重力流的形式自流到处理设施，以省掉渗滤液贮存罐。

(3) 隔水衬层

由黏土或人工合成材料构筑，具有一定厚度，能阻碍渗滤液的下渗，并具有一定坡度(通常 2%～5%)，以利于渗滤液流向排水管道。

(4) 集水井、泵、检修设施以及监测和控制装置等

用以接纳贮存排水管道所排出的渗滤液，测量并记录积水坑中的渗滤液量。

215 填埋场渗滤液导排系统会堵塞吗?

实践过程中，导排系统失效成为难以避免的问题。现场调研表明，在垃圾渗滤液产生量大的同时，我国多数填埋场还存在渗滤液排水不畅的问题，吨填埋垃圾渗滤液产量远低于同城同期垃圾焚烧厂储坑产水。例如，运行 5～7 年后，广东某一生活垃圾卫生填埋场渗滤液导排层渗透系数已接近黏土质砂（10^{-8}m/s)，并远低于底层饱和生活垃圾(10^{-6}m/s 量级)，成为阻碍堆体内渗滤液导排的首要原因；陕西某一生活垃圾填埋场库底渗滤液导排管在服役 6～7 年后出现渗滤液“断流”现象。不仅在国内，加拿大科尔谷填埋场（Keele Valley Landfill，KVL）和多伦多填埋场（Toronto Landfill）分别经 4 年和 16 年的运营后，因导排层堵塞导致垫层上方渗滤液水头超过 23m，排水量仅为理论值的 6%。在室内模拟实验中，导排层渗透系数可较初始值下降 8 个数量级，排水量不足设计值的 10%。由此可知，渗滤液导排系统的失效成为堆体内渗滤液难以及时外排并形成高水位的重要原因。

216 渗滤液处理的常见工艺有哪些？其优缺点各是什么?

随着人们生活水平的提高和工业的发展，生活垃圾成分越来越复杂，进而造成渗滤液更难处理。同时随着排放标准的不断提升，渗滤液处理往往需要多种技术工艺组合进行。

垃圾渗滤液的常见处理工艺主要有以下三类。

(1) 生物处理＋膜处理工艺

其典型工艺为中温厌氧系统＋膜生物反应器（MBR）＋反渗透（RO)，首先渗滤液通过调节池流入到中温厌氧池，经大分子有机污染物降解后进入缺氧段 MBR 反应器中，与回流水混合进入好氧段 MBR 进行曝气，去除渗滤液中的 TN，好氧池出水进入 MBR 分离器，将分离的污泥浓液回流至 MBR 缺氧段，MBR 出水进入反渗透系统，渗滤液经反渗透处理后实现达标排放。

该工艺自控程度较高，技术风险较低，但生化系统运行过程中受到的影响因素较多，需要各单元之间密切协调配合，对“老龄”渗滤液处理难度较大。

(2) 全膜吸附过滤处理工艺

其典型工艺为两级碟管式反渗透（DTRO）处理工艺，垃圾填埋场渗滤液原液经由调节池进入高压泵后，通过循环高压泵进入一级 DTRO 反渗透膜过滤，出水后进入二级

DTRO反渗透系统，经两级反渗透过滤后出水达标排放。膜浓缩液可选择浸没燃烧蒸发(SCE)，机械蒸汽再压缩蒸发（MVR)、高级氧化等工艺进一步处理。某些情况下，为进一步提升出水处理效果，可在膜处理单元后接续吸附处理单元。

该工艺操作简便，能够间歇式运行，自动程度高，易于维护。不足之处在于对渗滤液原水水质较为敏感，出水率容易受到SS、电导率以及温度等因素的影响；两级反渗透处理工艺中，前级预处理缺乏，容易导致反渗透膜堵塞，更换频率高，增加处理成本。同时该工艺出水率低（50%～70%)，浓缩液需要进一步处理，造成运行成本增加。

(3）低耗蒸发＋离子交换处理工艺

其典型工艺为机械蒸汽压缩蒸发（MVC）＋离子交换，渗滤液经调节池过滤器在线反冲过滤，除去渗滤液中的SS，再经MVC压缩蒸发，将渗滤液中的污染物与水分离，实现水质净化效果。通过特种树脂去除蒸馏水中的氨，达到水质的全面达标排放。在MVC蒸发过程中排出挥发性气体氨，利用DI系统吸收。

该工艺的优势在于受渗滤液的原始水质影响较小，出水率高，通常可以达到90%，能够做到间歇式运行，自控程度较高，维护简单。不足之处是蒸发工艺实际应用较为复杂，电耗等能耗较高，维护成本较大；设备材质要求较高，尤其是要具有较强的耐强酸、强碱腐蚀性。同时，后期蒸发罐清洗频次较大，药剂成本高。

217 渗滤液膜处理后产生的浓缩液怎么办?

目前看来，膜生物反应器和纳滤与反渗透组合工艺是较普遍的垃圾渗滤液处理工艺流程。在治理垃圾渗滤液的时候采用生化组合膜技术的优点显著，处理效果好，而且费用低。但渗滤液经过一系列工艺处理后约有15%～20%的浓缩液产生量，这种液体成分十分复杂，其污染物浓度高，营养比例呈现失衡状态，可生化性差，会对环境和水体产生极大危害，不能直接排放。因此浓缩液的处理和处置在环境领域已成为一个棘手的难题。

目前，浓缩液的处理目标是使其减量并做到排出无害化，不同的处理目标，处理技术不同，可将其分为三大类：①转置，例如回灌法；②减量，即通过蒸发、纳滤、膜蒸馏、超滤、燃烧等手段对浓缩液进一步减量；③通过混凝沉淀、高级氧化等技术手段对浓缩液进行无害化处理。

(1）回灌法

回灌法的原理是将垃圾填埋场当成一个庞大的生物滤床，而填料就是垃圾，再经过一系列技术处理、吸附等作用达到实现污染物降解的目的。回灌技术的优点在于投资小，操作和管理方面更便捷。但是回灌技术的缺点与技术风险也不容忽略，渗滤液中会大量积累回灌带来的盐分与难降解有机物，造成系统渗透压升高，从而将会导致滤膜阻塞严重，极大地影响处理效果。在实际填埋操作过程中，采用回灌法处理渗滤液浓缩液的垃圾填埋场绝大多数面临填埋堆体水位高、稳定性差、渗滤液生化处理系统崩溃等一系列问题。因此该方法仅能短时期内转移浓缩液而不能长期稳定运行。

(2) 蒸发法

蒸发处理是一种减量处理方式。现阶段，在蒸发处理技术应用过程中，主要有负压蒸发技术、机械压缩蒸发技术和浸没燃烧技术。负压蒸发法充分利用了负压蒸馏使溶液沸点降低的原理来防止高温条件下氯离子对仪器产生腐蚀，同时又使蒸发效率得以确保。机械压缩蒸发法充分利用压缩蒸汽与蒸发器换热管的外表面浓缩液的热传递过程，实现连续性蒸发。实验表明，MVC可使浓缩液减量90%以上，可以实现稳定达标排放，该蒸发系统流程简单，节能效果显著，而且能耗少，发展前景好。但MVC蒸发技术的缺点也不可忽略，在实际运行过程中，设备有被高盐高酸液体腐蚀的风险，并且易结垢阻塞膜孔，需频繁清洗。

浸没蒸发法是利用高温蒸汽蒸出浓缩液中的水分，操作简便，处理效果明显，但是由于金属设备在高温条件下易被氯离子腐蚀，这就要求设备材料必须具备优良的耐腐蚀性能。这导致了相应设备的造价费用升高，后续设备的维护与管理费用也相应提高。此外，如果想要去除氨氮，浸没蒸发法没有办法实现，这些问题都限制了它的发展。

同浸没蒸发相似，浸没燃烧是以填埋气体或者其他商品燃料为能源，填埋气体或者其他商品燃料通过燃气燃烧器燃烧后，产生的高温燃气通入两级蒸发单元中的液体内部，将渗滤液蒸发、浓缩后，冷凝液达标排放，浓缩液固化后填埋、焚烧或回灌，如图4-17所示。浸没燃烧蒸发工艺实现挥发性有机物、水分从渗滤液中的分离，被去除的挥发性有机物大部分被氧化成CO_2和水，减少对环境的污染。并且第二阶段蒸发单元产生的蒸汽用于渗滤液原液的预热，提高了传热效率，节约能源。因此，该方法是渗滤液浓缩液处置的有效方式。

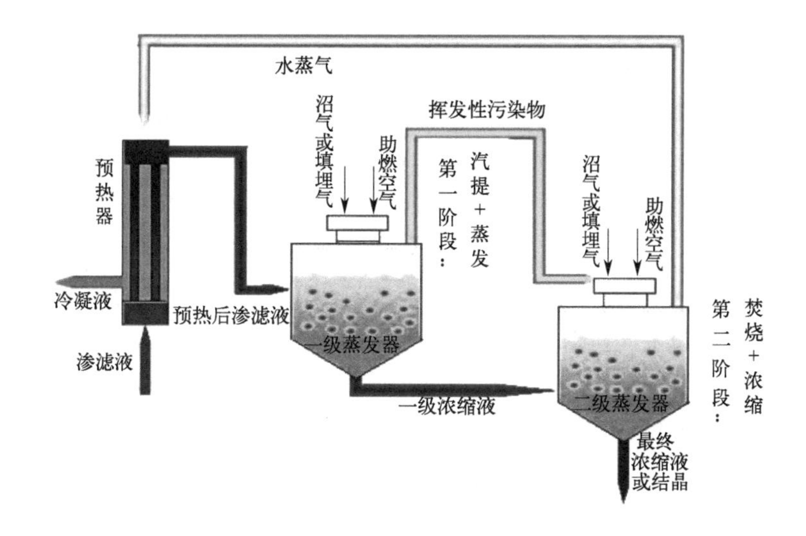

图4-17 浸没燃烧处理渗滤液浓缩液原理

(3) 高级氧化技术

高级氧化法主要是借助氧化剂、声光电磁等物理和化学方式来进行处理，其间存在大量活性较强的氧化性自由基，能够有效降解垃圾浓缩液内的有机物。应用高级强氧化法处理膜浓缩液在现阶段主要分为两大类：一是 Fenton 氧化法和类 Fenton 氧化法；二是 O_3 氧化法，囊括了臭氧利用效率更高和氧化能力更强的新组合工艺，辟如 O_3/催化剂、UV/O_3、O_3/H_2O_2、UV/O_3/H_3O_3 等。高级氧化技术在处理高浓度难生物降解的污水时，会起到很好的作用，浓缩液中的难降解有机物会被高级氧化为 CO_2 和 H_2O，或者是那些难降解大分子有机物被降解为小分子，成为现阶段炙手可热的研究方向。但是高级氧化技术需要大量的设备投资以满足高温、高压的反应环境，而且药品投加量大，运行管理的成本也很高，因此在实际的工业生产中往往将高级氧化技术与其他工艺联用，以在较低的成本下发挥高级氧化技术的高效性。

218 填埋气体是如何产生的?

填埋场主要气体的产生过程分为下述五个阶段。

（1）初始调整阶段

废物放置到填埋场时会夹带一定量的空气，因此废物中的可降解有机组分首先是在好氧条件下发生微生物分解反应。使废物分解的好氧和厌氧微生物主要来源于日覆盖层和最终覆盖层土壤，以及填埋场接纳的废水处理消化污泥和再循环的渗滤液等。

（2）过程转移阶段

此阶段的特点是氧气逐渐减少，厌氧条件开始形成并发展。此时，可作为电子接受体的硝酸盐和硫酸盐将被还原为氮气和硫化氢气体，因此测量废物的氧化还原电位可监测厌氧条件的突变点。随着厌氧条件的逐渐成熟，填埋场内的微生物群落开始向第三阶段转化。

（3）酸性阶段

这一阶段所涉及的微生物统称为非产甲烷菌，由兼性厌氧菌和专性厌氧菌组成。此阶段的特点是产生大量的有机酸，产生的气体主要是二氧化碳和少量的氢气，渗滤液 pH 值常会下降到 5 以下，其 BOD_5、COD 和电导在此阶段会显著上升，一些无机组分（主要是重金属）在此阶段将会溶解进入渗滤液。

（4）产甲烷阶段

此阶段甲烷和有机酸的形成仍在进行，但有机酸的形成速率会明显减慢，产甲烷菌将居于主要支配地位，将上一阶段形成的乙酸和氢气转化为甲烷和二氧化碳。由于有机酸的减少和二氧化碳的增多，填埋场中的 pH 值将会升高到 6.8～8 的中性值范围内，而 BOD_5、COD 及其电导将下降，渗滤液中的重金属浓度也将降低。

（5）稳定化阶段

在此阶段，废物中的可降解有机物已基本被转化殆尽，仍保持在填埋场内的有机物质生化降解比较缓慢，填埋气体的产生速率明显下降。此阶段产生的渗滤液常含有腐殖酸和富里酸，很难用生化方法加以进一步处理。

图 4-18 为生活垃圾填埋场填埋气组分随填埋时间的变化规律。

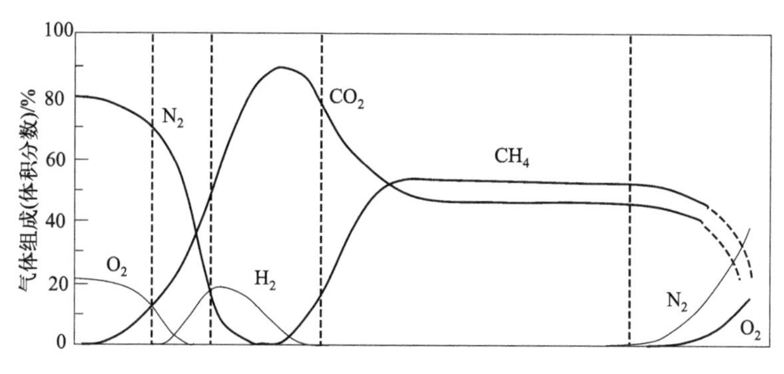

图 4-18 填埋气组分随填埋时间的变化规律

219 填埋气体的组成成分有哪些?

填埋场的气体主要是由填埋废物中的有机组分通过生化分解所产生，其中主要含有 CH_4、CO_2、NH_3、CO、H_2、H_2S、N_2、O_2 和微量组分等。CH_4 和 CO_2 是填埋气体中的主要成分。其中甲烷约占 45%～50%（体积分数），CO_2 约占 40%～60%。

微量组分主要是一些有机化合物。英国学者从三个不同填埋场采集的气体样品中发现了 116 种有机化合物，其中许多化合物是挥发性有机化合物（VOCs）。国外研究表明，接受含挥发性有机物的工业废物的老填埋场，其填埋气体中挥发性有机化合物浓度较高，而一些新填埋场填埋气体中的挥发性有机物浓度均较低。

220 如何计算填埋气体的产生量?

影响填埋场释放气体产生量的因素很复杂，很难精确计算其产生量。现已发展了许多不同的估算垃圾填埋场产气的理论，如经验估算法、化学计算法、化学需氧量法等。

（1）经验估算法

这种方法是根据以往的经验或者其他类似填埋场的产气量数据，对待测填埋场产气量进行估算。估算时需要填埋场地面积、填埋平均深度、废物组成、降解速度、垃圾填埋量和该场地的最大容量等有效数据。典型的垃圾填埋场（25%的含水率，填埋以后不改变）每年的近似产生气体量为 0.06m^3/kg 混合垃圾。如果气候条件比较干旱，填埋废物干燥，又没有添加水，则产气量会降低到 0.03～0.045m^3/kg 混合垃圾。相反，如果填埋湿度很大，则产气量可能达到 0.15m^3/kg 混合垃圾或更高。

（2）化学计算法

有机城市垃圾厌氧分解是有机物质和水在细菌的作用下生成可生物降解的有机物质和 CH_4、CO_2 等气体的过程。有机废物的一般化分子式可以表示为 $C_aH_bO_cN_d$，假设其完全转化为 CO_2 和 CH_4，则可用下式来计算其气体产生总量。

$$C_aH_bO_cN_d+\left(\frac{4a-b-2c-3d}{4}\right)H_2O\longrightarrow\left(\frac{4a-b-2c-3d}{8}\right)CH_4+\left(\frac{4a-b+2c+3d}{8}\right)CO_2+dNH_3$$

（3）化学需氧量法

在标准状态下，1kg COD 可以产生 0.7m^3 填埋气体，因此可以根据单位质量城市垃圾的 COD 和填埋废物总质量来估算填埋场理论产气量。

$$L_0=W(1-\omega)\eta_{有机}C_{COD}V_{COD}$$

式中，L_0为填埋废物的理论产气量，m^3；W 为废物总质量，kg；ω 为垃圾的含水率；$\eta_{有机}$为垃圾中有机物的质量百分比；C_{COD} 为单位质量废物的 COD，kg/kg；V_{COD} 为单位 COD 相当的填埋场产气（LFG）量，m^3 LFG/kg COD，一般为 0.7。

考虑到有机废物的可生化降解比和在填埋场内的损失，实际潜在产气量为：

$$L_{实际}=\beta_{有机物}\xi_{有机物}L_0$$

式中，$L_{实际}$为填埋废物的实际产气量，m^3；$\beta_{有机物}$为有机废物中可生物降解部分所占比例；$\xi_{有机物}$为扣除随渗滤液排放等损失后剩余在填埋场内可溶性有机物的比例。

填埋废物的实际产气量由于泄漏等原因不可能完全收集到，故可收集到的气体体积还需要在实际产气量的基础上乘以填埋气体收集系统的集气效率 α，其值为 30%～80%，一般堆放场最大可达 30%；而密封较好的现代化卫生填埋场可达 80%。

221 如何确定填埋气体的产生速率?

通常，填埋气体产生速率在前两年达到高峰，然后开始缓慢下降，一般可以延续 25 年或更长的时间。确定 LFG 产生速率的方法有以下几种。

（1）试验井抽气测量法

这是估计填埋气体产生量的最可行的方法。试验井一定要有代表性，其测定结果才准确可靠。对于填埋废物压实不好的填埋场，由于存在填埋气体迁移的问题，可持续回收的填埋气体量一般是试验井测定产气速率的一半。

（2）粗估法

一般情况下，每吨废物每年产生 6m^3 的填埋气体，假设生产速率将持续 5～15 年，再根据填埋场处置的废物量便可估算出填埋气体产气速率。

（3）Scholl Canyon 模型法

Scholl Canyon 一阶动力模型是目前填埋场设计中常用的模拟填埋气体产气速率的方法。该模型的前提是假设填埋场在厌氧条件形成之前，微生物积累并稳定化阶段是可以忽略的，即从产气速率达到最大时开始计算，经过适当的假设和推导，得到垃圾填埋场的产气速率表达式如下。

$$G_{LFG}=2L_0R\left[\exp(-kt)-\exp(-kc)\right]$$

式中，G_{LFG} 为时刻 t 时的填埋气体产生速率，m^3/a；L_0 为垃圾的潜在甲烷产生量，m^3/t；R 为运行期垃圾填埋量的年平均速率，t/a；k 为甲烷产生速率常数，a^{-1}；c 为填埋场封场后的时间，a；t 为自废物放入填埋场后的时间，a。

Scholl Canyon 模型的优点是模型简单，需要的参数少。但由于该模型忽略了填埋场产气速率达到最大之前的阶段，所以只能大体反映产气速率变化趋势。

222 填埋气体如何在填埋场内迁移和运动?

填埋气体的迁移与填埋场的构造及环境地质条件有关，包括向上迁移、向下迁移和横向迁移三种运动。

(1) 向上迁移

填埋气体可以通过对流和扩散释放到大气圈中。

(2) 向下迁移

二氧化碳的密度是空气的 1.5 倍、甲烷的 2.8 倍，故这些气体可以向填埋场底部运动，最终可能在底部聚集。对于采用天然土壤衬层的填埋场，二氧化碳可能通过扩散作用穿过衬层和下层土地，最终扩散进入并溶于地下水，生成碳酸，进而发生其他反应。

(3) 横向迁移

填埋气体可以通过填埋场周边的可渗透地质横向水平迁移，在离填埋场较远的地方穿过疏松的土质进入大气。也有可能通过地下人造管道的裂缝进入各种建筑物，从而造成危害。

223 影响填埋气体迁移和排放的因素有哪些?

影响填埋气体迁移和排放的因素主要包括以下四个。

(1) 覆盖和垫层材料

低渗透性的覆盖层可阻止气体向上迁移，排入大气，但如果同时垃圾未垫封或垫层材料密封性差，则气体将主要沿着垃圾层横向迁移，在远离垃圾场的地方释放出来。

(2) 地质条件

填埋场周围土层的渗透性好坏将影响填埋气体的迁移。例如，如果遇到黏土层或坚硬岩层等渗透性差的障碍，填埋气体将绕道而行，通过土质疏松层或砂砾层进行迁移。

(3) 水文条件

地下水位可能影响填埋气体的迁移和排放。通常春天冰雪消融会使地表径流和地下水位都升高，水位的升高将使垃圾受到的压力产生变化，从而影响填埋气体的迁移和排放。

(4) 大气压

当地大气压的变化也影响填埋气体的迁移和排放。通常情况下，当大气压低时填埋气体排放和迁移将增加。

224 填埋气体收集系统的类型有哪些?

填埋气体收集系统的作用主要是减少填埋气体向大气的排放量和在地下的横向迁移量，并回收利用甲烷气体。其有主动收集系统和被动收集系统之分。

(1) 主动收集系统

采用抽真空的方法来收集气体运动的系统称为主动收集系统，如图 4-19 所示。它可以有控制地从填埋场中抽取填埋气体，包括内部填埋气体回收系统和控制其横向迁移的边缘填埋气体回收系统。

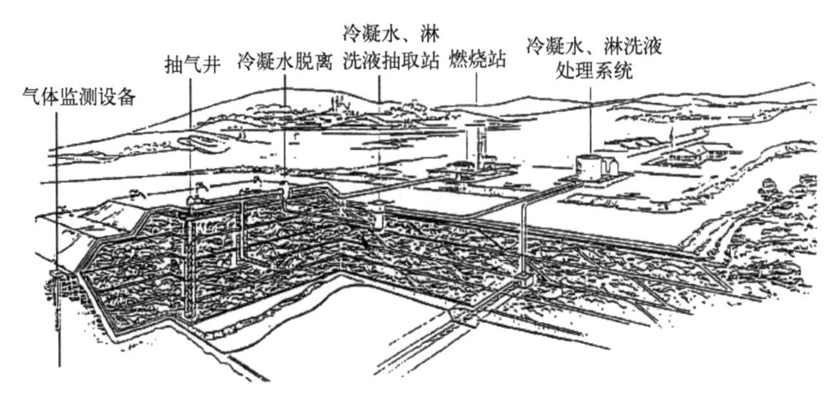

图 4-19　填埋气主动收集系统

(2) 被动收集系统

在这一系统中，填埋气体的运动是靠填埋场中所产生的气体的压力来推动的，如图 4-20 所示。它可以在填埋场内气体大量产生时，为其提供高渗透性的通道，释放填埋场内的压力并使气体沿设计的方向运动。被动收集系统适合于废物填埋量不大、填埋深度浅、产气量较低的小型城市垃圾填埋场和非城市垃圾填埋场。被动控制系统包括被动排放井、管道、水泥墙和截流管道等。

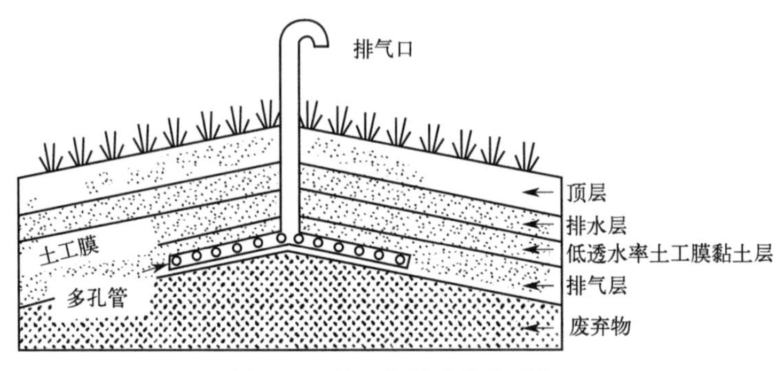

图 4-20　填埋气被动收集系统

225 填埋气体收集系统有哪几种布设方式?

常用的填埋气体收集系统有三种布设方式：垂直抽气井、水平收集沟和地表收集器。

(1) 垂直抽气井

这是最常用的填埋气体收集器，通常用于已经封顶的填埋场或已完工的部分，也可以用于仍在运行的垃圾场，如图 4-21 所示。

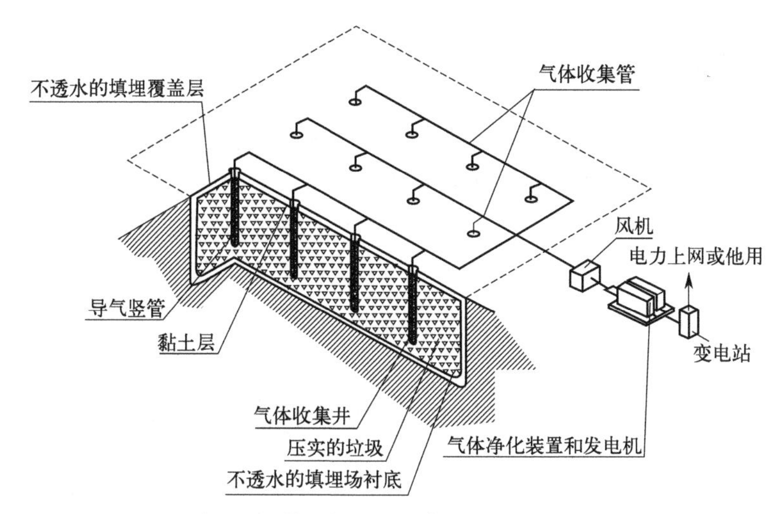

图 4-21 填埋气采用垂直抽气井收集系统

（2）水平收集沟

一般由带孔管道或不同直径管道相互连接而成，管壁外和收集沟周围一般要铺设无纺布，以防止管道阻塞，有时无纺布只放在沟顶。水平收集器常用于仍在填埋阶段的垃圾场，有多种建造方法。水平收集沟的间距根据填埋场的设计、地形、覆盖层等具体因素确定。

（3）地表收集器

一般铺设在地表，用于收集逸散到地表的填埋气体。

226 典型的填埋气体焚烧系统主要包括哪些设备？

典型的填埋气体焚烧系统的主要设备包括进气除雾器、风机、燃烧器、点火装置、冷凝液收集贮存罐、冷凝液处理设备、管道等。其中，燃烧器和风机是最重要的设备。

（1）燃烧器

燃烧器分为蜡炬式燃烧器和封闭式地面燃烧器两种。蜡炬式燃烧器由带有高架燃烧器的垂直管组成，可临时竖装，设计时要避免出现断火。封闭式地面燃烧器通常为自然抽气型，其效果取决于燃烧体的高度，因而需要多个燃烧器。封闭式地面燃烧器的基建成本比蜡炬式低。燃烧器的操作温度和气体停留时间应足够完全焚毁污染物质。对于大多数危险性气体污染物，需要有 815～900℃ 的操作温度和 0.3～0.5s 的停留时间。填埋产气管上还应装一个火焰防止装置，以防止火焰回到引风机里。

（2）风机

风机的型式及容量的选择需要首先根据所预料的最坏操作条件来确定系统需要的总压力差（最大吸力容积与排放压力）。最常用的是离心式风机。为避免产气波动及维护方便，风机一般采用一用一备，或采用多个单元。风机在运行时不应允许过多的空气进入风机机腔，所以应采用机械式或迷宫式密封抽气侧的风机。如果风机轴的密封类型不合适或效果不佳，填埋气体会泄漏到空气中引起安全问题，并产生气味。

227 设计填埋气体收集和处理系统时应考虑哪些问题?

在设计填埋气体输送系统时，应该考虑的问题主要包括抽气井的布置、管道分布和路径、冷凝液收集和处理、材料选择、管道规格（压力差）等。其中冷凝液的收集和处理是重点。因为冷凝水能引起管道振动，大量液体物质还会限制气流，增加压力差，阻碍系统的改进、运行和控制。因此整个收集系统必须要有收集和处理填埋气体冷凝水的装置，最佳设计应该是填埋气体收集管道中始终能自由排放并清除各种液体物质。

228 填埋气体收集过程中产生的冷凝液应该如何处理?

填埋气体收集过程中产生的冷凝液的处理处置方法通常包括以下四种。

① 回流到填埋场。即可以跟渗滤液一起回灌到填埋场中，往复循环。

② 处理后用于填埋垃圾场的辅助用水。

③ 通过废油回收积累碳水化合物循环利用。

④ 排入城市污水管网。

229 填埋气的处理方式和利用途径包括哪些?

若使用主动气体收集系统收集填埋场废气，则必须对废气进行处理。废气处理通常包括通过燃烧造成有机化合物热破坏或者对废气进行清理加工和回收能量。

（1）废气燃烧

当填埋场废气中有足够的甲烷时（超过总体积的20%以上），燃烧是一种常用的处理方法。燃烧可以减少臭气，而且控制臭气的效果比被动散发要好得多。现今大多数燃烧方式均设计成封闭式，与敞开式相比，它停留时间较长，有较高的氧化温度和较好的焚毁效果。一般来说，气体从填埋场进入燃烧系统要通过设在进口处的阀门。出口通过一段管子与燃烧的烟囱相连，管子上应装设仪器来检测温度和火焰压力并防止气体回火进入。这些仪器包括被动安全装置（如火花制止器）、液体充填装置，以及主动保护系统，如热电偶（用来监测回火）、自动阀门（用来关闭废气入口）和自动停机传感器等。一旦火焰熄灭，火焰探测器会立即感知，并将自动阀门关闭，以阻止未燃烧的废气逸入大气。燃烧机构应同时设置被动和主动两种安全系统，如果其中之一失效，另一系统可马上接替工作。

（2）气体清理和能量回收

可通过脱水和去除其他杂质（包括二氧化碳）对填埋场废气进行清理。没有经过清理的填埋场废气，其热量约为4452kcal（$1kcal=4.1868\times10^3J$），这个热量大约只有天然气的一半，因为填埋气体中只有接近一半是甲烷。经过清理可使气体的热量增加1倍，达到天然气的水平，气体就可以直接送入管道并像天然气一样使用了。对某些填埋场，特别是大型填埋场，可实施能量回收，其产生气体的数量和潜力使回收能量十分经济。能量能否在合适的成本下进行回收，完全取决于填埋气体的质量和数量。一个小型填埋场的废气热量可以用来驱动一个经过改进的燃气引擎或驱动发电机将热能转换为电能（图 4-22）。在较大的填埋场，经过脱水和去除二氧化碳等清理后的气体可以用来烧锅炉和驱动涡轮发电机以回收能量。

图 4-22　填埋气发电设备

一般来说，若填埋场能在 5 年内封闭，对能量回收最为有利，因为时间一长，哪怕条件再好，填埋场生成气体的能力都会降低。然而，只要条件恰当，填埋场在 15 年或更长一些时间内均可产生气体，这取决于气体的生成速率、废弃物的含水量和填埋场封闭的方式。

230 填埋场封场结构层分为哪几个部分?

《生活垃圾卫生填埋场封场技术规范》（GB 51220—2017）中规定填埋场最终封场工程内容包括：垃圾堆体整形、覆盖工程及地下水污染控制工程（当地下水受到填埋场污染时）。其中封场覆盖系统的各层应具有排气、防渗、排水、绿化等功能。

《生活垃圾填埋场污染控制标准》（GB 16889—2024）中规定生活垃圾填埋场的封场系统应包括气体导排层、防渗层、排水层、覆土层和植被层。

231 填埋场封场进入维护期后，还有哪些主要的工作要完成?

垃圾填埋场在封场之后仍不断地产生渗滤液和填埋气，其稳定化时间一般需要 30～50 年。为防止污染扩散，必须对垃圾填埋场进行相应的封场后维护工作，否则将可能对人体健康和环境造成严重威胁。垃圾填埋场的封场后维护工作通常包括污染源（渗滤液和填埋气）和接收系统（包括地下水、地表水、土壤和空气）的监测，填埋堆体沉降、填埋垃圾理化性质的监测以及填埋场覆盖、渗滤液和填埋气收集系统的维护。其中垃圾堆体的沉降监测、渗沥液（渗滤液）、填埋气处理设施的维护管理应分别符合《生活垃圾卫生填埋场岩土工程技术规范》（CJJ 176）、《生活垃圾渗沥液处理技术标准》（CJJ/T 150）、《生活垃圾卫生填埋气体收集处理及利用工程运行维护技术规程》（CJJ 175）的有关规定。

232 填埋场场地稳定化的判定要求有哪些?

填埋场稳定特征包括封场年限、填埋物有机质含量、地表水水质、填埋堆体中气体浓度、大气环境、堆体沉降和植被恢复等。生活垃圾填埋场在封场后，一般需要监管维护10年以上；危险废物填埋场监管维护应延续到封场后30年。有研究人员对城市生活垃圾填埋场的稳定化进行了报道，结果表明：填埋场大部分的沉降量发生在在填埋后2～3年内，随着时间的推移，沉降量越来越小，安全性越来越高，大约22～25年后，年沉降量小于几毫米，填埋场已基本稳定化。同时，根据《生活垃圾填埋场污染控制标准》（GB 16889—2024），封场后进入后期维护与管理阶段的生活垃圾填埋场，应继续处理填埋场产生的渗滤液和填埋气，并定期进行监测，直到填埋场产生的渗滤液中水污染物质量浓度连续两年低于相关限值。

此外，对填埋场土地稳定化再利用时可按表4-6的规定按利用方式进行相应判定。

表4-6 填埋场场地稳定化利用的判定要求

利用方式	低度利用	中度利用	高度利用
利用范围	草地、农地、森林	公园	一般仓储或工业厂房
封场年限/a	较短，≥3	稍长，≥5	长，≥10
填埋物有机质含量	稍高，＜20%	较低，＜16%	低，＜9%
地表水水质	满足GB 3838相关要求		
堆体中填埋气	不影响植物生长，甲烷浓度≤5%	甲烷浓度1%～5%	甲烷浓度＜1% 二氧化碳浓度＜1.5%
场地区域大气质量	—	达到GB 3095三级标准	
恶臭指标	—	达到GB 14554三级标准	
堆体沉降/(cm/a)	大，＞35	不均匀，10～30	小，1～5
植被恢复	恢复初期	恢复中期	恢复后期

注：封场年限从填埋场完全封场后开始计算。

233 如何开展存量垃圾治理/填埋场修复?

2000年之前，中国以非正规填埋场居多，以后则以卫生填埋场为主。2011年，国务院印发《关于进一步加强城市生活垃圾处理工作意见的通知》，明确指出要开展非正规垃圾堆放场所存量垃圾的生态修复工作，制定治理计划并限期进行清理与改造。由此，我国开始了存量垃圾填埋场综合治理工作。

目前，填埋场内的存量垃圾主要有原位处理和异地处理两种处理方案。原位处理是直接在垃圾填埋场内进行处置，主要包括原位封场治理和原位好氧稳定化治理两种方式。异地处理则是将简易垃圾填埋场内的存量垃圾挖出来进行异地处理，主要包括全量转运异地处置和原位筛分异地处置两种方式。

（1）原位封场治理

原位封场治理是根据《生活垃圾卫生填埋场封场技术规范》（GB 51220—2017）的要求，对生活垃圾卫生填埋场和简易填埋场进行规范化的封场处理。该技术是通过开展填埋场覆盖，地下水污染控制，填埋气体导排收集、处理与利用，渗滤液导排与处理，防洪与地表径流导排，堆体绿化等工程措施将垃圾填埋场与周边环境进行阻隔，以阻止填埋场中的渗滤液等污染物对周边环境的污染，并通过设置渗滤液与填埋气体收集处理措施，逐步降低垃圾堆体中渗滤液等污染物的浓度。原位封场治理措施一般包括覆盖封场、垂直及水平防渗、渗滤液及填埋气体收集处理等。利用原位封场技术，可使垃圾填埋场中污染物由自然排放变为可控排放。

原位封场治理技术的使用，可在不影响周边环境的情况下逐步完成对垃圾填埋场的治理。但利用该技术并不能减少污染物的排放，也不能缩短污染降解的时间，仍需依靠垃圾堆体中的微生物在厌氧条件下通过生物反应来完成有机物的降解，一般需耗费 30～50 年的时间方能全部完成对垃圾填埋场的治理工作（存量垃圾中有机物降解完成）。该技术在使用时存在渗滤液水质与水量波动大、膜技术处理费用高、浓缩液需要继续处理、封场管理时间长等问题。

（2）原位好氧稳定化治理

原位好氧稳定化治理技术是以好氧生物反应器为核心的垃圾填埋场成套治理技术，其原理是将渗滤液及空气作为氧气的载体，以在垃圾填埋场内设置渗滤液抽排回灌井以及气体抽注管道为通道，使渗滤液及空气在垃圾堆体中循环，增加垃圾堆体的含氧量，将垃圾堆体从厌氧状态转变为好氧状态，利用垃圾堆体中微生物的好氧生物反应来加快堆体中有机质降解速度。此外，渗滤液及空气在堆体中循环，还可降低渗滤液污染强度和处理费用，降低堆体中甲烷等温室气体的含量。利用该技术，2 年左右即可使垃圾填埋场稳定化程度满足《生活垃圾填埋场稳定化场地利用技术要求》（GB/T 25179—2010）中的中度以上利用标准。

（3）全量转运异地处置

全量转运异地处置是将填埋场内存量垃圾挖开后，不经处理直接转运至异地再行利用或处置。该技术即将简易垃圾填埋场彻底搬走，可彻底解决该简易垃圾填埋场的污染隐患，使治理后的垃圾填埋场的土地可尽快开发利用。该技术适用于常规原位治理方式无法有效治理的垃圾填埋场或垃圾积存量较小的简易垃圾填埋场。

采用该技术处理时，一方面需要根据运输距离和处置费用进行项目成本核算，另一方面需要重视开挖过程中臭味、粉尘、沼气等二次污染物产生的次生环境影响。为保障简易垃圾填埋场开挖过程的安全，应对开挖表面层进行强制注气与导排，将开挖区域垃圾所处的厌氧环境转化为好氧环境，降低存量垃圾中恶臭气体及沼气的浓度，以保障施工安全，减少二次污染。

（4）原位筛分异地处置

原位筛分异地处置是在全量转运异地处置的基础上，就地在垃圾填埋场内设置筛分线，将开挖出的陈腐垃圾按粒径筛分后再进行分类利用或处置。其中无机组分满足回填土要求的可就地回填，轻质组分可压缩后转运至卫生填埋场及焚烧场规范处置，腐殖土可出售用于园林绿化项目，废旧金属可回收利用。其治理工艺为：对开挖面垃圾进行注气处理，使其满足开挖条件，随后对垃圾进行开挖、筛分、转运、利用或处置。

原位筛分异地处置技术可彻底解决垃圾填埋场的污染问题，提高垃圾减量资源化程度，尽快释放土地价值，但在垃圾开挖、筛分及运输过程中，均易产生臭气、粉尘等二次污染。该技术与全量转运异地处置方法同样，在使用时也需考虑二次污染、沼气安全控制、处置设施选择等问题。

234 危险废物填埋场的选址要求有哪些？

危险废物填埋场选择场址时应考虑以下几项要素。

① 应符合国家及地方城乡建设总体规划要求，场址应处于一个相对稳定的区域，不会因自然或人为的因素而受到破坏。不应选在城市工农业发展规划区、农业保护区、自然保护区、风景名胜区、文物（考古）保护区、生活饮用水源保护区、供水远景规划区、矿产资源储备区和其他需要特别保护的区域内。同时，填埋场场址必须位于百年一遇的洪水标高线以上，并在长远规划中的水库等人工蓄水设施淹没区和保护区之外。

② 场址的地质条件能充分满足填埋场基础层的要求，地质结构相对简单、稳定，没有断层并应避开破坏性地震及活动构造区、石灰熔洞发育带、废弃矿区或塌陷区、泥炭及软土区等各类可能危及填埋场安全的区域。

③ 场址必须有足够大的可使用面积，以保证填埋场建成后具有 10 年或更长的使用期，在使用期内能充分接纳所产生的危险废物。

④ 场址应选在交通方便，运输距离较短，建造和运行费用低，能保证填埋场正常运行的地区。

235 危险废物填埋场的入场标准是什么？

根据《危险废物填埋污染控制标准》（GB 18598—2019），满足下列条件或经预处理满足下列条件的废物，可进入柔性填埋场：

① 根据《固体废物　浸出毒性浸出方法　硫酸硝酸法》（HJ/T 299—2007）制备的浸出液中有害成分浓度不超过表 4-7 中允许填埋控制限值的废物；

② 根据《固体废物　腐蚀性测定　玻璃电极法》（GB/T 15555.12—1995）测得浸出液 pH 值在 7.0～12.0 之间的废物；

③ 含水率低于 60%的废物；

④ 水溶性盐总量小于 10%的废物，测定方法按照《土壤检测　第 16 部分：土壤水溶性盐总量的测定》（NY/T 1121.16—2006）执行，待国家发布固体废物中水溶性盐总量的测定方法后执行新的监测方法标准；

⑤ 根据《固体废物　有机质的测定　灼烧减量法》（HJ 761—2017）测得有机质含量小于 5%的废物；

⑥ 不再具有反应性、易燃性的废物。

除上述废物外，不具有反应性、易燃性或经预处理不再具有反应性、易燃性的废物，可进入刚性填埋场，砷含量大于5%的废物，应进入刚性填埋场处置。医疗废物、与衬层具有不相容性反应的废物、液态废物不得填埋。

表 4-7 危险废物允许填埋的控制限值

序号	项目	稳定化控制限值/(mg/L)	检测方法
1	烷基汞	不得检出	GB/T 14204
2	汞(以总汞计)	0.12	GB/T 15555.1、HJ 702
3	铅(以总铅计)	1.2	HJ 766、HJ 781、HJ 786、HJ 787
4	镉(以总镉计)	0.6	HJ 766、HJ 781、HJ 786、HJ 787
5	总铬	15	GB/T 15555.5、HJ 749、HJ 750
6	六价铬	6	GB/T 15555.4、GB/T 15555.7、HJ 687
7	铜(以总铜计)	120	HJ751、HJ 752、HJ 766、HJ 781
8	锌(以总锌计)	120	HJ 766、HJ 781、HJ 786
9	铍(以总铍计)	0.2	HJ 752、H 766、HJ 781
10	钡(以总钡计)	85	HJ 766、HJ767、HJ 781
11	镍(以总镍计)	2	GB/T 15555.10、HJ 751、HJ 752、HJ 766、HJ 781
12	砷(以总砷计)	1.2	GB/T 15555.3、HJ 702、HJ 766
13	无机氟化物(不包括氟化钙)	120	GB/T 15555.11、HJ 999
14	氰化物(以 CN^- 计)	6	暂时按照 GB 5085.3 附录 G 方法执行，待国家固体废物氰化物监测方法标准发布实施后，应采用国家监测方法标准

236 现代危险废物填埋场的危险废物处置技术有哪些?

现代的危险废物填埋场多数是全封闭型填埋场，其中可以选择的废物处置技术包括共处置、单组分处置、多组分处置和前处理再处置。

(1) 共处置

将难处置废物有意识地与生活垃圾或者同类废物一起进行处置，利用生活垃圾的特性衰减难处置物质中具有污染性和潜在危害性的组分，使其达到环境可接受的程度。对于许多难处置的危险废物来说，其在填埋场理化条件和生物环境中的详细行为迄今未能了解清楚，更不用提与其他复杂物质混合后的相关行为，故目前许多国家已经禁止危险废物在城市垃圾填埋场的共处置。我国也已经发布相关规定，危险废物不能进入城市垃圾卫生填埋场，并且正在大力建设单独的危险废物安全处置场。

(2) 单组分处置

即采用填埋场处置物理化学形态相同的废物。废物经处置后无须保持原来的物理状态。例如，生产无机化学品的工厂，经常在单组分填埋场大量处置产生于本厂的废物。

(3) 多组分处置

即混合处置危险废物，并且确保它们之间不发生反应产生更毒的废物或者更加严重的污染。通常分为三种类型：

① 将被处置的各种混合废物转化为单一的无毒废物，一般用于化学性质相异而物理性质相似的废物；

② 将难处置废物混在惰性工业固体废物中进行处理；

③ 在同一填埋场的不同区域进行不同废物的处理，这种实际上应该视为单组分处置。

（4）前处理再处置

对于物理化学性质不适合填埋处置的废物，填埋处置前必须经过预处理，达到入场要求后方可进行填埋处置。

237 如何处置各种难处置的危险废物?

难处置危险废物通常包括尘状废物、废石棉、恶臭性废物、桶装废物等。其处置方法分别介绍如下。

（1）尘状废物

对于细而轻的尘状废物，填埋操作应非常小心，否则会在填埋场内或边界之外产生严重的尘埃问题。处置这些废物时，应加以包装或者使其充分湿润，然后填在沟渠内并立即回填。沟渠周围地域应保持潮湿以防尘状物质干燥。现场作业人员应配备适宜的呼吸用保护器具。含有毒性物质而存在严重危害的尘状废物不能直接进行填埋，应预先进行处理，消除其危害性后再填埋。

（2）废石棉

所有纤维状与尘状石棉废物只有在用坚固塑料袋或类似包装进行袋装后才能填埋。包装袋必须坚固，在装包、运输和卸料过程中不会破损。目前的处置办法主要是堆置在工作面底部或放置到已开挖好的沟渠内。废石棉包装袋不可到处乱丢，应仔细处置。松散石棉包装袋处置后，必须立即铺撒厚度至少 0.5m 的其他适当的废物。硬性黏结废石棉（如石棉水泥）上面铺盖厚度 0.2～0.25m 的废物便可。此外，被处置石棉的顶端边界和表面距离当时的工作面表层或侧面不可少于 0.5m。石棉废物不应在填埋场顶层 2m 之内处置。在填埋处置装有纤维状或尘状废石棉的包装袋的过程中，对发生破损意外事故应该有应急措施。尽量减少所有工作人员暴露在飞扬的石棉纤维之中的情况。

（3）恶臭性废物

处置动物集中养殖业和附属副产品加工业，以及某些化工制造业等产生的恶臭性工业废物的填埋场，必须有防止恶臭散发措施。最基本的办法是：配备适宜的废物接收和处置作业设备，运送这些废物必须预先通知，选择在适宜的气候条件时接收和处置这类废物，用抑制恶臭的材料直接进行覆盖。

（4）桶装废物

填埋场不接收桶装废物是一项通用的原则。大量桶装废物填埋存在着稳定性问题。其原因有二：一是桶间缝隙不可能消除；二是桶上端有一定空间。最终废物桶会被腐蚀，内存废物就会泄漏出来。不过，如果环境特别允许以及合适的技术等原因，桶装废物填埋是最实用的一种方法。桶装废物填埋的总量应该严格控制。实际采用时应防止发生废物桶集中堆置在某一区域。一般只允许特殊类型固体废物装满的桶进行填埋。这类废物如某些蒸馏釜脚，它的软化点高于填埋场所处的环境气温。填埋过程中必须采取一系列额外的预防措施，确保其在填埋场中的安全处置，同时最小化对环境的潜在影响。所有桶装废物接收后，应立即处置，不容拖延。废物桶与处置工作面基底的间隔距离至少 0.5m，废物桶处置后立即用合适的废物或其他覆盖材料进行围封与覆盖。某些桶装废物（如固态农药废物）应该把废物倒出来，并尽可能广泛地分散，使其与填埋场内生物可降解的废物混合。

（五）厌氧消化处理

238 什么是有机固体废物厌氧消化?

有机固体废物的厌氧消化（图 4-23）是指在特定的厌氧条件下，由厌氧微生物将有机质进行分解，使其中的易腐生物质部分得到降解，并且消除生物活性，转化为无腐败性稳定的残渣的过程。该过程中，一部分碳素物质转化为甲烷和二氧化碳。在这个转化作用中，被分解的有机碳化物中的能量大部转化贮存在甲烷中，仅一小部分有机碳化物氧化成二氧化碳，释放的能量作为微生物生命活动的需要。因此在这一分解过程中，仅积贮少量的微生物细胞。

图 4-23 厌氧消化罐（左侧圆柱体）与沼气储气柜（右侧白色半球）

239 适合采用厌氧消化技术处理的固体废物有哪些?

厌氧消化技术是一种生物处理技术，可将蕴藏在有机废弃物中的能量转化为沼气，用来燃烧或发电，以实现资源和能源的回收，同时厌氧消化后残渣量少，性质稳定。因此，在实际应用中该技术常用来处理污水厂污泥、畜禽粪便、农业废弃物、餐厨垃圾、食品废弃物等适用于可生物降解的高有机质固体废物。据不完全统计，截止到 2019 年全国各省市市政污泥沼气工程近百处，总处理规模 1.4×10^4t/d（含水率 80%）；餐厨（厨余）垃圾沼气工程共 366 处，处理能力为 8.15×10^4t/d。

240 厌氧消化与好氧堆肥处理技术相比较有何优缺点?

厌氧消化与好氧堆肥处理技术均属于生物处理技术，但由于微生物所处的环境不同，导致二者在反应过程、生产操作中差异显著，见表4-8。通常而言，厌氧消化和好氧堆肥均有良好的资源化属性，并且在技术、经济上可互相补充。好氧堆肥具有工艺简单、周期相对较短和投资成本低等优点，实际生产过程中更关注于缩短堆肥周期、提高产品腐质化程度、减少臭气和温室气体排放方面；相反，厌氧消化具有低碳排放、二次污染少、运行成本低、温室气体排放少和全球变暖潜能值低等优点。因此，好氧堆肥更适用于中小规模的有机垃圾源头减量和分散式处理，而大规模的集中处理适合采用厌氧消化方案。

表4-8 厌氧消化与好氧堆肥处理技术对比

对比	厌氧消化	好氧堆肥
优点	处理量大，占地面积小，臭味小，获得清洁能源	降解速度较快，投资小，获得腐殖质产品
缺点	降解速度慢，系统稳定性差，投资成本高，沼液沼渣难处理	占地面积大，臭气和温室气体排放多，渗滤液污染，消耗能源多，堆肥产品市场有限
产品利用	甲烷燃料，压缩天然气(CNG)，热电联产得到热能和电能，沼液/渣有机肥	腐殖质，土壤调理剂，热能
经济分析	资本投入多，运营成本低；总处理规模越大，单位处理量的资本运营成本越低	资本投入少，静态堆肥运行成本低，机械堆肥成本偏高，占地面积大
环境影响	产沼气过程中温室气体排放较低；沼渣沼液在存储或施入土壤时会释放温室气体和臭气；沼气替代化石燃料、沼液沼渣有机肥替代矿物肥料具有显著的碳减排效益	堆肥过程中产生温室气体和臭气，并且好氧堆肥的碳排放高于厌氧消化；堆肥腐殖质产品替代矿物肥料有显著的碳减排效益
发展趋势	自动化程度高，适合集中式、大型处理规模	膜覆盖式堆肥和堆肥机，适合分散式、中小型处理规模

241 厌氧消化分为哪几个阶段?

由于厌氧消化的原料来源复杂，参加反应的微生物种类繁多，使得厌氧消化过程的理论分析复杂化。目前，对厌氧消化的生化过程有三种见解，即两阶段理论、三阶段理论和四阶段理论。如图4-24所示，以三阶段为例，介绍厌氧消化代谢途径如下。

(1) 水解（液化）阶段

微生物的胞外酶，如纤维素酶、淀粉酶、蛋白酶和脂肪酶等，将有机物进行体外酶解，纤维素、淀粉等多糖分解成单糖和二糖进而形成丙酮酸，蛋白质转化为肽和氨基酸，脂肪转化为甘油和脂肪酸。也就是说，将固体有机物转化为可溶性的分子量较小的物质。

(2) 产酸阶段

上一阶段的液化产物进入微生物细胞，在胞内酶的作用下迅速转化为低分子化合物，如低级脂肪酸、醇、中性化合物等，其中以挥发性有机酸尤其是乙酸所占的比例最大，可以达到80%左右。这一阶段通常有大量的 H_2 游离出来，因此也称为产氢产酸阶段。

（3）产甲烷阶段

由严格厌氧的产甲烷菌完成。它们利用一碳化合物（二氧化碳、甲醇、甲酸、甲基胺和 CO）、乙酸和氢气产生甲烷。其中约有 30%来自氢的氧化和二氧化碳的还原，另外 70%则来自乙酸盐。在这一阶段，前面所产生的小分子物质有 90%可以转化为甲烷，其余 10%则被甲烷菌作为自身的养料进行新陈代谢。

上述三个阶段实际上是一个连续的过程，相互依赖。消化初期以第一和第二阶段为主，兼有第三阶段反应。消化后期，三个阶段的反应同时发生，在一定的动态平衡下，才能够持续正常地产气。

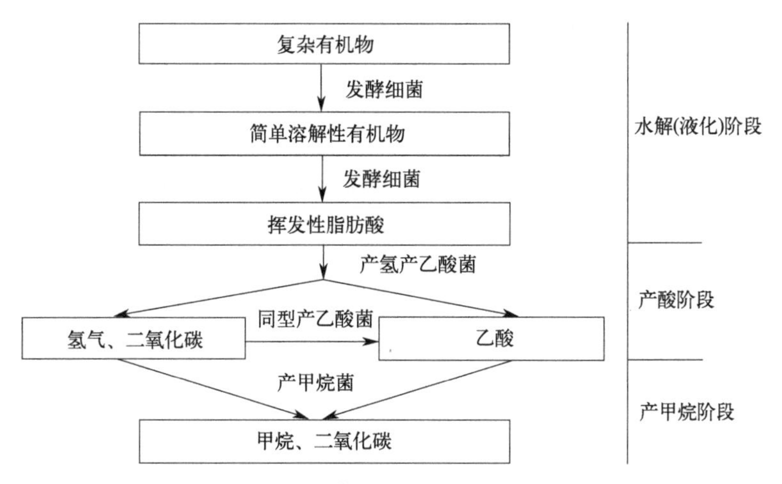

图 4-24　有机固体废物厌氧消化三阶段理论

242 厌氧消化过程中的微生物包括哪些？

厌氧消化过程中的微生物通常分为不产甲烷菌和产甲烷菌两种。

（1）不产甲烷菌

在产沼气过程中，不直接参与甲烷形成的微生物统称为不产甲烷菌，包括的种类繁多，有细菌、真菌和原生动物三大群。其中细菌的种类最多，作用也最大。其按呼吸类型分为专性厌氧菌、好氧菌和兼性厌氧菌。其中以专性厌氧菌的种类和数量最多。

不产甲烷菌的作用主要为：

① 为产甲烷菌提供营养，将复杂的大分子有机物降解为简单的小分子有机化合物，为产甲烷菌提供营养基质；

② 为产甲烷菌创造适宜的氧化还原条件；

③ 为产甲烷菌消除部分有毒物质；

④ 和产甲烷菌一起，共同维持消化的 pH 值。

（2）产甲烷菌

产甲烷菌在原核生物中由于它们能厌氧代谢产生甲烷而成为一个独特类群，在 20 世纪 70 年代后期被分类学家确认。随着科学技术的发展和研究手段的改进，获得的产甲烷菌纯培养物日益增多。

产甲烷菌有以下几个特点：

① 严格厌氧，对氧和氧化剂非常敏感；

② 要求中性偏碱环境条件；

③ 菌体倍增时间较长，有的4～5d才系列繁殖1代；

④ 只能利用少数简单化合物作为营养；

⑤ 代谢的主要终产物是甲烷和二氧化碳。

243 高温厌氧纤维素分解菌有哪些种类?

国内外学者曾经综合研究了从温泉、堆肥、油井等热源处分离得到的一系列厌氧高温木质纤维素分解菌，它们主要包括高温神袍菌属（*Thermotoga* sp.）、高温厌氧杆菌属（*Thermoanaerobacter* sp.）、网络球杆菌属（*Dictyoglomus* sp.）、螺旋体属（*Spirochaeta* sp.）、热解纤维果汁杆菌属（*Caldicellulosiruptor* sp.）、梭状芽孢杆菌属（*Clostridium* sp.）、高温小杆菌属（*Fervidobacterium* sp.），以及高温厌氧芽孢杆菌属（*Thermoanaerobacterium* sp.）中的一些。这些菌种不仅能够利用木质纤维素中的一种或者几种组分作为唯一碳源，而且普遍能耐60°C以上高温，有些菌种的最适温度甚至达到80°C。其中，属于梭状芽孢杆菌属的菌种居多，包括高温产硫化氢梭状芽孢杆菌（*Clostridium thermohydrosulfuricum*）、高温产硫梭状芽孢杆菌（*Clostridium thermsulfurogenes* sp. nov.）、粪堆梭状芽孢杆菌（*Clostridium stercorium* sp. nov.）、高温梭状芽孢杆菌（*Clostridum fervidus* sp. nov.）、高温堆肥梭状芽孢杆菌（*Clostridium thermocopriae Jin, Yamasato et Toda*）、约休梭状芽孢杆菌（*Clostridium josui* sp. nov.）、高温产丁酸梭菌（*Clostridium thermobutyricum* sp. nov.）、高温棕榈梭状芽孢杆菌（*Clostridium thermopalmarium* sp. nov.）和嗜热解纸沙草梭状芽孢杆菌（*Clotridium thermopapyrolyticum* sp. nov.）等。

244 厌氧消化的主要影响因素是什么?

影响厌氧消化过程的因素包括以下几种。

（1）原料配比

大量报道和试验表明，厌氧消化过程中碳氮比是有最适范围的，一般是(20～30)∶1，既不能太高也不能太低，否则都会对厌氧发酵过程产生影响。

（2）厌氧条件

甲烷菌的生长需要严格的厌氧环境，培养中要求氧化还原电位在－330mV以下。但在固体废物消化池中，除产甲烷菌以外，还有大量的好氧和兼性厌氧的不产甲烷细菌，因此，游离态氧对产甲烷细菌的影响就不像纯粹培养产甲烷细菌时那样严重。只要沼气池不漏气，沼气池中原来存在的以及装料时带入的一些空气很快就会被其他一些好氧菌和兼性厌氧菌利用掉，并为产甲烷细菌创造良好的厌氧环境。

（3）温度

厌氧消化与温度有密切的关系。一般来讲，在一定范围内，温度愈高，微生物活性愈强。多年的试验结果表明，代谢速度在35～38℃和50～65℃有两个高峰。一般厌氧消化常控制在这两个温度内，以获得尽可能高的降解速度，前者称为中温消化，后者称为高温消化。对于高浓度的消化浆料（如城市污水污泥、粪便等），为了提高消化速度，缩小厌氧消化设备体积和改善卫生效果，常采用对浆料、沼气池进行加热和保温的方式。就农村沼气生产而言，我国一般都是在常温下进行，这样做不仅可以减少能耗，而且设备简单。同时，厌氧消化过程还要求温度相对稳定，一天内的变化范围在±2℃内为宜。

（4）pH值

厌氧消化菌可以在较广的pH值范围内生长，但最适pH值为7～8。过酸或过碱都会使开始产气的时间延后，产气量少。在正常的厌氧消化中，pH值有一个自行调节的过程，消化初期大量产酸，pH值下降；随后由于氨化作用的进行而产生氨，使pH值回升，从而维持了pH值环境的稳定。

（5）搅拌

搅拌的目的是使消化原料分布均匀，使反应池内各部分的温度趋于均匀，增加微生物与消化基质的接触，也使消化的产物及时分离，从而提高产气量。在以固体为原料的情况下，搅拌更为重要。在一些情况下，搅拌是为了破除浮渣层。在消化过程中，如果不采用外力搅拌，消化浆料容易发生分层，活性污泥发生脱节，其原因是活性污泥或浆料上附着所产生的沼气，由于缺乏搅拌力量，气泡不易脱离，造成部分活性污泥或浆料上漂，从而给工艺控制造成困难，影响设备内的传质。因此适当的搅拌也是工艺控制的重要组成部分。

（6）停留时间

消化产沼气的总产气量和消化装置的分解停留时间有关。此时间可以用来判定物料的气化和无机化程度，还可以用来估算产气量的多少。

（7）添加剂

在消化液中添加少量有益的化学物质，有助于促进厌氧消化，提高产气量和原料利用率。分别在消化液中添加少量的硫酸锌、磷矿粉、炼钢渣、碳酸钙、炉灰等，均可不同程度地提高产气量、甲烷含量以及有机物质的分解率，其中以添加磷矿粉的效果为最佳。添加过磷酸钙，能促进纤维素的分解，提高产气量。在消化液中添加纤维素酶，能促进纤维素分解，提高稻草的利用率，使产气量提高34%～59%。

（8）有毒物质含量

有许多化学物质能抑制消化微生物的生命活力，统称为有毒物质。有毒物质的种类很多。产沼气菌对它们有一定的忍耐程度，超过允许浓度，常使产沼气受阻。由于消化不正常而造成的有机酸的大量积累，以及氨浓度过高等都能引起消化障碍，另外由于添加了一些有害的物质，也会使产沼气受到抑制。整个消化系统必须隔绝有毒物质（如重金属、杀虫剂等）的混入，因为甲烷菌对这类物质非常敏感。

（9）接种物

厌氧消化中菌种数量的多少和质量的好坏直接影响沼气的产生。不同来源的厌氧消化接种物，对产气和气体组成有不同的影响。酒厂、屠宰场和城市下水污泥活性较强，可直接作为接种物添加。添加接种物可促进早产气，提高产气率。也可把现有污水处理场和工业厌氧消化罐的消化液作为“种”使用，以缩短菌体增殖的时间。

245 什么是共消化？共消化的目的是什么？

共消化指两种或多种基质同时进行厌氧消化，能有效提升产甲烷效率。共消化体系的碳氮比是决定消化过程稳定性与产气量的重要因素。由于不合适的碳氮比会造成大量氨态氮的释放或是挥发性脂肪酸的过度累积，而氨态氮和挥发性脂肪酸都是厌氧消化中重要的中间产物，不合适的浓度都会抑制甲烷发酵过程。实际操作中一般将贫氮有机物（如作物秸秆等）和富氮有机物（如人畜粪尿、污泥等）进行合理配比，从而得到合适的碳氮比。常见的共消化体系包括餐厨垃圾与污泥、农业废弃物与粪便等。

246 秸秆和餐厨垃圾在厌氧消化反应过程中的关键步骤分别是什么？

秸秆植物细胞壁组成结构比较复杂，主要由木质纤维素构成。木质纤维素三种组分本身是天然的高分子聚合物，相互之间又以复杂的化学键紧密连接在一起，稳定的交联结构和木质素难降解的性质导致秸秆在厌氧消化过程中不易被微生物和酶降解利用，水解速率低，进而使随后的反应底物减少，反应速率降低，最终表现为秸秆的产气效果差，发酵周期长，进一步限制了使用生物质作原料生产沼气的规模化应用。因此，为了解决秸秆中木质纤维素水解慢现象对厌氧消化过程的限制，在进行厌氧消化前对秸杆做适当的预处理，通过破坏木质素结构、释放纤维素和半纤维素，并将其降解为单一或分子量较小的聚合物，提高秸秆的利用率，进而改善厌氧消化性能。

此外，很多研究表明，其他 C/N 较低的物料，如污泥、藻类，其主要有机部分为微生物细胞和细胞表面的胞外聚合物（EPS），这些物质结构牢固，难以与水解酶有效接触，从而水解速率很慢，因此在污泥、藻类的厌氧消化中，水解阶段也成为整个产甲烷过程的限速步骤。

但对于 C/N 较高的餐厨垃圾，其主要成分为易水解的多糖类、蛋白质、脂质等。因此，在水解酸化和产氢产乙酸两阶段，会产生大量的挥发性有机酸（VFAs）。在单相厌氧消化反应器中，产酸阶段和产甲烷阶段并没有明显的划分。因此，当产甲烷菌代谢 VFAs 的速率低于 VFAs 生成速率时，VFAs 就会在体系中形成累积，导致 pH 值降低，当 pH 值降低到一定程度时，可供甲烷菌利用的电子数大大减少，并会严重抑制产甲烷菌活性，使其代谢 VFAs 的能力进一步减弱，由于 VFAs 浓度随着物料水解、酸化不断增高，体系 pH 值不断下降，最终出现不能使产甲烷过程正常进行的“过酸化”现象。此时，反应产生的沼气中甲烷含量很低，甚至不再产生气体，最终厌氧反应系统崩溃。通常当体系中 VFAs 总的浓度高于 3000mg/L 时，就会产生酸抑制现象。因此，餐厨垃圾厌氧消化反应的关键步骤在于提高后端产甲烷步骤的能力。

247 厌氧消化工艺可分为哪几类?

厌氧消化可按照温度、进料方式、原料性状和发酵阶段的不同而划分为若干类型。

① 按照发酵温度，厌氧发酵可以分为高温厌氧消化、中温厌氧消化和常温厌氧消化。各工艺的特点见表 4-9。

表 4-9 不同温度的厌氧消化工艺

工艺类型	温度范围	工艺特点	适用范围
高温厌氧消化	48～60℃，以 47～55℃最佳	嗜热微生物生长繁殖旺盛，因而分解速度快，处理时间短，产气量高，并且能有效杀死寄生虫卵	有机污泥、城市生活垃圾和粪便的无害化处理及农作物秸秆的处理等
中温厌氧消化	28～38℃，以 35～38℃最佳	消化速度比高温发酵慢一些，但是沼气产量稳定，转化效率较高	大中型产沼工程、高浓度有机废水的处理等
常温厌氧消化	常温	也称自然温度厌氧消化，消化温度随外界温度的变化而变化，发酵池结构简单，成本低廉，但沼气产量不稳定，转化效率低	粪便、污泥和中低浓度有机废水的处理。较适用于气温较高的南方地区，目前我国农村大多采用此种消化工艺

② 按照进料方式，厌氧发酵工艺可以分为间歇批量进料、半连续式进料和连续式进料三种。其特点和适用范围见表 4-10。

表 4-10 不同进料方式的厌氧发酵工艺

工艺类型	工艺特点	适用范围
间歇批量进料	一批原料经消化后，全部重新换入新的消化原料，可以观察到厌氧消化的全过程，但是产气不均衡	农村多池沼气发酵，及用于测定产气量、观察发酵产气规律的研究实验
半连续式进料	在正常消化情况下，当产气量下降时，开始投入少量原料，以后定期补料和出料，以使产气均衡，具有较强的适应性	有机污泥、粪便、有机废水的厌氧处理和大中型沼气工程
连续式进料	在厌氧消化正常运行后，便按一定的负荷量连续进料，或以很短的间隔进料，可以使产气均衡，提高运行效率	高浓度有机废水的处理

③ 按照原料性状，厌氧消化工艺可分为液体消化、固体消化和高含固消化。液体消化的固体含量在 10%以下，适用于有机废水的厌氧处理、农村水压式沼气池的发酵等。固体消化又称干消化，其原料总固体含量在 20%左右，消化过程中所产沼气甲烷含量较低，气体转化效率较差，适用于城市生活垃圾消化和农村部分地区，特别是缺水的北方地区的禽畜粪便处理。高含固消化的料固体含量一般为 15%～20%，适用于农村的沼气发酵，粪便的厌氧消化等。

④ 按照消化阶段（消化级数），厌氧消化可分为二步（二级）消化和混合（一级）消化。二步（二级）消化是把厌氧消化的产酸阶段与产甲烷阶段分别放在两个装置内进行，其有机转化率高，但单位有机质的沼气产量较低。混合（一级）消化则是将两个阶段在同一装置内完成，其设备简单，但条件控制较困难。

248 中温厌氧消化和高温厌氧消化各自的优缺点有哪些？

（1）反应速率

由于有机物的生物降解速率通常随温度升高而升高，因此中温和高温厌氧消化的运行情况存在一定差异。与中温厌氧消化相比，高温厌氧消化的停留时间更短，所需消化池容积更小。相比中温厌氧消化，高温厌氧消化对于大部分有机质都具有更高的有机物降解率，对富含纤维素和木质素的底物（如甜菜渣、秸秆等）效果尤为明显。

（2）产沼气性能

由于高温厌氧消化的水解速率系数比中温厌氧消化更大，更有利于纤维素等有机物的水解和转化利用。由于高温条件有利于有机物水解酸化，高温厌氧消化有机物转化率更高，可以为产甲烷菌提供更多可利用的基质，因此高温厌氧消化的沼气产量普遍更大。但是也会出现产生过多 VFA 导致产甲烷菌活性产生了抑制的情况。同时，研究表明高温厌氧消化系统中的主要产甲烷菌——甲烷八叠球菌属更容易受环境条件变化影响，而中温厌氧消化系统中产甲烷菌种类繁多，耐冲击负荷和环境条件变化性能更好，所以相比于高温厌氧消化，中温厌氧消化产甲烷性能更加稳定，产气稳定性更好。因此，虽然高温厌氧消化沼气产量和质量更高，但是从产气稳定性来看，中温厌氧消化更有优势。

（3）起泡潜力

起泡是困扰厌氧消化系统运行的一大问题，厌氧消化池中泡沫的产生会引起导气管阻塞、有效体积减少、能耗增加等问题，不利于消化系统的运行。研究表明，中温厌氧消化具有更大的起泡潜力，消化过程中会持续出现泡沫，这主要有三方面的原因：

① 蛋白质、纤维素等在中温条件下更难降解，导致消化污泥中残留很多无法继续降解的黏性物质，这些黏性物会包裹产气形成泡沫；

② 大多数丝状菌生长的最适温度范围为 30～35℃，因此中温厌氧消化更适合大多数丝状菌的生长，更容易诱发泡沫的形成；

③ 中温厌氧消化污泥的表面张力和污泥黏度更高，使形成的泡沫稳定性更高，更难被清除。

因此，相比高温厌氧消化，中温厌氧消化的起泡潜力更大，更容易产生导气管阻塞和有效体积减少等问题，更不利于消化系统的运行。

（4）经济效益

对厌氧消化的实际应用情况进行统计可以发现，相比高温厌氧消化，中温厌氧消化在实际中应用更多。这是因为高温厌氧消化为了维持所需要的高温条件要消耗更多能量，而高温厌氧消化池与环境的温差更大，热损失更多，因此投入成本和运行费用都要高于中温厌氧消化。

249 厌氧消化操作时主要包括哪些步骤？

通常厌氧消化过程的主要操作如下。

① 原料的选择和预处理　厌氧消化原料种类很多，农村地区主要使用农作物秸秆、杂草、人畜粪便等，城镇则主要是有机生活垃圾、污泥和人粪尿等。选定原料后，需要进行适当的预处理。不可消化降解的物质用分离法除去；难降解的物质（如秸秆中的纤维素等）可先经过高温堆积。另外，固体废物常用的预处理方法还包括破碎、制浆等。

② 配料　厌氧消化原料的碳氮比以（20～30）：1为宜，可按照各种原料的碳氮含量进行配料计算。

③ 接种　新鲜原料一般缺少微生物，需要进行接种。消化污泥是常用的接种物料。高温厌氧消化的接种菌种还需要先进行驯化培养和逐级扩大培养，直到厌氧消化稳定方能接种。

④ 搅拌　搅拌既可以防止局部过热，又能够使整个反应装置内保持温度的均匀性，还能打碎浮渣，保持物料和微生物菌种的良好接触，及时分离消化产物，提高沼气产量。

⑤ 沼气收集　通常物料投入厌氧消化装置3～5d后开始产气，最初3d气体中甲烷含量较低，二氧化碳含量较高，不适宜利用。产气3d后甲烷含量可以达到50%～60%，此时就可收集气体，进行适当的处理，包括压缩、净化等，以便于贮存或者利用。

⑥ 其他步骤　除了上述操作以外，如采用连续消化方式，还需要进行连续补料作业。高温和中温连续消化，每天补充新料的投加率分别约为初始原料的10%和5%（以体积计算），常温连续消化则为每5天4%。出料需在进料之前进行，出料量与进料量相同。另外，如果采用高温和中温厌氧消化工艺，则还需要进行加热操作，以便维持消化装置在一定的温度范围之内。

250 沼气的净化工艺有哪些?

沼气是一种可燃性混合气体，主要成分为CH_4，约占总体积的50%～70%，其次为CO_2，约占总体积的30%～40%，另外还有少量CO、H_2、H_2S、O_2、N_2、水蒸气等。目前，我国沼气主要应用在发电、供热和炊事方面，但沼气中的杂质气体影响了沼气的回收利用。沼气中的CO_2降低了沼气的能量密度和热值，限制了沼气的利用范围。H_2S则会在压缩、储存过程中腐蚀压缩机、气体储存罐和发动机，同时，燃烧后H_2S生成SO_2，还会造成环境污染，影响人类身体健康。脱水是因为H_2O与H_2S、CO_2和NH_3反应，会引起压缩机、气体储罐和发动机的腐蚀，且当沼气被加压储存时，高压下水会冷凝或结冰。因此，在利用前要去除沼气中的CO_2、H_2S和水蒸气等杂质，将沼气提纯为生物天然气（BNG），生物天然气可压缩用于车用燃料(CNG)、热电联产（CHP)、并入天然气管网、燃料电池以及化工原料等领域。

沼气净化工艺包括以下流程。

（1）沼气脱硫

脱除沼气中H_2S的方法很多，一般可分为干法脱硫（化学吸附法、化学吸收法、催化加氢法）、湿法脱硫（化学吸收法、物理吸收法、物理化学吸收法、湿式氧化法）和生物法脱硫。湿法和干法属于传统的化学方法，是目前沼气脱硫的主要手段，但此方法的缺点是污染大、成本高、效率低；生物脱硫是目前国际上新兴的脱硫技术，是利用微生物的代谢作用将沼气中的 H_2S 转化为单质硫或硫酸盐，可实现环保和低成本脱硫。

（2）沼气脱碳

国内目前应用较多的脱碳工艺有变压吸附法、高压水洗法、物理吸收法、化学吸收法、膜分离法、低温分离法等。

（3）沼气脱水

未经处理的沼气通常含有饱和水蒸气。而沼气脱水相对来说比较简单，一般有冷凝法、液体溶剂吸收法、吸附干燥法等。

（4）沼气脱氧脱氮

目前普遍使用的气体净化脱氧剂主要有催化脱氧、吸收脱氧以及碳烧脱氧 3 种方式。但现有的净化工艺难以去除 O_2 和 N_2，或去除成本较高，因此，氧、氮含量的源头控制比后期分离更为重要。

251 沼气主要应用于哪些方面?

在国民经济生活中，沼气可以广泛地应用于很多方面，具体如下。

（1）用作燃料

沼气既可以作为生活燃料在炊事、照明、锅炉、烘干等生产和生活中加以应用，又可以作为运输工具的燃料，直接应用于各种内燃机（如煤油机、汽油机、柴油机等）。$1m^3$ 沼气的热量相当于 1kg 原煤，或 0.5kg 汽油，或 0.6kg 柴油。沼气不仅方便卫生，而且热效率高，节约时间。

（2）用作化工原料

沼气中的甲烷可以用来制作炭黑、一氯甲烷、二氯甲烷、三氯甲烷、四氯化碳、乙炔、甲醇、甲醛等，其中的二氧化碳可以用来制造干冰、碳酸氢铵肥料等。

（3）发电

沼气用于发电时，$1m^3$ 约可发电 1.25kW·h，适合于中小功率发电。该类发电动力设备通常采用内燃发电机组，否则经济上不可行。

（4）用于禽类养殖

沼气可以作为孵化禽蛋的热源，其优点是温度稳定，孵化成功率高，操作方便，无环境污染问题。

（5）用于蔬菜种植

将沼气通入蔬菜种植大棚或者温室内进行燃烧，产生的二氧化碳用于施肥，不仅具有明显的增产效果，而且可以生产无公害蔬菜作为绿色食品。

（6）用于粮食贮存

向贮粮装置内输入适量沼气及空气，可以形成无氧环境，杀死害虫，从而保证粮食的品质。这种方法既对粮食本身不形成污染，又对人体和种子发芽等没有意外影响，还可以节约贮粮成本，减少粮食损失。

252 产沼残余物如何利用/处置？

在厌氧条件下，固体废物（如农作物秸秆、人畜粪便等）经过发酵反应，除了产生沼气之外，其他有利于农作物生长的各种营养元素（如氮、磷、钾等）几乎没有损失地留在了产沼残渣里。所以产沼残渣常常被人们称之为沼气肥，其成本低、肥效长、养分全，能改良土壤，是优质的有机肥料。沼气肥分为水肥和渣肥两种，水肥的可溶性养分较多，但是含量较低；渣肥营养含量比水肥高，尤其是有机质和腐殖酸。

沼气肥为有机肥，其缓效性和化肥的速效性可以互相弥补，取长补短，所以当以沼气肥配合化肥使用时，所产生的肥效通常好于使用单一的一种，并且能避免连续大量使用化肥造成的土壤结构破坏和土壤肥力降低等。

另外，沼渣中含有大量的菌体蛋白质，可以用来制成饲养禽畜的蛋白饲料，还可以用作培养蚯蚓、蜥蜴和食用菌的培养土。

253 厌氧消化设施的设计原则包括哪些？

根据处理的固体废物和使用工艺的不同，厌氧消化设施有很大差别。但是在设计时，有一些共同的原则需要遵守。

① 为厌氧消化微生物的生长创造最适宜的条件，必须保证池内足够的微生物量。

② 外露表面积尽可能小，尽量减少热损失，以利于保温和增温。

③ 在保证设施内物料混合均匀的情况下，搅拌设备的动力消耗应尽可能小。

④ 设计上应使产生的浮渣便于破除，底部沉积污泥便于清除。

⑤ 物料在装置内的滞留期尽可能短，尽可能适合多种原料的发酵需要。

⑥ 占地面积尽可能小，以减少投资。

254 什么叫单相反应器和两相反应器？各自优缺点是什么？

单相反应器是指反应中的产酸相和产甲烷相在同一个反应器中进行，并且进料和反应是连续进行的。反应器的一端，底物将连续地进入反应器，反应器的另一端也将有连续的出料。单相厌氧消化反应器具有技术系统相对简单、操作维护简易的特点。根据处理底物含水率差异，单相厌氧反应器又可以细分为单相湿式反应器和单相干式反应器两类。单相湿式反应器适用于含水率较高的有机垃圾，多采用完全混合的反应器形式。物料通常经预处理制成 TS<15%、物性均一的浆状物质后进入厌氧主反应器。物料的混合搅拌是单相湿式反应器需重点考虑的问题。混合搅拌不均容易导致反应器内部局部酸化，并出现严重的浮渣和重物质沉积而影响消化反应顺利进行。单相干式

反应器适于处理含水率低的有机垃圾，物料相应具有高黏度并在反应器内部多以活塞流形式运动。塞流式反应器能够在推流过程中逐步实现厌氧消化的水解酸化和产甲烷功能，避免完全混合造成反应器酸化，从而将两相厌氧消化相分离的功能在单相反应器的推流过程中加以实现。

通过对厌氧消化过程中产酸菌和产甲烷菌形态特性的研究，人们逐渐发现产酸菌种类多，生长快，对环境条件变化不太敏感。而产甲烷菌则恰好相反，专一性很强，对环境条件要求苛刻，繁殖缓慢。基于此理论依据，两相厌氧工艺得以建立。

两相反应器把进行水解和发酵产酸的酸化相与产乙酸和产甲烷的产气相分别在不同反应器或反应器不同空间完成，如图 4-25 所示。通过相的分离，可大大削弱传统工艺中因酸的累积而导致的反应器“酸化”问题，使产酸菌和产甲烷菌各自在最佳环境条件下生长，以避免不同种群生物间的相互干扰和代谢产物转化不均衡而造成的抑制作用，产酸相对进水水质和负荷的变化有较强的适应能力和缓冲作用，可大大削减运行条件的变化对产甲烷菌的影响，因而处理系统中污泥的比酸化活性和比产甲烷活性均高于单相工艺，从而系统的处理效率和运行稳定性可得到有效的提高。从实际生产的角度，两相厌氧工艺虽可以提高处理效果，但按两相工艺的总容积计算，其提高的幅度并不是太大，基建投资和运行费用不会有大幅度的节省，因此也有人认为两相厌氧工艺并不经济。

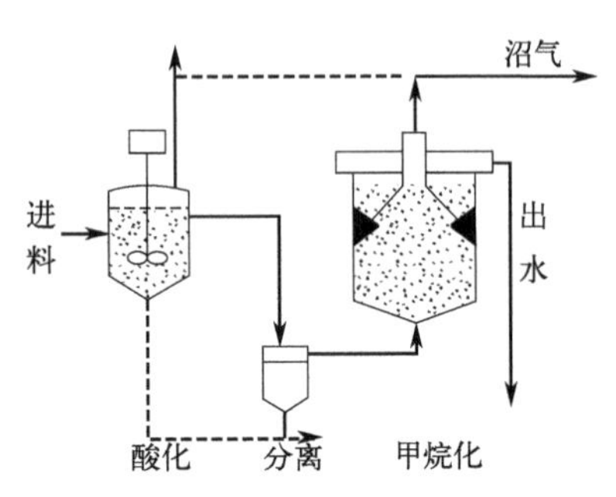

图 4-25　两相厌氧消化流程图

255 生活垃圾分类与厌氧消化处理技术间的关系是什么？

垃圾分类使厨余垃圾产量激增。由于厌氧微生物的高有机负荷承受能力，全封闭的生物反应器减少了处理过程对环境的二次污染，更为重要的是在处理废弃物的同时回收沼气能源，这对于能源日益紧张的现今社会具有更为重要的现实意义。因此目前中国已基本形成以厌氧消化为主、好氧制肥为辅、饲料化和昆虫法等为补充的厨余垃圾处理与资源化利用的技术路线。

由于厌氧消化生产操作过程中需要定期搅拌，当垃圾分类效果较好时可降低搅拌轴被塑料袋缠绕风险，提高系统稳定性。同时，当分类效果较好时，厌氧消化残渣（沼渣）中杂质较少，利于后端土地利用，进一步提升厌氧消化环境、经济效益。因此生活垃圾分类同厌氧消化处理技术间呈现相辅相成的作用。

256 厨余（餐厨）垃圾厌氧消化处理的常见工艺流程是怎样的？

厨余（餐厨）垃圾通常被认为是城市有机固体废弃物中占比最大的部分，可达到城市生活垃圾总量的 30％～60％。厨余（餐厨）垃圾的厌氧消化处理工艺对实现循环经济和减少温室气体排放具有重大意义。餐厨垃圾和厨余垃圾厌氧处理一般采用“分选、除杂和制浆+提油脱水+厌氧反应器+沼气脱硫+沼气脱碳脱水+沼气储柜+沼气利用”工艺流程。一般餐厨垃圾含油率为3%～4%；厨余垃圾含油率为1%～2%。因此，根据底物含油率的不同，在预处理工艺环节可选用三相分离设备或挤压脱水设备，分别实现固液油三相分离和固液两相分离。分离后油脂可回收利用，剩余的固相可进行堆肥或生物转化，而液相常采用湿式厌氧消化的工艺进行处置，如图4-26所示。

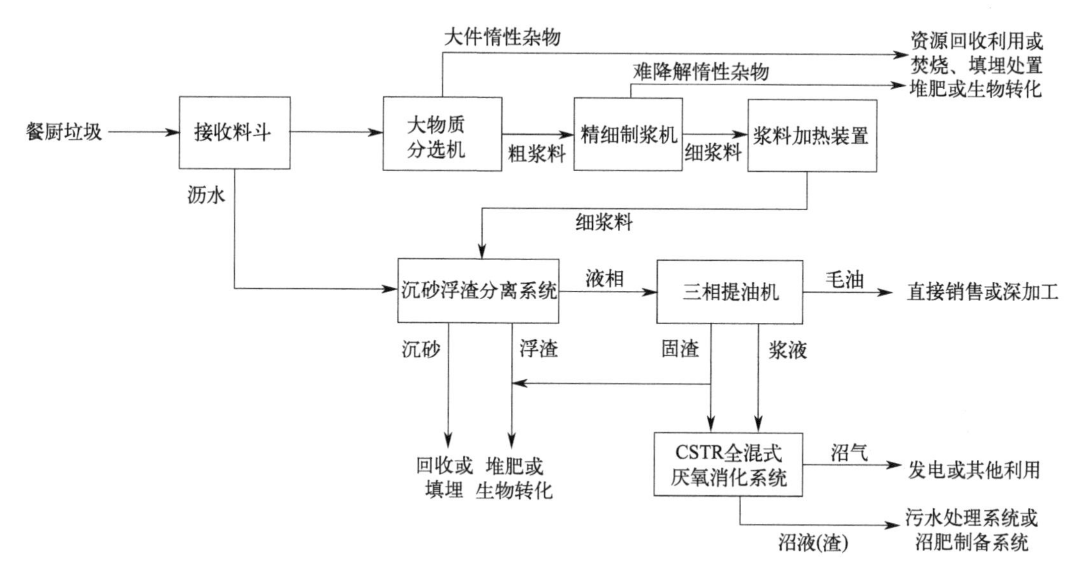

图4-26 餐厨垃圾三相分离-厌氧消化处理工艺流程

257 厨余垃圾厌氧消化面临的问题有哪些?

厨余垃圾的厌氧消化仍然面临许多问题：

① 现阶段，由于大部分居民尚未养成垃圾分类习惯，只有少部分居民自觉参与垃圾分类且能做到准确投放，进入处理系统的实际上还是品质略有提高的混合垃圾，导致厌氧消化设施难以正常运行，处理效率和产品品质低下。为保证厌氧消化设施的正常稳定运行，今后相当长一段时间内，不管是对未经分类的混合垃圾，还是分类收集的厨余垃圾，首先都需要进行良好的分离预处理。

② 厨余垃圾的颗粒较大，且其中复杂的有机质（如木质素和角蛋白）在厌氧条件下几乎不可生物降解，而化合物如木质纤维素和细胞壁虽可生物降解，却很难被生物利用，这些因素都会减慢厨余垃圾的水解速度，延长厌氧消化的停滞时间。

③ 与产酸菌相比，产甲烷菌的世代周期长，消耗有机酸的能力有限，且易受环境因素波动和重金属等有毒物质的影响，故当系统有机负荷较高时，挥发性有机酸的产生和消耗不平衡，易出现系统酸化的情况。另外，氨氮是微生物的营养物质，且能够提高系统的缓冲能力，但是厨余垃圾的蛋白质含量较高时，厌氧消化系统经常面临氨氮抑制的问题，抑制厌氧微生物的活性，使得系统产气效率降低。

（六）堆肥化处理

258 什么是堆肥化处理?

依靠自然界广泛分布的细菌、放线菌、真菌等微生物，以及由人工培养的工程菌等，在一定的人工条件下，有控制地促进可生物降解的有机物向稳定的腐殖质转化的微生物学过程叫做堆肥化处理。其含义主要包括三个方面：

① 强调该过程的实质为一种生物化学过程；

② 强调其过程处于人工控制条件下，而不同于卫生填埋和自然腐化等；

③ 强调其“生物稳定”作用，即产生的产物稳定且对环境无害。

堆肥化的产物称作堆肥，由于它是一种棕色的形同泥炭且腐殖质含量很高的疏松物质，所以也称为“腐殖土”。

259 堆肥的主要方式有哪几种?

堆肥的方式按照不同的方法有不同的分类。根据在生物处理过程中起作用的微生物对氧气要求的不同，可以把固体废物堆肥分为好氧堆肥和厌氧堆肥两种。好氧堆肥是指在通风条件下，有游离氧存在时，好氧微生物对废物中的有机物进行分解转化的过程，最终的产物主要是 CO_2、H_2O、热量和腐殖质；厌氧堆肥是在无氧存在的状态下，厌氧微生物对废物中的有机物进行分解转化的过程，最终产物是 CH_4、CO_2、热量和腐殖质。厌氧堆肥的特点是空气与堆肥相隔绝，温度低，工艺简单，堆制周期长，气味浓烈，产品分解不够完全稳定。由于好氧堆肥化具有发酵周期短、无害化程度高、卫生条件好、易于机械化操作等特点，故国内外用垃圾、污泥、人畜粪尿等有机废物生产堆肥的工厂绝大多数都采用好氧堆肥。

此外，堆肥的方式根据温度要求，还可以分为中温堆肥和高温堆肥；按照堆肥过程的操作方式，可以分为静态堆肥和动态堆肥；按照堆肥系统的进出料方式，可以分为连续式和间歇式；按照堆肥的堆置情况可以分为露天堆肥和机械密封堆肥。

通常，仅按一种分类方式很难全面描述堆肥状况，因此常常兼用多种工艺加以说明，例如高温好氧静态堆肥，高温好氧连续式动态堆肥，高温好氧间歇式动态堆肥等。

260 可生物降解的固体有机废物包括哪些？降解它们的微生物种类分别是什么?

可生物降解的固体有机废物包括淀粉、脂肪、蛋白质氨基酸类物质、果胶质、纤维素、木质素等。降解它们的微生物种类分别简述如下。

（1）淀粉

淀粉是多糖，在微生物好氧分解时能够水解成葡萄糖，进而完全氧化成二氧化碳和水，在厌氧分解时产生乙醇和二氧化碳。降解淀粉的好氧微生物主要包括枯草芽孢杆菌、根霉、曲霉等；厌氧微生物主要包括丙酮丁醇梭状芽孢杆菌、丁酸梭状芽孢杆菌和酵母菌（降解淀粉发酵时的中间产物葡萄糖）等。

（2）脂肪

脂肪是甘油和高级脂肪酸所形成的脂，不溶于水，可溶于有机溶剂。脂肪是很容易被微生物降解的物质，很多细菌和真菌都对脂肪有很强的降解作用。

（3）蛋白质

蛋白质物质分子量较大，不能直接进入微生物细胞，需要在细胞外由蛋白酶水解成小分子的肽、氨基酸后才能通过细胞被微生物利用。分解蛋白质的微生物种类很多，其中以细菌占主要地位。好氧细菌以枯草芽孢杆菌、巨大芽孢杆菌、蜡状芽孢杆菌等为代表；兼性菌包括变形杆菌、假单孢菌等；厌氧菌以腐败梭状芽孢杆菌和生孢梭状芽孢杆菌等为代表。

（4）果胶质

它是由D-半乳糖醛酸以α-1,4糖苷键构成的直链高分子化合物，存在于植物的细胞壁和细胞间质中。分解果胶质的微生物包括细菌、真菌和放线菌。其中好氧细菌包括芽孢杆菌和软腐欧式杆菌等；厌氧细菌包括蚀果胶梭菌等；真菌则包括青霉、曲霉、木霉、根霉、毛霉和芽枝孢霉等。

（5）纤维素

它是由一系列葡萄糖单元通过1、4号碳原子以β键相连而形成的线性碳水化合物。分解纤维素的微生物包括细菌、放线菌和真菌。好氧的纤维素分解菌多数为中温菌，其中以黏细菌为多，占有重要的地位；其次还有镰状纤维菌和纤维弧菌等。厌氧的纤维素分解菌通常为高温菌，包括高温厌氧杆菌属、热解纤维果汁杆菌属、梭状芽孢杆菌属以及高温厌氧芽孢杆菌属等，其中以产纤维二糖芽孢梭菌、无芽孢厌氧分解菌和嗜热纤维芽孢梭菌等为代表。

（6）木质素

它是一类高分子化合物的统称，是由苯基丙烷单元通过醚键和碳键联接而成的高分子化合物，具有甲氧基、羟基、碳基等多种功能基。在作物秸秆中，木质素以十分致密的网络结构将纤维素紧紧包裹在里面，以屏蔽效应阻碍了纤维素酶吸附纤维素分子。木质素的完全降解是真菌、细菌及相应微生物群落共同作用的结果，其中真菌在降解木质素过程中起着主要作用。降解木质素的真菌根据腐朽类型分为白腐菌、褐腐菌和软腐菌。其中，白腐菌被认为是最主要的木质素降解微生物。

261 适于堆肥的原料有什么特性？包括哪些？

我国实施的《生活垃圾堆肥处理技术规范》（CJJ 52—2014）规定适合于堆肥化原料的特性主要有：①含水率宜为40%～60%；②总有机物含量（以干基计）不宜小于25%；

③碳氮比（C/N，质量比）宜为（20～30）：1。

生活垃圾、有机污泥、人和禽畜粪便、农林废物以及泔脚和食品废物等都含有堆肥微生物所需要的各种基质——碳水化合物、脂类、蛋白质等，因而是常用的堆肥原料。

262 堆肥成品应该达到何种质量要求和卫生要求?

我国对于堆肥化形成的堆肥产品有明确的质量和卫生要求，具体如下。

（1）堆肥的质量要求（表 4-11）。

表 4-11　堆肥的质量要求

项目		要求
粒度		农用堆肥产品粒度≤12mm 山林果园用堆肥产品粒度≤50mm
含水率		≤35%
pH 值		6.5～8.5
总氮(以 N 计)		≥0.5%
总磷(以 P_2O_5 计)		≥0.3%
总钾(以 K_2O 计)		≥1.0%
有机质(以 C 计)		≥10%
重金属含量	总镉(以 Cd 计)	≤3mg/kg
	总汞(以 Hg 计)	≤5mg/kg
	总铅(以 Pb 计)	≤100mg/kg
	总铬(以 Cr 计)	≤300mg/kg
	总砷(以 As 计)	≤30mg/kg

（2）堆肥的无害化卫生要求

① 堆肥温度（静态堆肥工艺），大于 55℃的时间应持续 5d 以上。美国环保署规定，深度减除病原菌工艺的标准是：对于反应器系统和强制通风静态垛系统，堆体内部温度大于 55℃的时间必须达 3d；对于条垛系统，堆体内部温度大于 55℃的时间至少为 15d，且在操作过程中，至少翻堆 5 次。

② 蛔虫卵死亡率，95%～100%。

③ 粪大肠菌值为 10^{-1}～10^{-2}。

263 好氧堆肥过程一般分为几个阶段?

固体废物好氧堆肥通常根据温度的变化过程分为四个阶段：潜伏阶段、中温增长阶段、高温阶段、降温腐熟阶段。如图 4-27 所示。

（1）潜伏阶段

堆肥初期，微生物适应新环境的过程，也称为驯化阶段。

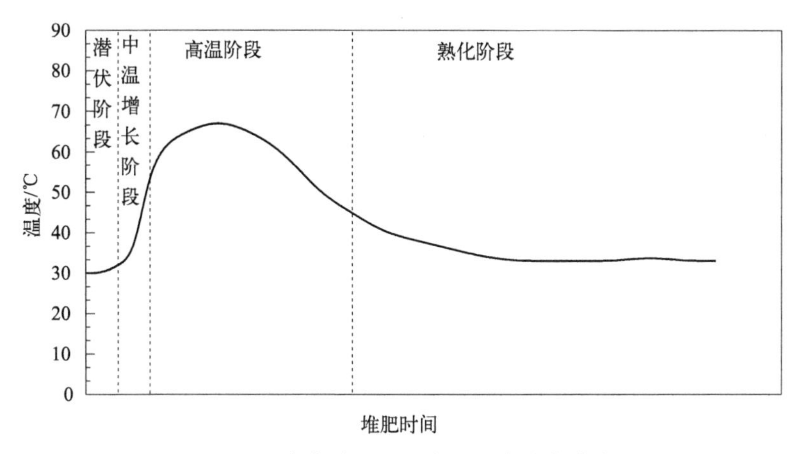

图 4-27 好氧堆肥过程中的温度变化模式

(2) 中温增长阶段

这一阶段嗜温微生物最为活跃，主要利用物料中易降解的葡萄糖、脂肪等有机物旺盛繁殖，并释放出热量，使温度快速上升。

(3) 高温阶段

当温度上升到 45℃以上时，即进入高温阶段。在这阶段，嗜温性微生物受到抑制甚至死亡，嗜热性微生物迅速繁殖，逐渐代替了嗜温性微生物的活动。高温阶段对有机物的分解最有效，除了溶解性有机物继续得到分解外，固体有机物（如纤维素、半纤维素、木质素等）也开始被强烈分解。当温度达到 50℃左右时，各类嗜热性细菌和真菌都很活跃；60℃时，真菌不再适于生存，只有细菌仍在活动；70℃以上时，大多数微生物均不适应，其代谢活动受到抑制并大量死亡。在该阶段的后期，由于可降解有机物已大部分耗尽，微生物的内源呼吸起主导作用。

(4) 熟化阶段

堆体温度逐渐下降至中温，并最终过渡到环境温度。剩余有机物大部分为难降解物质，腐殖质大量形成。在温度下降的过程中，嗜温微生物又重新占据优势，对残余有机物进一步分解，腐殖质逐渐趋于稳定化。降温后，需氧量大大减少，含水量也降低，堆肥物孔隙增大，氧扩散能力增强，此时只需自然通风即可。

264 堆肥过程中的主要控制参数包括哪些?

堆肥过程中，应该综合考虑以下各个参数，力求达到最佳的堆肥条件。

(1) 含水率

堆肥原料的含水率对于发酵过程的影响很大。水的主要作用包括两点：一是溶解有机物，参与微生物新陈代谢；二是调节堆体温度。综合堆肥化各种因素得到的适宜含水率范围为 45%～60%（质量比），55%左右最为理想。堆肥原料中有机物含量低时，含水率可取低值。当含水率超过 65%，水就会充满物料颗料间的空隙，使空气含量减少，堆肥将由好氧向厌氧转化，温度也急剧下降，其结果是形成发臭的中间产物（硫化氢、硫醇、氨等）和因硫化物而导致堆料腐败发黑。故高水分物料应通过前处理进行调节。

（2）碳氮比（C/N）

C/N 值影响有机物被微生物分解的速度。微生物自身的 C/N 值约为 4～30，故有机物的 C/N 值最好也在此数值范围内，当 C/N 值为 10～25 时，有机物的分解速度最大。当采用高碳氮比原料（如秸杆）垃圾进行堆肥时，需添加低 C/N 值废物或加入氮肥，以调整 C/N 值到 30 以下。

发酵后 C/N 值一般会减少 10～20，甚至更多，如果成品堆肥的 C/N 值过高，往土中施肥时，农作物可利用的氮会过少而导致微生物陷于氮饥饿状态，直接或间接影响和阻碍农作物的生长发育。故应以成品堆肥 C/N 值为 10～20 作标准来确定和调整原料的 C/N 值，一般认为城市固体废物堆肥原料的最佳 C/N 值为（20～35）：1。

（3）pH 值

在消化过程中 pH 值随着时间和温度的变化而变化，因此它是揭示堆肥分解过程的一个极好的标志。pH 值太高或太低都会影响堆肥的效率，中性或者弱碱性则最容易使生物有效地发挥作用，一般认为 pH 值在 7.5～8.5 时，可获得最大堆肥速率。

对固体废物堆肥化一般不必调整 pH 值，因为微生物可在较大的 pH 值范围内繁殖。但 pH 值过高时（如超过 8.5）氮会形成氨而造成堆肥中的氮损失，因此当用石灰含量高的真空滤饼及加压脱水滤饼作原料时，需先在露天堆积一段时间或掺入其他堆肥以降低 pH 值。

（4）供氧量

对于好氧堆肥而言，氧气是微生物赖以生存的条件，供氧不足会造成大量微生物的死亡，减慢分解速度。但是提供过量冷空气则会带走热量，降低堆体温度，尤其不利于高温菌氧化过程。因此，供氧量要适当，通常实际所需空气量应为理论空气量的 2～10 倍。物料间的空隙率对于供氧非常重要，可视物料的组成性质而定。

（5）颗粒度

堆肥化所需要的氧气是通过堆肥原料颗粒空隙供给的。空隙率及空隙的大小取决于颗粒大小及结构强度，像纸张、动植物、纤维织物等遇水受压时密度会提高，颗粒间空隙大大缩小，不利于通风供氧。因此，对堆肥原料颗粒尺寸应有一定要求。物料颗粒的平均适宜粒度为 12～60mm，最佳粒径随垃圾物理特性而变化，其中纸张、纸板等破碎粒度尺寸要求在 3.8～5.0cm 之间；材质比较坚硬的废物颗粒度要求在 0.5～1.0cm 之间；以厨房食品垃圾为主的废物，其破碎尺寸要求大一些，以免碎成浆状物料，妨碍好氧发酵。此外，决定垃圾粒径大小时，还应从经济方面考虑，因为破碎得越细小，动力消耗越大，处理垃圾的费用就会增加。

（6）碳磷比（C/P）

磷的含量对发酵有很大影响。有时在垃圾发酵时添加污泥，其原因之一就是污泥含有丰富的磷。堆肥料适宜的 C/P 值为 75～150。

（7）有机质含量

这一因素影响堆料温度与通风供氧要求。如有机质含量过低，分解产生的热量将不足以维持堆肥所需的温度，影响无害化处理，且产生的堆肥成品由于肥效低而影响其使用价值；如果有机质含量过高，则给通风供氧带来困难，有可能产生厌氧状态。研究表明堆料最适合的有机质含量为20%～80%。

（8）温度

温度是影响微生物活动和堆肥工艺过程的重要因素。堆肥中微生物分解有机物释放出的热量是堆料温度上升的热源。温度过低，分解反应速度慢，也达不到热灭活无害化要求，嗜热菌发酵最适宜温度是50～60℃。由于高温分解比中温分解速度快，且又可将虫卵、病原菌、寄生虫、孢子等杀灭，所以使用较广。但温度过高也不利，例如当温度超过70℃时，放线菌等有益细菌（存活于植物根部周围，能使植物受到良好的影响而茁壮成长）将全部被杀死，且孢子进入形成阶段，并呈不活动状态，因而分解速度相应变慢，所以适宜的堆肥化温度为55～60℃。堆肥化过程中温度的控制十分必要，在实际生产中往往通过温度-通风反馈系统来完成温度的自动控制。

265 好氧堆肥代表性工艺有哪些?

好氧堆肥工艺可按照好氧堆肥的操作不同进行分类，具体如表4-12所示。

表4-12 好氧堆肥的代表性工艺

工艺类型	条垛堆肥	好氧静态垛堆肥	发酵仓堆肥
定义	将混合好的固体废物堆成条垛状，在好氧条件下进行分解	堆肥过程中料堆静止不动，通过强制通风方式给堆体供氧	使物料在部分或全部封闭的容器内，控制通气和水分条件，使物料进行生物降解和转化
工艺特点	堆体必须通风。一般采用强制通风和机械搅拌两种方式。 堆体规模必须适当。太小则保温性差，易受气候影响；太大则易在堆体中心发生厌氧发酵，产生强烈臭味，影响周围环境	通气系统是决定工艺能否正常运行的关键因素，也是温度控制的主要手段。在堆肥过程中，通风不仅为微生物分解有机废物供氧，同时也去除二氧化碳和氨气等气体、散热并蒸发水分	该系统在一个或几个容器内进行，机械化和自动化程度较高
优点	① 设备简单，投资相对较低； ② 翻堆会加快水分的散失，堆肥易于干燥； ③ 填充剂易于筛分和回用； ④ 因为堆腐时间相对较长，产品的稳定性相对较好	① 设备的投资相对较低； ② 温度及通气条件较易控制； ③ 产品稳定性好，能更有效地杀灭病原菌及控制臭味； ④ 堆腐时间相对较短，一般为2～3周； ⑤ 占地相对较少	① 堆肥设备占地面积小； ② 易实现自动化操作； ③ 堆肥过程不会受气候条件的影响，产品质量好； ④ 能够对废气进行统一的收集处理，防止了对环境的二次污染，同时也解决了臭味问题
缺点	① 占地面积大； ② 要有大量的机械及人力； ③ 监测频率要求高； ④ 易造成臭味的散失，特别是当堆腐生污泥或未经稳定化的污泥时情况更为严重； ⑤ 操作受气候条件的限制； ⑥ 所需填充剂比例相对较大	堆肥易受气候条件的影响	① 建设投资和运行维护费用高； ② 要求技术水平较高； ③ 堆肥产品有潜在的不稳定性，堆肥的后熟期相对延长； ④ 一旦设备出现问题，影响较大

266 堆肥发酵装置包括哪些类型?

堆肥发酵装置是堆肥处理工艺的核心部分，目前，发酵装置的种类和结构有很多，不同装置的选择及应用范围与固体废物的组成和处理厂投资能力有重要关系。通常，堆肥发酵装置都指一次发酵装置，包括以下几种类型。

(1) 立式堆肥发酵塔

通常由5～8层组成，分选后的可堆肥物料从塔顶进入塔内，以不同的形式逐渐向塔底移动，经过5～8d的一次发酵期移动至塔底。塔内温度自上而下逐渐升高，通常以强制通风来控制塔内各层的温度和氧含量。立式堆肥发酵塔通常包括立式多层圆筒式、立式多层板闭合门式、立式多层移动床式、立式多层桨叶刮板式等多种类型。

(2) 卧式滚筒堆肥发酵装置

堆肥物料盛放在横卧的滚筒中，在筒内表面摩擦力作用下，随着滚筒的旋转向上提升，再借助自身重力落下，从而使物料混合均匀，以及与氧气充分接触。由于筒体倾斜，物料逐渐向出口移动，所以可以自动稳定地供料、传送和排出堆肥产物。该装置由于长度所限，原料滞留时间相对较短，发酵可能不够充分，需要有二次发酵熟化装置进行补充。该装置密闭性较差，物料容易产生密实现象而影响充分通气。

(3) 筒仓式堆肥发酵装置

结构相对简单，为单层圆筒状或者呈矩形。发酵仓深度一般为4～5m，上部设有进料口和刮散装置，下部有螺杆式出料机。采用强制通风供氧，仓顶进料，仓底出料。可以根据堆肥物质在筒仓内运动形式的不同，将其分为静态和动态两种。

(4) 箱式（池式）堆肥发酵池

该类发酵池种类很多，应用也很普遍，根据翻堆方式的不同，通常分为固定式矩形犁式翻堆机发酵池、戽斗式翻堆机发酵池、吊车式翻倒式发酵池、旋转桨叶式翻堆机发酵池和刮板式发酵池几种。

(5) 自然堆积

将堆肥物料堆积至适当高度，可以采用自然通风和强制通风等进行供氧控制。如果采用定型容器，可以对其进行保温作用，则堆肥效果能够得到很大程度的提高。

267 固体废物堆肥化系统的进料和供料系统组成如何?

固体废物堆肥化系统的进料和供料系统通常包括以下设备和设施。

(1) 地磅秤

用于对运进的固体废物进行称重。当系统的处理能力达到20t/h时就应配备称重装置。地磅秤还可以用来控制运出的堆肥量和可回收的有价值物料、残余物的质量。

(2) 堆料场

直接进料系统需设置堆料场，堆料场要有适当的大小，能使固体废物收集车自由通过，并应有足够的强度来承受固体废物收集车的质量。同时堆料场应使得在进料的高峰时期容许暂时存放固体废物。此时，堆料场亦应安装顶棚，防止风雨侵蚀，还应配有照明和通风装置。

（3）卸料台

卸料台应有足够的宽度和长度，使收集车容易将固体废物安全运到指定地点。卸料台应紧靠贮料仓和料斗旁，其四周与处理设备应隔开，防止收集车的振动影响设备操作。为了防止臭气产生，保护环境，以及防止雨雪等，一般采用室内型卸料台。

（4）进料门

指进料仓的门，可将卸料台与料仓隔开，以防止料仓内臭气和尘埃的散发。应根据固体废物收集车的类型来决定进料门的宽度和高度，进料门的数目应使得在进料高峰期间固体废物车能顺利工作。

（5）贮料仓

贮料仓可以暂时贮放进入处理系统的废物及调节设备的处理量。贮料仓的容量应根据计划收集进入固体废物处理厂的废物量、设备的操作计划、日收集废物的变化量等因素来确定。通常贮料仓的容量应能提供 2d 的最大处理量。

（6）装载机械

由垃圾堆料场或贮料仓（池）向进料斗、给料机或其他输送皮带上供料的设备和机械。常用的有起重吊车、回转式装载机、液压式铲车、蟹爪式装载机等。

（7）进料漏斗

进料漏斗具有承受和贮放从贮料仓或废物收集车运来的固体废物的能力，其尺寸一般在 1.5m×2m 以上，应根据处理废物的具体情况来确定尺寸。进料漏斗通常安装在送料传送带板式给料机上，有时也安装在液压剪切的破碎设备上。通常采用普通钢板焊接而成。漏斗倾斜角度至少为 40°。

（8）运输机械

堆肥厂常用的运输传动装置（包括起重机械）主要有链板式输送机、皮带输送机、斗式提升机、螺旋输送机等。

268 堆肥过程中物料的一般性质发生哪些变化?

（1）气味

堆肥过程中，随着堆肥温度的上升，臭味和挥发性有机物的排放量随之增加，臭气主要成分有硫化物、氨气、胺化合物、脂肪酸、酮、醛、酚等。而后随着堆肥的腐熟，气味逐渐减弱，在堆肥结束后，堆体内无不快气味产生，并检测不到低分子脂肪酸，堆肥产品具有潮湿泥土的味道。

（2）色度

堆肥过程中，堆料逐渐发黑，腐熟后的堆肥产品呈黑褐色或黑色。

（3）密度

堆肥过程中，特别是经过高温期之后，堆料的密度会降低，最终产品呈现出疏松的团粒结构。

(4) 含水率

堆肥过程中，特别是经过高温期之后，大量的水分蒸发，物料中的含水率降低。

(5) pH 值

堆肥过程中，pH 值随时间和温度发生变化。堆肥原料的 pH 值一般为 6.5～7.5，在堆肥初始阶段，堆肥物产生有机酸，随之 pH 可下降至 4.5～5.0，随着有机酸被逐步分解，pH 值逐渐上升，腐熟的堆肥一般呈弱碱性，pH 值为 8～9 左右。新鲜堆肥产品对酸性土壤很有好处，但对正在发芽的种子是不利的。二次发酵可去除大部分氨，最终的堆肥产品 pH 值基本维持在 6.5 左右，成为一种中性肥料。

269 堆肥过程中物料的 C、N、C/N 值以及腐殖质发生怎样的变化？灰分及重金属如何变化？

(1) 堆肥过程中物料的 C、N、C/N 值以及腐殖质的变化

① C　堆肥过程中物料的 C 的变化主要指有机化合物的变化。在堆肥过程中物料组分中的纤维素、半纤维素、有机碳、还原糖、氨基酸和脂肪酸都会因被微生物利用而发生变化，其中蔗糖是最易被利用而最先消失的，其次是淀粉，最后是纤维素。纤维素、半纤维素、脂类等通过成功的堆肥过程可降解 50%～80%，而蔗糖和淀粉的利用率则接近 100%。一般认为，淀粉的消失是堆肥腐熟的重要标志之一。

② N　堆肥过程中的含氮化合物如氨态氮 (NH_4^+-N)、硝态氮 (NO_3^--N) 及亚硝态氮 (NO_2^--N) 的浓度也在发生着变化。堆肥初期，NH_4^+-N 含量较高，当堆肥结束时，NH_4^+-N 的含量减少或消失，但 NO_3^--N 含量增加至最高，其次为 NO_2^--N。

③ C/N 值　随着堆肥发酵的进行，其整个过程中固相的 C/N 值呈逐渐下降的趋势，由最初的 (25～30)∶1 降低到 (15～20)∶1 以下，最终腐熟。

④ 腐殖质　堆肥过程中，原料中的有机质经过微生物作用，在降解的同时还进行着腐殖化过程。当堆肥开始的时候，一般有较高的非腐殖质成分及富里酸 (FA) 和较低的胡敏酸 (HA)，随着堆肥过程的进行，非腐殖质和 FA 保持不变或稍有减少，而 HA 则大量产生，成为腐殖质的主要部分。

(2) 堆肥过程中物料的灰分及重金属的变化

堆肥过程中，灰分是不可降解的，其绝对含量不随堆肥过程的进行而变化，但是由于堆肥过程中挥发性物质的挥发作用，物料中灰分的相对含量增加是必然趋势。而重金属是灰分中的重要组成部分，因此重金属的含量也随堆肥过程的进行而增加。

270 如何控制堆肥过程中的含水率？

由于水是溶解废物中有机物和营养物质以及合成微生物细胞质必不可少的物质，所以堆肥物料中必须维持一定的含水率，不能太高也不能太低。水分太少，微生物活动受限制，影响堆肥速度。当含水率为 35%～40%时，堆肥微生物的降解速率会显著下降，下

降到30%以下时，降解过程完全停止。因此对于含水率偏低的有机废物，例如以城市垃圾为主要堆肥原料，可以通过添加粪水或污泥来调节水分，或使用一定量的回流堆肥进行调整。堆肥物料可以根据回流堆肥工艺的物料平衡进行水分调整。

而堆肥物料水分太高时，会堵塞堆肥物料间空隙，影响通透性。堆肥过程中，不同的原料具有不同的最适含水率上限，对于绝大多数堆肥混合物，推荐的含水率上限为50%～60%。对于高含水率的固体废物，可以采用机械压缩脱水，也可以在场地和时间允许的条件下将物料摊开进行水分蒸发，还可以在物料中加入稻草、木屑、干叶、树皮等松散或吸水物，还可以掺加调理剂，干调理剂对控制湿度较有利。

271 堆肥过程中的通风操作具有哪些作用?

通风操作是好氧堆肥能够成功的重要因素之一，其主要作用为：①提供氧气，促进微生物的新陈代谢；②通过供氧量的控制，调节堆体温度；③在维持最佳温度的情况下，加大通风量可以去除水分。

理论上来讲，有机物在堆肥中的分解具有不确定性，难以根据固体废物的含碳量变化而精确确定供氧量。目前，研究人员往往通过测定堆层中氧的浓度和好氧速度，间接地了解堆层中的微生物活动情况以及需氧量的多少，从而达到控制供氧量的目的。合适的氧浓度通过试验来测定，严格来说，一般不小于8%，我国的城市垃圾堆肥一般取大于10%。当氧浓度低于8%时，容易产生厌氧，从而使堆肥产生恶臭，降低堆温，影响堆肥效果。适宜的通气量一般取0.6～1.8m^3/(d·kg挥发性固体)，或者控制氧浓度为10%～18%。

272 通风供氧有哪些方式?

根据不同堆肥对于供氧要求的差异以及堆肥设备结构的不同和工艺过程的不同，高温好氧堆肥的供氧方式可以分为以下几种。

(1) 自然扩散法

利用空气的自然扩散，使氧气由堆体表面向内部扩散。一般来讲，在一次发酵阶段，通过表面扩散只能保证堆体表层约20cm厚的一层物料内氧的存在，很难满足堆体内部对氧的需要，极易出现厌氧情况。因此，大型的堆肥厂通常都不会在一次发酵阶段采用自然扩散法。而二次发酵阶段，氧可扩散至内部1.5m处。如果堆高低于此值，则可以采用自然扩散，从而节约能量。

(2) 翻堆供氧法

利用对堆体的翻动或者搅拌，使空气进入固体颗粒的间隙中，这种供氧方式一般在条垛堆肥系统中使用。

(3) 强制通风法

强制通风包括鼓气、抽气和鼓抽气混合三种方式。强制通风易于操作和控制，是大型堆肥厂常用的，也是最为有效的一种供氧方式。

（4）翻堆与强制通风相结合

通常用于强制通风条跺系统。

（5）被动通气法

指利用热空气上升引起的“烟囱”效应而使空气通过堆体的过程，一般应用于条垛堆肥系统。具体操作是在堆体底部铺以孔眼朝上的穿孔管，或者以空心竹竿竖直插入堆体，利用堆体热空气上升时形成的抽吸作用使外部空气进入堆体，达到自然通气的效果。由于无需翻堆或者利用动力强制通风，该法可以降低投资和运行费用。

273 如何进行强制通风的控制?

强制通风的控制方式与堆肥的工艺类型和风机的运行情况密切相关。根据控制指标的不同，强制通风控制可以分为温度反馈控制、氧含量反馈控制和温度与氧含量联合反馈控制三种。根据风机运行情况，可以分为连续运行和间歇运行两种，通常使用间歇运行控制。具体控制方式有：①恒定时间的通风速率控制；②变化时间式；③温度反馈式；④速率变化的时间-温度式；⑤微电脑控制式；⑥氧气与二氧化碳含量反馈控制式。

具体到强制通风静态垛系统，常用时间控制和时间-温度反馈控制两种方式。前者的控制目标是提供足够多的氧气并对温度进行一定的控制，后者的目标则是尽量使堆体的温度保持在最佳范围内。后者的控制系统更加复杂，投资更高，通常采用通风速率变化的时间-温度反馈正压通风，使得堆体中心的最高温度控制在60℃。在密闭式反应器堆肥系统中，适宜采用氧含量反馈的通风控制方式，保持堆料间氧气体积分数在10%～20%之间。

274 什么是堆肥的腐熟度?

固体废物的堆肥化是为了使废物中能分解的有机物，借助微生物分解而稳定化、腐殖化。这种稳定化程度，即堆肥腐熟程度（简称腐熟度）的确定对于堆肥化理论的研究、堆肥技术及设备的设计和评价、堆肥成品的质量控制与分级等各方面都有重要意义。

堆肥腐熟的基本含义是：通过微生物的作用，堆肥的产品要达到稳定化、无害化，亦即对环境不产生不良影响，同时堆肥产品的使用不影响作物的生长和土壤耕作能力。

多年来，国内外研究人员对于腐熟度这种概念性参数进行过很多学术性和实用性的探讨，提出了不少腐熟度指标，但是目前尚没有权威性论断指出应以哪一种腐熟度指标作为统一的标准，因为几乎所有的作为腐熟度评判标准的参数都存在不足之处。所以，通常综合多种腐熟度指标来衡量堆肥的腐熟程度。

275 评价堆肥腐熟度的指标有哪些?

常用的堆肥腐熟度的评价指标包括物理指标、化学指标、生物活性指标、植物毒性指标以及安全性指标等，具体如下。

（1）物理指标

包括堆体的温度，堆肥产物的颜色、气味和密度以及其他表观性状等。当堆体温度下降至接近常温，外观呈茶褐色或者暗黑色，无恶臭而有淡淡的土壤霉味，不再吸引蚊蝇，产品呈现疏松的团粒结构，产生白色或灰白色菌丝时，可以认为堆肥已经腐熟。这些指标只能作为定性判定标准，而不能作为定量分析的指标。

（2）化学指标

① 碳氮比（C/N） 固相C/N是传统的用于堆肥的腐熟评估方法之一。当C/N降低至（15～20）∶1以下时，通常可以认为堆肥已经腐熟。但是，由于不同堆体初始C/N和最终C/N相差较大，因此该参数难以得到广泛应用，也不能用于不同堆体之间的比较。另外，由于C/N中的C测定比较困难，因此目前尚不适宜作为通用而又简便的科学判定腐熟度标准。

② 有机化合物 一般认为，淀粉的消失是堆肥腐熟的标志。淀粉消失与否可以使用点状定性检测器完成，使用方便，因此该方法可以作为现场应用的检测指标。但是，当堆肥物料中的淀粉含量并不多时，被检测的可能只是物料中可腐烂物质的一部分，并不能代表完全腐熟的堆肥产品，即使不检出淀粉也不意味着堆肥已经腐熟，这是该法在应用上的局限。

③ 腐殖质 以NaOH提取的腐殖质（HS）通常包括胡敏酸（HA）、富里酸（FA）和未腐殖化部分（NHF）。堆肥开始时，通常堆体含有较高的非腐殖质成分以及富里酸，而胡敏酸含量较低。堆肥处理后，前两者保持不变或者稍有减少，而胡敏酸含量大量增加。因此，有些学者提出以腐殖化指数（HI＝HA/FA）、腐殖化率［HR＝HA/(FA＋NHF)］、胡敏酸含量百分数［HP＝(HA/HS)×100%］等作为腐熟度指标。

④ 氮化合物 氨态氮、硝态氮和亚硝态氮的浓度变化，也常常作为堆肥腐熟度的评价指标。堆肥初期，氨态氮含量较高，堆肥结束时，氨态氮含量很少或者消失，而硝态氮含量最高，其次是亚硝态氮。不过，由于有机和无机氮浓度的变化受温度、pH值、微生物代谢、通气条件和氮源等因素影响，因此该参数通常只能作为参考，而不能用作绝对指标。

（3）生物活性指标

① 耗氧速率 在堆肥过程中，氧的消耗速率标志了有机物分解的程度和堆肥反应的进行程度。由于耗氧速率数据测定受原料成分影响较小，只要在堆层中氧供应充分，耗氧速率的数据就比较稳定可靠，因此可以用耗氧速率作为城市垃圾堆肥发酵稳定化的定量指标。同时，耗氧速率作为腐熟度标准具有应用范围广的特点，它不但可用于垃圾堆肥的腐熟度判断，也可用于污泥堆肥、污泥-垃圾混合堆肥过程的腐熟度判断。

② 微生物种群与数量 特定微生物的数量和种群变化，也是反映堆肥代谢情况的重要依据。堆肥中某种微生物种群的出现与否及数量多少并不能指示堆肥的腐熟程度，但是其在整个堆肥过程中的演变情况可以指示腐熟的完整过程。

③ 酶学指标 有学者研究表明，水解酶的较高活性可以反映堆肥的新陈代谢过程，而较低活性则反映了堆肥达到腐熟。纤维素酶和酯酶活性在堆肥后期迅速增加，这反映了微生物对难降解碳源的利用，因此可以间接了解堆肥的稳定性。

（4）植物毒性指标

主要为发芽指数（GI）。

$$GI=\frac{\text{堆肥处理的种子发芽率}\times\text{种子根长}}{\text{对照的种子发芽率}\times\text{种子根长}}\times 100\%$$

该指标是测定堆肥植物毒性的一种直接而快速的方法。植物在未腐熟的堆肥中生长受到抑制，而在腐熟的堆肥中生长则得到促进。当发芽指数达到80%～85%时，可以认为堆肥已经腐熟。

（5）安全性指标

腐熟堆肥应达到的卫生标准为：蛔虫卵死亡率为95%～100%，粪大肠菌值≤100个/g，堆肥干样中沙门氏菌少于1个/g，病毒噬菌斑少于0.1～0.25个/g。不同国家和地区的卫生标准有所差异。

上述各种参数在反应堆肥化过程和指示堆肥腐熟方面具有一致性，即在指示堆肥反应过程中，当反应趋于稳定时，所有指标均达到自身的稳定值。因此，合适的腐熟度标准的选择可以取决于生产实际工作应用的可能性和经济技术的合理性，通常应该选取多个参数进行确定。

276 如何进行堆肥过程的污染控制？

堆肥过程中可能产生各种污染，有必要采取相应的工程和技术手段加以控制，特别要防止粉尘、振动、噪声、废水、臭气等所造成的污染。具体如下。

① 粉尘　应该安装必要的除尘设备，对于废物破碎装置应该配备收尘设备。

② 振动　按照周围环境的正常条件，采取有效措施防止堆肥设备的运作所产生的振动影响。通常的防振措施包括在设备和机座之间安装防振装置，修建足够大的机座，在机座和构筑物基础间留有足够的伸缩缝等。

③ 噪声　必须采取必要和有效的措施防止由堆肥的各种处理设备所产生的噪声，包括采用隔声材料和设施等，不应对周围居民的正常生活造成干扰。

④ 废水　对于来自废物坑和相应设施的废水以及来自工作人员的生活污水，必须进行适当处理，可以采用废水环流利用等方式处理发酵仓产生的废水，其他废水如果在堆肥厂内部无法处理，应该运往粪便处理厂或者污水处理厂进行处理。

⑤ 臭气　堆肥化系统所产生的臭气通常包括氨、硫化氢、甲硫醇、胺等，应该采取适当的方式对其进行脱除。不同的脱臭技术主要随着堆肥装置的现场条件、当地天气情况、臭气的减少指标等加以选择确定。

277 堆肥中的臭气如何控制和处理？

堆肥过程中所采用的脱臭技术主要有以下几种。

① 稀释淡化法　利用排气管将臭气通入水，海水，各种酸、碱液等进行淡化处理。

② 臭氧氧化法　利用臭氧的强氧化性对臭气进行破坏性氧化。

③ 氧化法　利用过氧化氢、高锰酸钾、氯、次氯酸钠、次氯酸钙等进行氧化。

④ 直接燃烧法　将臭气送入锅炉燃烧室或者焚烧炉等进行燃烧。

⑤ 吸附法　利用强吸附能力的物质（如活性炭、硅胶、活性黏土等）对臭气进行吸附。

⑥ 掩蔽法和中和法　利用芳香族物质作为掩蔽剂或者利用中和剂与臭气发生反应和吸附，降低臭气浓度。

⑦ 离子交换树脂法　利用适当的树脂材料进行吸附，然后通过带电离子交换作用除去。

⑧ 生物脱臭法　利用熟化堆肥覆盖、土壤过滤、生物滴滤床等进行处理。

278 固体废物堆肥产品的出路与应用有哪些?

经堆肥化处理的堆肥产品具有广泛的用途，主要是施用于农田，它可以提供一定的肥效，并且能改良土壤的理化性能，提高农作物的产量。此外，堆肥在盆栽、园林、绿化等方面也有广泛的用途。

但是堆肥产品在土地利用过程中，存在重金属污染等问题。由于固体废物的来源不同，其堆肥产品中可能含有一定量的重金属，其含量也一般会大于土壤背景值。因此堆肥产品中的重金属问题也成为堆肥大规模土地利用的关键性限制因素。

279 使用堆肥能够产生哪些积极的作用?

使用堆肥能够产生如下积极作用。

(1) 改善土壤的理化性质

施用堆肥后可以明显降低土壤的容重，增加孔隙率，提高保水能力，可以使黏性土壤松散、砂质土壤聚结成团粒，增强透风性，减少水土流失，促进植物根系的发育增长。

(2) 增加土壤养分

堆肥具有优于一般化肥的独特性质，它含有氮、磷、钾以及多种微量元素，肥分齐全且肥效持久，经稳定化的有机物可长时间发挥作用。质量好的堆肥施入土壤，可明显提高土壤中有机物及多种养分含量，起到促进农作物增产的作用。

（七）其他相关技术

280 医疗废物的定义是什么?

医疗废物是指各类医疗卫生机构在医疗、预防、保健、教学、科研以及其他相关活动中产生的具有直接或间接感染性、毒性等的废物。它是一类特殊的危险废物，包括《国家危险废物名录》中所列的多种物质。

281 医疗废物如何分类?

通常按照医疗废物的来源和特性，可以将医疗废物分为以下几种形式。

① 一次性医疗用品　包括注射器、输液器、扩阴器、各种导管、药杯、尿杯、换药器具等。

② 传染性废物　包括带有传染性和潜在传染性的废物、病理性废物、实验室废物。

③ 锐器　主要包括用过废弃的或者一次性的注射器、针头、玻璃、解剖锯片、手术刀等。

④ 药物废物　包括过期的药品、疫苗、血清、从病房退回的药物和淘汰的药物。

⑤ 细胞毒废物　包括过期的细胞毒废物以及被细胞毒废物污染的镊子、管子等相关物质。

⑥ 废显影液及胶片　包括废显影液、定影液、正负胶片、相纸、感光材料及药品等。

282 医疗废物的处理和处置有哪几种方式? 其优缺点和适用范围是什么?

常见的医疗废物处理处置技术主要有焚烧法、高压蒸汽法、电磁波消毒法、化学消毒法和等离子体热解法等。其他的一些技术还包括填埋处理、热解技术、辐照技术和液态合金处理技术等。各种方法的技术原理和优缺点见表 4-13。

表 4-13　常见医疗废物处理处置技术的原理及优缺点

方法	主要设备	技术原理	优缺点
焚烧法	焚烧炉 烟气净化装置	废物中的烃类化合物在高温和充足的氧气条件下完全燃烧，最终化为灰烬。经过焚烧处理后，可以完全杀灭细菌，使绝大部分有毒有害有机物转变成无机物	体积和质量显著减少，消毒灭菌和污染物去除效果好，适应多种废物，技术成熟，运行稳定；但建设投资较高，需要昂贵的净化装置处理可能污染空气的尾气
高压蒸汽法	压力容器 高压釜	利用高温高压蒸汽穿透力强的特点，使高温高压蒸汽穿透到物体内部，从而使微生物的蛋白质凝固变性而死亡，可有效地杀死各种细菌繁殖体、芽胞以及各类病毒与真菌孢子	方法简易，占地面积较小，易于进行生物监测，消毒效果好；但可处理医疗废物类别有限，处理后的废物在体积和质量方面变化不大，易产生有害气体和臭气
电磁波消毒法	电磁波发生器 电磁波辐照室	利用微生物细胞极性分子吸收能量高的特性，将其置于电磁波高频振荡的能量场中，物体在电磁波的作用下吸收能量产生电磁共振，并加剧分子运动，使其内部和外部同时升温，杀死细菌	处理彻底，灭菌效率高，减容较明显，设备简单，占地面积小；但处理废物类型受限
化学消毒法	消毒剂贮罐 消毒容器	将机械破碎后的医疗废物与化学消毒剂充分混合，并停留足够长的时间，使医疗废物中的细菌被杀死	操作方法简便，一次性投资少，不会产生燃烧副产物；但达不到减量和毁形的目的，高效消毒剂往往是危险物质，不适于进行药品、化学品和多种传染性废物的消毒
等离子体热解法	等离子体弧电源 等离子体发生器 等离子体焚烧炉	利用等离子体炬产生的高温，杀死医疗废物中的所有微生物，摧毁残留的细胞毒类药物、药品和有毒的化学药剂，使废物难以辨认	温度可达 1200～3000℃，彻底达到无害化，占地面积小；但技术新，运行管理要求高，投资及运行成本高

各种处理处置方法对医疗废物的适用范围如表4-14所示。

表4-14 各种处理处置方法对医疗废物的适用范围

系统	感染性废物	解剖废物	锐器	医药药品	细胞毒类废物	化学废物
焚烧法	√	√	√	√	√	√
高温灭菌法	√	√	√	×	×	×
电磁波灭菌法	√	×	√	×	×	×
化学消毒法	√	√	√	×	×	×
等离子体热解法	√	√	√	√	√	√
卫生填埋法	√	√	√	可处理小部分	×	×

283 污泥包含哪些种类?

污泥是给水和废水处理中不同处理过程所产生的各类沉淀物、漂浮物的统称。污泥的成分、性质主要取决于处理水的成分、性质及处理工艺，按照不同的分类标准，有多种分类方法，简述如下。

① 根据污泥的来源，大致可分为给水污泥、生活污水污泥和工业废水污泥三类。

② 根据污泥成分及性质，可分为有机污泥和无机污泥，亲水性污泥和疏水性污泥。以有机物为主要成分的有机污泥可简称为污泥。有机污泥是亲水性污泥。生活污水污泥或混合污水污泥均属有机污泥。以无机物为主要成分的无机污泥常称为沉渣，给水处理沉砂池以及某些工业废水物理、化学处理过程中的沉淀物均属沉渣，无机污泥一般是疏水性污泥。

③ 根据污泥的处理方法分类，主要有以下四类：

a. 初沉污泥。指污水一级处理过程中产生的污泥。

b. 腐殖污泥与剩余污泥。指污水在二级处理过程中产生的污泥。生物膜法产生的二沉池沉淀物称为腐殖污泥；活性污泥法产生的二沉池污泥称为活性污泥，一部分回流至曝气池后，剩余的部分称为剩余污泥。

c. 消化污泥。初沉污泥、腐殖污泥与剩余污泥经消化处理后，称消化污泥或熟污泥。

d. 深度处理污泥。指深度处理或三级处理产生的污泥，也称化学污泥。

污泥在不同处理阶段分类命名，有生污泥、浓缩污泥、消化污泥、脱水干化污泥、干燥污泥及污泥焚烧灰等。该法是最常使用的污泥分类方法。

284 常用的污泥性质指标包括哪些?

通常需要对污泥的以下指标进行分析鉴定，以便摸清污泥的成分和性质，从而更加合理地进行处理和利用。

(1) 污泥的含水率和含固率

污泥的含水率指单位质量的污泥所含水分的质量分数。固体物质在单位质量污泥中所含的质量分数称为含固率。污泥的含水率主要取决于污泥中固体的种类及其颗粒大小，通常，固体颗粒越细小，其所含有机物越多，污泥的含水率越高。如城市污水处理厂初沉污泥含固率为2%～4%，而剩余污泥含固率为0.5%～0.8%，密度接近1kg/L，状态为流态。而脱水泥饼含固率为15%～25%，其状态为半固态。污泥含水率稍有降低，其总体积就会显著减少。所以降低污泥中含水率具有十分重要的意义。

（2）密度

污泥的密度指的是单位体积污泥的质量，其数值也常用相对密度，即污泥与水（标准状态）的密度之比来表达。污泥相对密度与污泥干固体密度的关系如下：

$$\gamma=\frac{\gamma_s}{p\gamma_s+(1-p)}$$

式中，γ为污泥的相对密度；p为污泥含水率；γ_s为污泥中干固体的相对密度。

（3）污泥的脱水性能

为了降低污泥的含水率，减少体积，以利于污泥的输送、处理与处置，必须对污泥进行脱水处理。测定污泥的脱水性能，对于选择脱水方法有着重要的意义。

（4）挥发性固体与灰分

挥发性固体又称为灼烧减量，能够近似地表示污泥中有机物含量。灰分则表示无机物含量，又称为固定固体或灼烧残渣。有时需对污泥或沉渣中有机物及无机物的成分作进一步的分析，例如有机物质中蛋白质、脂肪及腐殖质各占的百分数，污泥中的肥料成分（如全氮、氨氮、磷及钾）的含量。

（5）污泥的可消化性

常用可消化程度来表示污泥中可被消化分解的有机物数量。

（6）污泥中微生物

生活污泥、医院排水及某些工业废水排出的污泥中，含有大量的细菌及各种寄生虫卵。为了防止在利用污泥的过程中传染疾病，必须对污泥进行寄生虫卵的检查并加以适当处理。

此外，污泥的性质还包括污泥的压缩系数、污泥的肥分、污泥的燃烧价值等。

285 污泥处理的目的和意义是什么？

污泥处理的主要目的有三方面。

① 降低水分，减少体积，以利于污泥的运输、贮存及各种处理和处置工艺的进行。

② 使污泥卫生化、稳定化。消除会散发恶臭、导致病害及污染环境的有机物和病原菌以及其他有毒有害物质，使污泥卫生而稳定无害。

③ 改善污泥的成分和某种性质，以利于应用并达到回收能源和资源的目的。

随着废水处理技术的推广和发展，污泥的数量越来越大，种类和性质也更复杂。废水中有毒有害物质往往浓缩于污泥之中，所以无论从量到质，污泥是影响环境、造成危害最为严重的因素之一，必须重视对污泥的处理和处置问题。

286 常用的污泥处理处置方法有哪些？

常用的污泥处理方法有：浓缩、消化、脱水、干燥、焚烧、固化和综合利用。另外还有填埋场卫生填埋的最终处置方法。这其中，污泥浓缩、消化及脱水是目前应用最广的处理方法。

常见的污泥处理系统分为四类：①浓缩→机械脱水→处置脱水滤饼；②浓缩→机械脱水→焚烧→处置灰分；③浓缩→消化→机械脱水→处置脱水滤饼；④浓缩→消化→机械脱水→焚烧→处置灰分。

污泥的处置需要根据污泥种类、性质、产生状态、来源及其他条件不同选择合适的方法，各种处置方法如下。

① 对于稳定，无流出、溶出，也不发生恶臭、自燃等情况的污泥，可以直接在地面弃置，或作填埋处置。

② 虽含有机物会产生恶臭，但不致流出、溶出的污泥，可选择适宜地区将污泥直接进行地面处置、分层填埋或与土壤混匀处置。也可经燃烧、湿式氧化等方法把有机成分转换成稳定无害的物质（水、二氧化碳、氮气等），所剩的无机物再进行地面处置或填埋处置。

③ 有环境影响、但为数不多的污泥，考虑其溶出、产生气体和恶臭、易着火等因素，需直接进行地下深埋。

④ 含有害物质的污泥，需经过固化处理之后再进行土地或海洋处置。

⑤ 当污泥的处置存在困难又可大量集中时，为了节省资源和能源，需考虑污泥有用成分的回收利用。

287 污泥中的水分分为哪几种?

污泥中所含的水分可分为四种。

（1）间隙水

不与固体直接结合而是存在于污泥颗粒之间的称为间隙水，作用力弱，因而很容易分离。这部分水是污泥浓缩的主要对象。间隙水约占污泥水分总量的70%。

（2）毛细结合水

在细小污泥固体颗粒周围的水，由于产生毛细现象，既可以构成在固体颗粒的接触面上由于毛细压力的作用而形成的楔形毛细结合水，又可以构成充满于固体本身裂隙中的毛细结合水。各类毛细结合水约占污泥中水分总量的20%。

（3）表面吸附水

指吸附在污泥颗粒表面的水分，约占污泥水分的7%。污泥常处于胶体状态，故表面张力作用吸附水分较多。表面吸附水的去除较难。

（4）内部（结合）水

被包围在污泥颗粒内部或者微生物的细胞膜中的水分。约占污泥水分的3%，机械方法不能脱除，但可用生物作用使细胞进行生化分解，或采用其他方法进行去除。

288 污泥的浓缩主要有哪些方法?

污泥浓缩的主要目的和意义在于减少污泥的体积，降低后续构筑物或处理单元的压力。污泥浓缩去除的对象是污泥中的自由水和部分间隙水。污泥浓缩的主要方法有重力浓缩、气浮浓缩、机械浓缩等。

（1）重力浓缩

重力浓缩是利用污泥中的固体颗粒与水之间的密度差来实现泥水分离的。重力浓缩本质上是一种沉淀工艺，属于压缩沉淀。对于污水处理厂来说，由于初沉污泥颗粒的相对密度较高，易于实现重力浓缩；而活性污泥的相对密度跟水相近，特别是当污泥处于膨胀状态时，其相对密度甚至小于1，因而活性污泥一般不容易实现重力浓缩。浓缩池的合理设计与运行取决于对污泥沉降特性的正确掌握。浓缩池可分为间歇式和连续式两种。前者主要用于小型处理厂或工业企业的污水处理厂。后者用于大、中型污水处理厂。通常，重力浓缩池仍是城市污水处理厂污泥浓缩的主要技术。

（2）气浮浓缩

是使微小空气泡吸附在悬浊污泥粒子上，使粒子随小气泡一同上浮而与水分离的方法。适用于粒子易于上浮的疏水性污泥，或悬浊液很难沉降且易于凝聚的情况。按产生微气泡方式的不同，可分为电解气浮、散气气浮、溶气气浮、生物溶气气浮等。污泥浓缩气浮主要采用的是溶气气浮法，又可分为加压气浮及真空气浮，目前对前者的研究与应用较多。活性污泥、好氧消化污泥、接触稳定污泥、不经初次沉淀的延时曝气污泥和一些工业的废油脂及废油适于气浮浓缩。初次沉淀污泥、腐殖污泥与厌气消化污泥等，由于其密度较大，沉降性能较好，因此重力浓缩比气浮浓缩更为经济。

（3）机械浓缩

机械浓缩所需时间更短，污泥浓缩的可靠性、有效性较好，但是动力消耗大，设备造价高，维护管理工作量大。机械浓缩主要包括离心浓缩、带式浓缩机浓缩和转鼓、螺压浓缩机浓缩等。其中离心浓缩为利用污泥中的固体、液体的密度及惯性差，在离心力场所受到的离心力的不同而被分离；带式浓缩机以及转鼓、螺压浓缩机浓缩主要用于污泥浓缩脱水一体化设备的浓缩段。

浓缩的方法很多，应根据污泥的性质与不同的条件进行选择与应用。

289 气浮浓缩法与重力浓缩法相比有什么优缺点?

气浮浓缩法和重力浓缩法的对比可参见表4-15。

表4-15　气浮浓缩法和重力浓缩法的优、缺点及适用条件

浓缩方法	气浮浓缩法	重力浓缩法
优点	①浓缩度高(污泥中固体物含量可浓缩到5%～9%或更高) ②固体物质回收率高达99%以上 ③浓缩速度快,停留时间短(一般处理时间约为重力浓缩所需时间的1/3),设备简单紧凑,占地面积较小 ④操作弹性大,在污泥负荷和四季气候改变的情况下均能稳定运行 ⑤由于污泥混入空气,不易腐败发臭	①工艺技术成熟 ②构造简单 ③运行管理方便

续表

浓缩方法	气浮浓缩法	重力浓缩法
缺点	①基建费用和运行费用高 ②管理复杂	①浓缩后污泥含固率低(≤4%),导致构筑物占地面积大,增加投资和运行成本 ②不进行曝气搅拌时,容易发生污泥厌氧消化上浮,继而影响浓缩效果和磷的吸收 ③卫生条件差
适用条件	①适合污泥种类:活性污泥、好氧消化污泥、接触稳定污泥、不经初沉池的延时曝气污泥、一些工业的废油脂及废油 ②适合人口密度高、土地稀缺的地区	适合污泥种类:初沉污泥、腐殖污泥、厌气消化污泥

290 污泥调理的目的是什么？主要有哪些方法？

在污水处理过程中得到的污泥，污泥水与污泥固体颗粒之间的结合力很强，污泥具有高亲水性的特点，如果不经预处理，大多数污泥的脱水都是非常困难的。这种将污泥预先处理的过程则称为污泥调理，其目的主要为改变污泥粒子表面的物化性质和组分，破坏其胶体结构，减少其与水之间的亲和力，继而改善脱水性能。

污泥调理的方法主要有物理调理、化学调理和生物调理三大类。

① 物理调理主要包括淘洗法、热处理法、冷冻溶解法、超声波法等；

② 化学调理主要指通过添加混凝剂、絮凝剂和助凝剂等药剂以改善污泥脱水性能；

③ 生物调理主要包括添加生物絮凝剂（如生物细胞、细胞提取物、代谢产物等）、或通过好氧消化和厌氧消化过程改善污泥的脱水性能。

选定污泥调理工艺时，必须从污泥性状、脱水工艺、有无废热可利用及与整个处理、处置系统的关系等方面综合考虑决定。

291 常用的助凝剂和混凝剂包括哪些种类？

助凝剂本身一般不起混凝作用，而在于调节污泥的 pH 值，供给污泥以多孔状网格的骨架，改变污泥颗粒结构，破坏胶体的稳定性，提高混凝剂的混凝效果，增强絮体强度。常用的助凝剂主要有石灰、硅藻土、珠光体、酸性白土、锯屑、污泥焚烧灰、电厂粉尘及水泥窑灰等惰性物质。

污泥调理常用的混凝剂包括无机混凝剂与高分子混凝剂两大类。无机混凝剂是电解质化合物，主要有铝盐［硫酸铝 $Al_2(SO_4)_3 \cdot 18H_2O$、明矾 $Al_2(SO_4)_3 \cdot K_2SO_4 \cdot 2H_2O$ 及三氯化铝 $AlCl_3$ 等］和铁盐［三氯化铁 $FeCl_3$、绿矾 $FeSO_4 \cdot 7H_2O$、硫酸铁 $Fe_2(SO_4)_3$ 等］两大类型；高分子混凝剂是高分子聚合电解质，包括有机合成剂及无机高分子混凝剂两种。国内广泛使用高聚合度非离子型聚丙烯酰胺（PAM）（简称聚丙烯酰胺，又叫三号混凝剂）及其变性物质。无机高分子混凝剂主要是聚合氯化铝（PAC）。

292 混凝剂的选择和使用要注意哪些问题?

无机混凝剂中，铁盐所形成的絮体密度较大，需要的药剂量较少，特别是对于活性污泥的调节，其混凝效果相当于高分子聚合电解质，但腐蚀性较强，贮藏与运输困难。铁盐混凝剂投加量较大时，需用石灰作为助凝剂调节 pH 值。铝盐混凝剂形成的絮体密度较小，药剂量较多，但腐蚀性弱，贮藏与运输方便。

高分子混凝剂中，最常用的有聚丙烯酰胺及其变性物和无机聚合铝。主要特点是药剂消耗量大大低于无机混凝剂，处理安全，操作容易，在水中呈弱酸性或弱碱性，腐蚀性小，滤饼量增加很少；滤饼用作燃料时，发热量高，焚烧后灰烬少。不过，在使用高分子混凝剂前，必须对各种污泥做混凝试验。还应注意，有时虽然能提高悬浮粒子的凝聚作用和沉淀性能，但其脱水性能不一定能够得到提高。

使用混凝剂时还应该注意以下几点：

① 当用三氯化铁和石灰药剂时，需先加铁盐再加石灰，这时过滤速度快、节省药剂。

② 高分子混凝剂与助凝剂合用时，一般应先加助凝剂才能最有效地发挥混凝剂的作用。高分子混凝剂与无机混凝剂联合使用，也可以提高混凝效果。

③ 机械脱水方法与混凝剂类型有一定关系。通常，真空过滤机使用无机混凝剂或高分子混凝剂效果差不多，压滤脱水对混凝剂的适应性也较强。离心脱水则要求使用高分子混凝剂而不宜使用无机混凝剂。

④ 泵循环混合或搅拌均会影响混凝效果，增加过滤比阻抗，使脱水困难，需注意适度进行。

293 污泥脱水的目的是什么？可以采用的评价污泥脱水性能的指标有哪些?

污泥中的水分对污泥的体积影响巨大，污泥脱水的目的是进一步脱除污泥水分，减少污泥的体积，便于后续运输、处理、处置和利用。污泥中的间隙水（自由水）基本在浓缩过程中已被去除，污泥脱水过程主要是去除污泥颗粒间的毛细水以及表面吸附水，而内部水一般难以通过脱水过程去除。

污泥比阻和毛细吸水时间是广泛应用的衡量污泥脱水性能的指标。其中污泥比阻（SRF）为单位过滤面积上，滤饼上单位固体质量所受到的阻力，其单位一般为 m/kg，SRF 越大的污泥越难脱水；污泥的毛细吸水时间（CST）指在污泥与滤纸接触时，在毛细管作用下，水分在滤纸上渗透 1cm 长度所需要的时间，其单位一般为 s，CST 越大的污泥越难脱水。

294 常用的污泥脱水技术有哪些？不同污泥脱水技术的特点是什么?

常用的污泥脱水技术主要有真空过滤脱水、压滤脱水和离心脱水三种。其中真空过滤脱水和压滤脱水主要通过过滤介质完成：以过滤介质两面的压力差作为推动力，使污泥水分被强制通过过滤介质，形成滤液，而固体颗粒物被截留在介质上，形成滤饼而达到脱水的目的。在过滤介质的一面形成负压进行脱水即真空过滤脱水，在过滤介质的一面加压进行脱水即压滤脱水。而离心脱水则主要通过离心力的作用实现泥水分离。

不同污泥脱水技术的特点如表 4-16 所示。

表 4-16　不同污泥脱水技术的特点

项目	带式压滤	板框压滤	离心脱水
脱水设备配置	进泥泵、带式压滤机、滤带清洗系统、卸料系统、控制系统	进泥泵、板框压滤机、冲洗水泵、空压系统、卸料系统、控制系统	进泥螺杆泵、离心脱水机、卸料系统、控制系统
进泥含固率要求	3%～5%	1.5%～3%	2%～3%
脱水污泥含固率	20%	30%	25%
运行状态	可连续运行	间歇运行	可连续运行
操作环境	开放式	开放式	封闭式
脱水设备占地	大	大	紧凑
冲洗水量	大	大	少
设备需换的配件	滤布	滤布	基本无
噪声	小	较大	较大
设备费用	低	贵	较贵
能耗/(kW·h/t 干固体)	5～20	15～40	30～60

295 污泥干化处理的目的是什么？主要有哪些技术？

污泥经机械脱水后含水率可达 70%～80%，而污泥的填埋、堆肥和燃料化利用等都要求将其含水率降至 65%以下，机械脱水工艺无法满足。因此需要通过干化环节，将机械脱水后的污泥含水率进一步降低。

污泥干化技术按照干化原理的不同可以分为热干化、石灰干化和生物干化技术等。

① 污泥热干化技术是利用热或压力破坏污泥胶体结构，并向污泥提供热能，使其中水分蒸发的技术。

② 污泥石灰干化技术是以生石灰或熟石灰作为添加剂，利用石灰与水作用生成碱及放热原理，降低污泥含水率，同时起到杀死病原微生物、降低污泥恶臭、钝化重金属以及促进污泥中有机物分解的作用，便于干化后污泥进行后续处置。

③ 污泥生物干化技术是在污泥中微生物的好氧呼吸发酵作用下，产生较高的温度条件（50～75℃），对脱水污泥中的有机物进行生物降解的同时，在高温和通风条件下加快污泥中的水分散失，最终形成具有较低含水率的污泥干化技术。

296 污泥干化过程分为哪几个阶段？水分是如何从污泥中去除的？

在一定温度、湿度和流速的空气中对污泥进行干化，干化进程中，污泥的水分蒸发速率随含水率的变化曲线如图 4-28 所示，从图中可以看出，污泥干化过程中，存在着加速阶段、恒速阶段和减速阶段三个阶段。

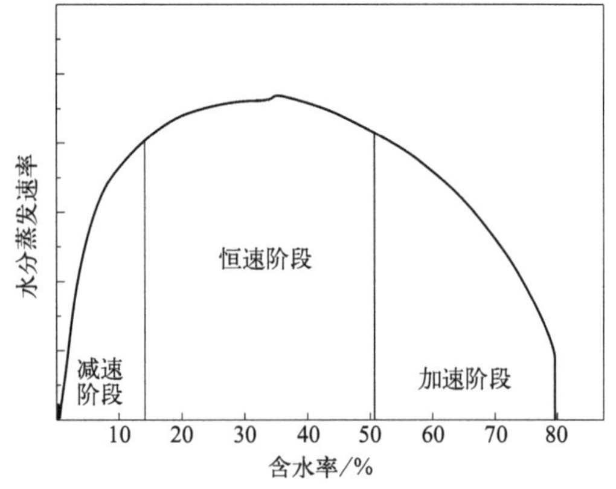

图 4-28　污泥干化进程中水分蒸发速率随含水率变化曲线

在加速阶段，随着干化时间增加，污泥温度增加，使水分蒸发速率加快。当污泥温度增加到与加热介质空气相同时，温度开始保持恒定，此时，干化过程进入恒速阶段。此阶段中主要蒸发污泥中的自由水。随着干化过程继续进行，污泥逐渐由浆状变成黏性很大的半固体状，再到块状，此时干化速率取决于固体内部水分的扩散。另外，由于污泥表面全部变成干区，水分汽化表面内移，使热量和水分传递途径增长。而当污泥中自由水蒸发完全之后，开始汽化毛细水、表面吸附水和内部结合水等，平衡蒸汽压逐渐下降，传质推动力减小，这些原因都导致污泥干化速率降低，进入到减速阶段。

297 影响污泥干化过程的因素主要有哪些?

影响污泥干化过程的因素主要包括两方面：

① 污泥本身的性质，包括絮凝剂种类及含量、污泥的黏度、污泥成分等；

② 干化工艺参数，如干化温度、压力、干化过程中的泥饼厚度等。

多种因素的共同影响使得污泥的干化过程较为复杂，需要通过具体的实验来确定实际干化效果。

298 污泥热干化工艺有哪几种类型？各具有什么特点?

（1）按照最终产品的含固率分类

按照最终产品的含固率，污泥干化可以分为半干化和全干化。半干化主要指终产品含固率在 50％～60％之间的类型，而全干化指终产品含固率在 85％以上的类型。

（2）按照加热方式分类

按照加热方式，污泥干化可以分为直接加热、间接加热、直接-间接联合式等。

① 直接加热式干化工艺是将热介质（如热空气、燃气或蒸汽等）与污泥直接进行接触混合，热介质低速流过污泥层，在此过程中对污泥进行加热，使污泥中的水分得到蒸发，处理后的干污泥需与热介质进行分离。排出的废气一部分通过热量回收系统回到原系统中再利用，剩余的部分经无害化处理后排放。此技术热传输效率及蒸发速率较高，可使污泥的含固率从 25％提高到 85％～95％。但由于与污泥直接接触，热介质将受到污染，排出的废水、废气需经过无害化处理后才能排放；同时，热介质与干污泥需加以分离，给操作和管理带来一定的麻烦。

② 间接加热式污泥干化工艺是将燃烧炉产生的热气通过蒸汽、热油介质传递，干化器带有中空的转盘或桨叶，热介质在其中流动加热器壁，从而使器壁另一侧的湿污泥受热水分蒸发。由于间接传热，该技术的热传输效率及蒸发速率均不如直接热干化技术，但是避免了将热介质与污泥进行分离的步骤。污泥中蒸发的水蒸气在一个独立的系统中收集和排放，不会对热介质造成污染。另外，由于污泥不需与热空气接触，也使系统的安全性有所提高。

③ 直接-间接联合式干化工艺是将前面两种工艺结合在同一干化系统中，在采用热介质加热器壁的同时，向污泥区通入热介质使其与污泥接触干化，这种系统更为复杂。

(3) 按照进料方式分类

按照进料方式，污泥干化可以分为干料返混工艺和湿料直接干化两种。干料返混工艺是指湿污泥在进入干化设备前先与一定比例的干污泥混合，形成球状颗粒。因为污泥在含水率为60%左右时有一个特殊的胶黏阶段，这一阶段不仅干化能耗高，也更容易使污泥黏结在器壁上，从而对设备造成损害。干料返混工艺则克服了这一困难，干化器进料前先将一定比例含固率大于90%的干泥颗粒返回混合器与湿污泥混合，在这个过程中干粒起到了干核作用，湿污泥只是薄薄地包裹在干粒外面。控制混合的比例，使混合物的含水率降至30%～40%，这样可以使污泥直接越过胶黏相，大大减轻了污泥在干化器内的黏结，干化时只需蒸发颗粒表层的水分，使干化更容易进行，能耗降低。

另外一种是湿污泥直接进料工艺，该工艺干化能耗较高，污泥容易胶黏于设备器壁，其最终的干化产品多为粉末状。

299 如何选择和利用恰当的热源来降低污泥热干化的成本?

干化的主要成本在于热能，降低成本的关键在于选择和利用恰当的热源。一般来说，直接加热方式只可利用气态热介质，如烟气、热空气、蒸汽等；间接加热方式几乎可以利用所有的热源，如烟气、导热油、蒸汽等，其利用的差别仅在温度、压力和效率。

按照能源的成本从低到高分列如下。

① 烟气　来自大型工业、环保基础设施（垃圾焚烧炉、电站、窑炉、化工设施）的废热烟气是零成本能源，如果可以加以利用，是热干化的最佳能源。使用烟气作为污泥干化热能的条件是，烟气温度必须高、地点必须近，否则难以利用。

② 燃煤　非常廉价的能源，通过燃煤烟气加热导热油或蒸汽，可以获得较高的经济可行性；尾气处理方案是可行的。

③ 热干气　来自化工企业的废能。

④ 沼气　可以直接燃烧供热，价格低廉，也较清洁，但供应不稳定。

⑤ 蒸汽　清洁、较经济，可以直接全部利用，但是将降低系统效率，提高折旧比例；可以考虑部分利用的方案。

⑥ 天然气　清洁能源，但是价格最高，通过天然气燃烧烟气加热导热油或蒸汽，或直接加热利用。

所有的干化系统都可以利用废热烟气。其中间接干化系统通过导热油进行换热，对烟气无限制性要求；而直接干化系统由于烟气与污泥直接接触，虽然换热效率高，但对烟气的质量有一定的要求，包括含硫量、含尘量、流速和气量等。

300 污泥热干化处理的工艺类型及其适用的设备有哪些？

直接加热式适用的设备主要有：直接加热转鼓式干化机、带式干化机、离心干化机、流化床污泥干化机等。

间接加热式适用的设备主要有：转盘式干化机、桨叶式干化机、多层台阶式干化机以及薄膜干化机等。

301 常用的污泥厌氧消化工艺流程包括哪些？

常用的污泥厌氧消化工艺流程主要包括标准消化法、高负荷消化法、两级消化法和厌氧接触消化法等。

(1) 标准消化法

消化池内设有搅拌设备，定期排泥，定期投配，使得消化池内产生分层作用，稳定后的污泥沉积于池底。污泥消化时间需要 30～60d。

(2) 高负荷消化法

消化池内设有搅拌设备，搅拌、污泥投配和熟污泥排出连续进行。全池混合均匀，不存在分层现象，消化时间约为 10～15d。

(3) 两级消化法

将污泥消化分为两个消化池。第一个池内有加热和搅拌设备，不排出上清液，消化时间短，一般为 7～12d，然后污泥进入第二个消化池进行不加热、不搅拌的补充消化。该法可以降低能耗，减少熟污泥的含水率。

(4) 厌氧接触消化法

也分两个消化池，采用熟污泥回流的方式，增加甲烷细菌的数量和停留时间，加快分解速度。

各类固体废物回收与资源化利用

302 什么是固体废物资源化?

固体废物的资源化，是“三化”概念的一部分，指采取各种管理和技术措施，从固体废物中回收具有使用价值的物质和能源，作为新的原料或者能源投入使用。在遵守适当原则的基础上，固体废物资源化是完全可行的，因为固体废物资源化具有环境效益高、生产成本低、生产效益高、能耗低等优点。固体废物的资源化，将减少原生资源的消耗，节省投资，降低成本，减少固体废物的排放量、运输量和处理量，从而带来可观的环境效益、经济效益和社会效益。

303 固体废物资源化的原则是什么?

固体废物资源化必须遵守以下四个原则：

① 资源化技术必须是可行的。

② 资源化的经济效果比较好，有比较强的经济可行性。

③ 固体废物应该尽可能在排放源附近就地处理利用，节省存放、运输等方面的投资。

④ 资源化产品应该符合国家相应产品的质量标准，使之具有竞争力。

304 固体废物资源化的基本途径是什么?

固体废物资源化的途径很多，通常包括以下几个方面。

(1) 提取各种金属

把最有价值的各种金属物质从固体废物中提取出来是资源化的重要途径。从有色金属渣中能够提取金、银、钴、锑、硒、碲、铊、钯、铂等，某些稀有贵金属的价值甚至超过主金属的价值。粉煤灰和煤矸石中含有铁、钼、钪、锗、钒、铀、铝等金属。

(2) 生产建筑材料

利用工业固体废物生产建筑材料，是一条广阔的资源化途径。目前的主要应用包括：

① 利用高炉渣、钢渣、铁合金渣等生产碎石，作为混凝土骨料、道路材料、铁路道渣等；

② 利用粉煤灰、水淬后的高炉渣、钢渣等生产水泥；

③ 在粉煤灰中加入炉渣、矿渣等骨料，再加入石灰、石膏等，制成硅酸盐建筑制品；

④ 利用冶金矿渣生产铸石，利用高炉渣和铁合金渣等生产微晶玻璃，利用高炉渣、煤矸石、粉煤灰等生产矿渣棉和轻质骨料。

(3) 生产农用肥料或改良土壤

畜禽粪便、农业固体废物以及部分城市生活垃圾等可以经过堆肥处理制成有机肥料，或用于改良土壤结构和性质。

(4) 回收能源

很多固体废物的热值很高，焚烧后可以生产蒸汽、发电等。有机垃圾、作物秸秆、畜禽粪便等经过厌氧发酵可以生产可燃性的沼气。

(5) 取代工业原料

工业固体废物经过特定的加工处理后可以用来代替某种工业原料，节省资源。煤矸石可以用来替代焦炭生产磷肥，高炉渣可以用来代替砂石作为滤料处理废水或者作为吸收剂回收石油制品，粉煤灰可以作为塑料制品的填充剂和过滤介质。

305 基于碳中和背景下的固体废物资源化利用发展方向是什么?

环保产业在碳中和背景下，将迎来三个转变——从末端治理向源头控制转变，从过去的单因子控制向协同控制转变，从环保产业常规污染物控制向特殊污染物控制转变。环保产业将以降碳为总抓手，迎来新一轮高能赋值。

依据国务院印发的《关于加快建立健全绿色低碳循环发展经济体系的指导意见》，在健全绿色低碳循环发展的流通体系中提到，加强再生资源回收利用，推进垃圾分类回收与再生资源回收“两网融合”，加快构建废旧物资循环利用体系，加强废纸、废塑料、废旧轮胎、废金属、废玻璃等再生资源回收利用，提升资源产出率和回收利用率。

由此可见，随着全国生活垃圾分类工作进一步开展，固体废物资源化利用率有望进一步提升。固体废物处置行业应以垃圾分类为抓手，不断推动静脉产业和再生资源利用，促进固体废物处置领域由粗犷化向精细化处置转型，固体废物资源化利用产业也将在这个过程中迎来整体的提质增效。

306 工业固体废弃物有哪几种?其污染特点是什么?具有怎样的资源化利用价值?

工业固体废弃物是指工业生产、加工过程中产生的废渣、粉尘、碎屑、污泥等废物。按行业划分，工业固体废弃物主要包括冶金废渣（如钢渣、高炉渣、赤泥）、矿业废物（如煤矸石尾矿）、能源灰渣（如粉煤灰、炉渣、烟道灰）、化工废物（如磷石膏、硫铁矿渣、铬渣等）、石化废物（如酸碱渣、废催化剂、废溶剂等）以及轻工业排出的下脚料、污泥、渣糟等废物，工业固体废弃物的成分与产业性质密切相关。

随着工业生产的发展，工业固体废弃物数量日益增加，尤其是冶金、火力发电等行业的排放量最大。工业固体废弃物的数量庞大、种类繁多、成分复杂、处理相当困难。若消极堆存不仅占用大量土地，造成人力、物力的浪费，而且许多工业废渣含有易溶于水的物质，通过淋溶会污染土壤和水体。粉末状的工业固体废弃物则容易随风飞扬，污染大气，有的还散发臭气和毒气。有的固体废弃物甚至淤塞河道，污染水系，影响生物生长，危害人体健康。

行业工业固体废弃物经过适当的工艺处理，几乎都可以加工成建筑材料，或者从中回收能源和工业原料，较废水、废气更容易实现资源化利用。一些工业固体废弃物可以制成多种产品，如制成水泥、砖瓦、纤维、铸石等建筑材料；提取铁、铝、铜、铅、锌等常规金属和钒、铀、锗、钼、钪、钛等稀有金属；制造肥料、土壤改良剂等。此外还可以用于处理废水、矿山灭火以及用作化工填料等。

307 钢铁工业固体废弃物的主要来源有哪些?

钢铁工业废物包括开采废石、尾矿、高炉渣、钢渣、铁合金渣、钢铁尘泥、自备电厂的粉煤灰等。其中高炉炉渣是冶炼生铁时从高炉中排出的一种废渣，一般为生铁产量的25%～100%。钢渣是炼钢过程中排出的废渣，数量为钢产量的15%～20%，根据炼钢所用的炉型不同，又可以分为转炉渣、平炉渣和电炉渣。铁合金渣主要为铁合金在冶炼过程中产生的工业固体废弃物，铁合金冶炼主要通过矿热电炉还原熔炼，部分产品采用高炉或转炉冶炼，炉料经过高温熔融还原后，其氧化物杂质与合金分离后得的炉渣即为铁合金渣。钢铁尘泥来源于钢铁的生产车间，一般是指在原料处理、烧结、球团、炼铁、炼钢等生产工序中利用除尘设施对高温烟气进行除尘后产生的废弃物，以及后续加工环节、清洗过程等方面产生的废弃物。

以上钢铁工业固体废弃物中，高炉渣、铁合金渣、含铁沉泥的综合利用水平较高，基本可以实现产业化；而尾矿、钢渣和粉煤灰等工业垃圾的利用率相对较低，若不及时处理和综合利用，势必污染环境，继而影响到钢铁工业的可持续发展。

308 高炉渣的来源和组成如何?

高炉渣主要是高炉炼铁过程中产生的固体废物。高炉渣的产生量与矿石品位的高低、焦炭中灰分的多少及石灰石、白云石的质量等因素有关，也和冶炼工艺有关。

高炉渣的矿物组成与生产原料和冷却方式有关。碱性高炉渣中最常见的矿物有黄长石、硅酸二钙、橄榄石、硅钙石、硅灰石和尖晶石；酸性高炉渣由于其冷却速度不同，形成的矿物也不一样。当快速冷却时全部凝结成玻璃体，在缓慢冷却时（特别是弱酸性的高炉渣）往往出现结晶的矿物相，如黄长石、假硅灰石、辉石和斜长石等。

高炉渣的化学成分与普通硅酸盐水泥相似，主要是Ca、Mg、Al、Si、Mn等的氧化物，个别渣中含TiO_2、V_2O_5等。由于矿石的品位及冶炼生铁的种类不同，高炉渣的化学成分波动较大。

309 高炉渣的综合利用途径有哪些?

高炉渣的综合利用途径很多，根据不同的用途，高炉渣可分别被加工成水渣、矿渣碎石、膨胀矿渣、矿渣棉、微晶玻璃等几类。

(1) 水渣

水渣是将熔融状态的高炉渣用水或水与空气的混合物给予水淬，使其成为砂砾状的玻璃物质。水渣在水泥熟料、石灰、石膏等激发剂作用下，能显示出水硬胶凝性能，是优质水泥原料。用水渣加入一定量的凝胶材料还可以制成矿渣砖，适用于上下水或水中建筑。

(2) 矿渣碎石

矿渣碎石是高炉渣在指定的渣坑或渣场自然冷却或淋水冷却形成较致密的矿渣后，再经过破碎、筛分等工序所得到的一种碎石材料。矿渣碎石混凝土不仅具有与普通碎石混凝土相似的物理力学性能，而且还具有较好的保温、隔热、耐热抗渗和耐久性能。现已广泛地应用到500号及500号以下的混凝土、钢筋混凝土及预应力混凝土工程中。

(3) 膨胀矿渣

膨胀矿渣简称膨珠，全称为膨胀矿渣珠，是在适量水冲击和成珠设备的配合作用下，被甩到空气中使水蒸发成蒸汽并在内部形成空隙，再经空气冷却形成的珠状矿渣。膨珠质轻、面光、自然级配好，吸声、隔热性能好，用作混凝土骨料可节约20%左右的水泥。用膨胀矿渣珠配制的轻质混凝土容重为1400～2000 kg/m^3，抗压强度为9.8～29.4MPa，导热系数为0.407～0.582W/(m·K)，具有良好的物理力学性能。

(4) 矿渣棉

矿渣棉是以高炉渣为主要原料，加入白云石、玄武岩等成分及燃料一起加热熔化后，采用高速离心法或喷吹法制成的一种棉丝状矿物纤维。矿渣棉具有质轻、保温、隔声、隔热、防震等性能，可以加工成各种板、毡、管壳等制品。

(5) 微晶玻璃

在固定式或回转式炉中，将高炉渣与硅石和结晶促进剂一起熔化成液体，然后用吹、压等一般玻璃成型方法成型，保温、结晶、再冷却即可制得成品，具有硬度高、轻质、耐磨、热稳定性好等特点，应用于冶金、化工、煤炭、机械等工业部门各种容器设备的防腐层和金属表面的耐磨层以及制造溜槽、管材等。

此外，高炉渣还可以用来生产陶瓷、铸石等，并能加工成硅钙肥，作为肥料用于农业。

310 利用高炉渣所产水泥的类型包括哪些?

目前利用高炉渣所产的水泥类型有以下几种。

(1) 矿渣硅酸盐水泥

由硅酸盐水泥熟料和粒化高炉渣加适量石膏磨细制成的水硬性胶凝材料。高炉渣掺量重量百分比为20%～70%。

(2) 普通硅酸盐水泥

由硅酸盐水泥熟料、少量混合材料和适量石膏磨细制成的水硬性胶凝材料。活性混合材的掺量按重量百分比不超过5%。

(3) 石膏矿渣水泥

由80%左右的高炉渣，加15%左右的石膏和少量硅酸盐水泥熟料或石灰，经混合磨细制得的水硬性胶凝材料。此种水泥亦称硫酸盐水泥，有较好的抗硫酸盐侵蚀性能，但周期强度低，易风化起砂。

(4) 钢渣矿渣水泥

由45%左右的转炉或平炉钢渣，加入40%的高炉水渣及适量的石膏磨细制成的水硬性胶凝材料，可适量加入硅酸盐水泥熟料改善性能。以钢铁渣为主原料，投资少，成本低，但早期强度偏低。

311 钢渣的来源和类别是什么？

钢渣是炼钢过程中排出的熔渣。炼钢熔渣的组成，主要来源包括以下几种：

① 铁水与废钢中所含的铝、硅、锰、磷、硫、钒、铬、铁等元素氧化后形成的氧化物；

② 金属料带入的泥沙等；

③ 加入的造渣剂，如石灰、萤石等；

④ 作为氧化剂或冷却剂使用的铁矿石、烧结矿、氧化铁皮等；

⑤ 侵蚀下来的炼钢炉炉衬材料；

⑥ 脱氧用合金的脱氧产物和熔渣的脱硫产物等。

按炼钢方法分，钢渣可分为转炉钢渣、平炉钢渣和电炉钢渣。

按不同生产阶段分，钢渣可分为炼钢渣、浇铸渣和喷溅渣。在炼钢渣中，平炉渣又可分为初期渣与末期渣（包括精炼渣与出钢渣），电炉钢渣分为氧化渣与还原渣。

按熔渣性质分，钢渣又可分为碱性渣与酸性渣。

312 不同钢渣的组成成分有什么不同？

不同的原料、不同的炼钢方法、不同的生产阶段、不同的钢种生产以及不同的炉次等，所排出的钢渣的组成与产生量是不同的。

(1) 转炉钢渣

这是钢渣的主要部分。目前，生产1t转炉钢约产生130～240kg钢渣。转炉钢渣的化学成分主要包括CaO、MgO、SiO_2、Al_2O_3、FeO、Fe_2O_3、MnO、P_2O_5等，其中CaO是主要部分，占到钢渣的40%～50%左右。转炉钢渣的矿物组成取决于它的化学成分。当钢渣的碱度为0.78～1.8时，主要矿物为CMS（镁橄榄石）、C_3MS_2（镁蔷薇辉石）；碱度为1.8～2.5时，主要矿物为C_2S（硅酸二钙）及二价金属氧化物固熔体；碱度为 2.5 以上时，主要矿物为 C_3S（硅酸三钙）、C_2S 及二价金属氧化物固熔体。

（2）平炉钢渣

平炉炼钢氧化期排出的渣称初期渣，精炼期排出的渣称精炼渣，出钢后排出的渣称出钢渣，精炼渣与出钢渣又合称为末期渣。目前，每生产 1t 平炉钢约产生钢渣 170～210kg，其中初期渣约占 60%，精炼渣占 10%，出钢渣占 30%。平炉钢渣的化学成分主要包括 CaO、MgO、SiO_2、Al_2O_3、FeO、Fe_3O_4、MnO、P_2O_5 等，其矿物组成与转炉钢渣组成规律基本相似，CaO 含量低、碱度小的初期钢渣，矿物组成以 CMS、C_3MS_2 为主，CaO 含量高、碱度大的末期渣，矿物组成主要是 C_3S、C_2S 及二价金属氧化物固熔体。

（3）电炉钢渣

电炉炼钢是以废钢为原料，主要生产特殊钢。电炉生产周期长，分氧化期和还原期，并分期出渣，所出渣分别称氧化渣和还原渣。目前，每生产 1t 电炉钢约产生 150～200kg 的钢渣，其中氧化渣约占 55%。电炉钢渣化学成分的特征是氧化渣中 CaO 含量低，FeO 含量高，而还原渣则相反。电炉钢渣矿物组成规律与平炉钢渣相似。

313 钢渣具有哪些性质?

钢渣是由多种矿物组成的固熔体，其性质与其化学成分有密切关系。

（1）外观

由于化学成分及冷却条件不同，钢渣外观形态、颜色差异很大。碱度较低的钢渣呈灰色，碱度较高的钢渣呈褐灰色、灰白色。

（2）密度和容重

钢渣含铁较高，因此密度比高炉渣高，一般为 3.1～3.6g/cm^3。钢渣的容重与密度和粒度有关。通过 80 目标准筛的渣粉，转炉钢渣容重为 1.74g/cm^3 左右，平炉钢渣容重为 2.17～2.20g/cm^3，电炉钢渣容重为 1.62g/cm^3 左右。

（3）易磨性

钢渣块松散不黏结，质地坚硬密实，孔隙较少，因此较耐磨。易磨指数，标准砂为 1，高炉渣为 0.96，而钢渣仅为 0.7。

（4）稳定性

钢渣含游离氧化钙、硅酸二钙、硅酸三钙等，这些组分在一定条件下都具有不稳定性。自然冷却的钢渣堆放一段时间后发生膨胀风化，变成土块状和粉状，膨胀率达 10% 左右。钢渣吸水后游离氧化钙要消解为 $Ca(OH)_2$，体积将膨胀 1～3 倍，MgO 会变成 $Mg(OH)_2$，体积也要膨胀 77%。平炉钢渣稳定性要好一些。

（5）抗压性

钢渣抗压性能好，抗压强度在 1150kg/cm^3 左右，压碎值为 20.4%～30.8%。

314 钢渣的预处理工艺有哪些?

钢渣预处理的目的是把炼钢炉排出的热熔渣处理成粒径小于 300mm 的常温渣粒或渣

块，以被后续加工。目前采用的炼炉钢渣预处理方法有水淬法、气淬法、余热自解法、热泼法和浅盘泼法等。

(1) 水淬法

利用高压水泵喷出的高压水柱将高温熔渣流冲碎、冷却，形成粒渣，一般小于5mm的粒渣量占95%以上。水淬法又分炉前水淬和室外水淬两种。炉前水淬是熔渣由炼钢炉直接倒入中间渣罐，再由中间渣罐底孔流入水淬渣槽，遇高速水流急冷形成水淬渣，并与冲渣水一起，流入室外的沉渣池。室外水淬是把炼钢炉熔渣先倒入渣罐，再把渣罐运到室外水淬渣池边，用高速水流喷射渣孔流出的熔渣进行水淬。炉前水淬可以边排渣边水淬，水淬率高，但室外水淬更安全。

(2) 气淬法

这种方法与水淬法的处理机理类似，不同之处在于气淬法是以高压气体代替高压水柱冲碎高温溶渣。

(3) 余热自解法

钢渣余热自解，一般是利用400～800℃的高温钢渣淋水后产生的温度应力及游离氧化钙吸水消解后产生的体积膨胀应力使钢渣在冷却的过程中龟裂、粉化。钢渣余热自解有渣罐自解、渣堆自解、密封仓常压自解和密封罐压力自解等几种形式。

(4) 热泼法

将炼钢炉排出的熔渣先用渣罐运到热泼场，倒在坡度为3%～5%的热泼床上，待熔渣经空气冷却，表面固化，温度降到300～400℃时，喷水使之急冷，渣饼因温度应力和膨胀应力龟裂成大块，再经空气冷却，直到渣表面温度降至50～100℃时，用推土机推起，用磁盘吊选出大块废钢，渣块便可送去加工。

(5) 浅盘泼法

也称为浅盘水淬法。将炼钢炉排出的流动性好的炉渣，用渣罐倒入特制的大盘中，熔渣自流成渣饼后，喷水使之急冷，渣饼龟裂成大块渣。当渣温降至约500℃时把渣由浅盘倒进受渣车进行第二次喷水冷却，渣块继续龟裂粉化。最后，待渣温降至约200℃时，再把渣块由受渣车倒入水渣池进行第三次冷却，渣块会进一步龟裂粉化。水渣由渣池捞出沥水后，即可送去加工。

(6) 自然风化法

该法类似于传统的弃渣法，即把钢渣运到渣场有规律地堆放，让渣自然降温、淋雨、吸潮，以达到粉化的目的。利用时用挖掘机开采。

315 钢渣的利用途径有哪些?

钢渣的利用途径主要有以下几种。

(1) 作钢铁冶炼熔剂

① 烧结熔剂　转炉钢渣一般含40%～50%的CaO，1t钢渣相当于700～750kg石灰石。把钢渣加工到小于8mm的钢渣粉，便可替代部分石灰石直接作烧结配料用。钢渣作烧结熔剂不仅回收利用了钢渣中的钙、镁、锰、铁等元素，而且钢渣（尤其是水淬钢渣）

松散、粒度均匀，料层透气性好，有利于烧结造球及提高烧结速度，降低燃料消耗。

② 高炉炼铁熔剂　钢渣中的 CaO、MgO 可以作为助熔剂，从而节省大量的石灰石、白云石资源，还可节约热能。

③ 回收废钢铁　钢渣中一般含有 7%～10%的废钢及钢粒，因此回收价值很高。

（2）生产钢渣水泥或作水泥的掺和料

凡以钢渣为主要成分，加入适量硅酸盐水泥熟料、石膏等外添加剂磨细制成的水硬性胶凝材料都称为钢渣矿渣水泥。钢渣的掺入量不少于 30%，钢渣和高炉矿渣的总掺入量不少于 60%。钢渣水泥具有水化热低、后期强度高、抗腐蚀和耐磨等特点，是理想的道路水泥和大坝水泥。另外，由于钢渣具有活性，因此也可用作普通硅酸盐水泥的掺和料。掺 10%～15%钢渣生产的普通硅酸盐水泥，对水泥指标及使用均无不良影响，但原料较耐磨。

（3）作筑路与回填工程材料

钢渣抗压强度高，陈化后性能基本稳定，且具有岩石般的硬度，因此可用作路基材料和回填工程材料。因钢渣具有活性，能板结成大块，故用钢渣在沼泽地筑路，更具有优越性。需注意的是，由于钢渣是不均匀的混合料，使用时应严格控制质量标准。

（4）作农肥和酸性土壤改良剂

钢渣中含有 Ca、Mg、Si、P、B 等元素，并且其 Si、P 氧化物的枸溶率高。故利用钢渣可以制成钢渣硅肥、钢渣磷肥等复合肥料。另外，含钙镁高的钢渣磨细后，可作酸性土壤的改良剂，同时也利用了钢渣中的磷等元素。

316 除高炉渣和钢渣以外的钢铁工业固体废物有哪些综合利用途径?

除高炉渣和钢渣以外，冶金工业排出的废渣，如铜渣、铅渣、锡渣、锌渣、镍渣、钴渣、镉渣、钨渣、赤泥等，都可以综合利用，具体如下。

（1）铜渣的综合利用

铜渣的利用途径主要有四种：①代替铁粉用于水泥配料，可提高水泥质量；②可作公路路基或铁路道渣，优点是颗粒细而匀，不易下沉、渗水快，施工方便；③生产铸石，铜渣铸石是一种高耐磨、高耐压和具有抗酸性能的良好材料；④可代替黄砂，用于喷砂除锈。

（2）钨渣综合利用

可以采用火法-湿法联合处理钨渣，将钨渣还原熔炼得到含有 Fe、Mn、W、Nb、Ta 等元素的多元铁合金（以下简称钨铁合金）和含有 U、Th、Sc 等的熔炼渣。钨铁合金是一种新型的用途广泛的中间合金，可直接作为产品销售；熔炼渣则需再采用湿法处理，分别回收氧化钪、重铀酸铵和硝酸钍等产品。

（3）赤泥的综合利用

赤泥是从铝土矿中提炼氧化铝时产生的废渣。其化学组成中 CaO 约占 40%～50%，其次是 SiO_2，占 20%左右，另外还含有一定数量的 Fe_2O_3、Al_2O_3 及少量 Na_2O、TiO_2、

K_2O 等。赤泥可用来生产水泥，赤泥硫酸盐水泥早期强度低、易起砂，但水化热低、耐蚀性强，适用于水工构筑物。赤泥经加工改进后作为聚乙烯塑料的填充料，可明显提高塑料的热稳定性和抗老化性。另外，赤泥还可做成硅钙肥料用于农业。

（4）钼渣的综合利用

以钼精矿为原料，采用湿法冶炼生产各种钼酸盐、钼的氧化物、纯金属钼粉、纯金属钼等制品的过程中会产生钼渣。利用酸分解法处理钼渣，酸分解液可以送废水处理制化肥，铵浸后的尾渣可以制作农肥，处理得到的钼酸铵溶液可以返回生产流程，从而得到有效的回收利用。

317 化工固体废弃物包括哪些？其组成特点是什么？

化工固体废弃物是指化工生产过程中产生的固体、半固体或浆状废物，包括：生产过程中产生的不合格产品、副产物、失效催化剂、废添加剂及原料中夹带的杂质等；直接从反应装置排出的，或在产品精制、分离、洗涤时由相应装置排出的工艺废物；空气污染控制设施排出的粉尘；废水处理产生的污泥；设备检修和事故泄露产生的固体废物；报废的旧设备、化学品容器和工业垃圾等。

化学工业固体废弃物的特点如下：

① 废物产量大　每生产 1t 产品产生 1～3t 固体废物，有的生产 1t 产品可产生高达 12t 废物，是较大的工业污染源之一。

② 危险废物种类多、成分复杂　主要有硫铁矿烧渣、铬渣、磷石膏、汞渣、电石渣等，这些危险废物中有毒物质含量高，对人体健康和环境会构成较大的威胁，若得不到有效处置，将会对人体和环境造成较大影响。

③ 废物资源化潜力大　化工固体废物中有相当一部分是反应的原料和副产物，通过加工就可以将有价值的物质从废物中回收利用，取得较好的经济、环境双重效益。

318 硫铁矿渣的来源和组成如何？如何对其进行处理和资源化利用？

硫铁矿渣是硫铁矿在沸腾炉中经高温焙烧产生的废物。硫铁矿渣的化学成分主要是 Fe_2O_3 和 SiO_2，还有 S、Mn、Cu、Ca、Al、Pb 等元素，典型硫铁矿渣的化学成分如表 5-1 所示。

表 5-1　典型硫铁矿渣的化学成分

成分	Fe_2O_3	FeO	CaO	MgO	SiO_2	Al_2O_3	S	P	As	Cu	Pb	Zn
含量/%	38～58	3～13	0.3～3.5	0.2～1.6	5.6～35.9	1.3～17.1	0.7～1.8	0～0.09	0.003～0.96	0.002～0.46	0.01～0.08	0.05～0.4

硫铁矿渣中含有大量铁及少量铝、铜等金属，有的还含有金、银、铂等贵金属，用硫铁矿渣可制取铁精矿、铁粉、海绵铁等，还可回收其他金属；对于含铁较低或含硫较高的

硫铁矿渣难以直接用来炼铁，可用于生产化工产品，如作净水剂、颜料、磁性铁的原料。

319 铬渣的组成和危害是什么?

铬渣即铬浸出渣，是金属铬和铬盐生产过程中的浸滤工序滤出的不溶于水的固体废弃物，除部分返回焙烧料中再用外，其余需要进行安全处理。铬浸出渣为浅黄绿色粉状固体，呈碱性。每生产1t重铬酸钠约产生1.8～3.0t铬渣，每生产1t金属铬约产生12.0～13.0t铬渣。铬渣的基本组成包括Cr_2O_3、六价铬化合物、SiO_2、CaO、MgO、Al_2O_3、Fe_2O_3等。

铬的毒性与其存在形态有关。铬化合物中六价铬毒性最剧烈，具有强氧化性和透过体膜的能力，在酸性介质中易被有机物还原成三价铬。三价铬在浓度较低的情况下毒性较小，有些三价铬如氧化铬（Cr_2O_3）及其水合物可认为是无毒的。金属铬及钢铁材料中含有的铬，由于其溶入食物及饮水中时是惰性的，所以对人体无害。经分析测定，铬渣中含有的六价铬组分中四水铬酸钠及游离铬酸钙为水溶相（共占64%），易被地表水、雨水溶解，是铬渣近期污染的由来。另有铬铝酸钙、碱式铬酸铁、硅酸钙-铬酸钙固溶体、铁铝酸钙-铬酸钙固溶体四种含六价铬的组分虽难溶于水，但长期露天堆存过程中，空气中的CO_2和水能使它们水化，造成铬渣对环境的中、长期污染。

320 如何进行铬渣的处理和综合利用?

铬渣是生产铬盐（如红矾钠）过程中产生的固体废物，含有六价铬、铁、镁等多种物质。六价铬是一种剧毒、强腐蚀性物质，它易溶于水，对土壤、水源造成严重污染，对植物、牲畜甚至人们饮水、生活造成极大的危害。

含铬废渣在被排放或综合利用之前，一般需要进行解毒处理。铬渣解毒的基本原理就是在铬渣中加入某种还原剂，在一定的温度和气氛条件下，将有毒的强氧化性的六价铬还原为无毒的三价铬，从而达到消除六价铬污染的目的。铬渣的解毒处理有湿法和干法两种。前者是用纯碱溶液处理，再用硫化钠还原；后者是将煤与铬渣混合进行还原焙烧、六价铬被一氧化碳还原成不溶于水的三价铬。常用的还原解毒方法有：①铁精矿和含铬废渣混合作原料生产烧结矿工艺；②碳还原工艺；③亚硫酸钠、硫酸亚铁等作还原剂的酸性还原工艺；④亚硫酸钠、硫酸亚铁等作还原剂的碱性还原工艺。此外，铬渣也可直接用作其他有关工业的原料，在生产加工过程中，六价铬被还原固化，从而达到消除六价铬危害的目的。

铬渣经过去毒处理，可以综合利用。有时铬渣的综合利用和解毒处理也是同时进行的。目前能够实现铬渣综合利用的途径有：①做翠玻璃制品的着色剂，使玻璃色泽翠绿；②利用铬渣中残留的铬生产铸石；③代替蛇纹石生产钙镁磷肥；④代替白云石、石灰石炼铁；⑤与黏土混合烧制青砖；⑥配制水泥和生产熔渣棉等。

321 什么是废石膏？磷石膏有哪些主要性质?

废石膏是指以硫酸钙为主要成分的一种工业废渣。由磷矿石与硫酸反应制造磷酸所得到的硫酸钙称为磷石膏，由萤石与硫酸反应制氢氟酸得到的硫酸钙称为氟石膏，生产二氧化钛和苏打时所得到的硫酸钙分别称为钛石膏和苏打石膏。其中，以磷石膏产量最大，每生产 1t 磷酸约排出 5t 磷石膏。在许多国家，磷石膏排放量已超过天然石膏的开采量。

磷石膏呈粉末状，颗粒直径为 5～150μm，成分与天然二水石膏相似，以 $CaSO_4 \cdot 2H_2O$ 为主，其含量一般达 70%左右。次要组分随矿石来源不同而异。一般都含有岩石组分 Ca、Mg 的磷酸盐、碳酸盐及硅酸盐。其晶体形状与天然二水石膏晶体形状基本相同，为板状、燕尾状、柱状等。其晶体大小、形状及致密性随磷矿种类及磷酸生产工艺的不同而改变；晶体尺寸通常为（39.2 ～ 224）μm×（39.2 ～ 95.2）μm。外观呈灰白、灰、灰黄、浅黄、浅绿等多种颜色。相对密度为 2.22～2.37；容重为 0.733 ～ 0.880g/cm^3。磷石膏中还含有铀、钍放射性元素和铈、钒、铜、钛、锗等稀有元素。

322 磷石膏的综合利用途径有哪些?

磷石膏的利用主要有以下几种途径。

（1）作水泥掺合料

磷石膏可以作为水泥生产时的缓凝剂，保证在施工的过程中水泥不固化。磷石膏一般都呈酸性，还含有水溶性五氧化二磷和氟，一般不能直接作水泥缓凝剂利用，需要经过处理去除杂质，或经过改性处理。

（2）制造半水石膏和石膏板

化学石膏可用于制作半水石膏，半水石膏有 α 和 β 两种，前者称为高强石膏，后者称为熟石膏。通常 α-半水石膏结晶粗大、整齐、致密，有一定的结晶形状；β-半水石膏晶体细小，体积松大，它的粉料加水调和可塑制成各种型状，不久就硬化成二水石膏。利用这一性质可将石膏加工成天花板、外墙的内部隔热板，石膏覆面板及花饰等各种建筑材料。以 β-半水石膏粉为原料，可生产石膏板等石膏制品。

由磷石膏制取半水石膏的工艺流程大体上分两类：一类是利用高压釜法将二水石膏转换成半水石膏（α-半水物），另一类是利用烘烤法使二水石膏脱水成半水石膏（β-半水物）。

（3）磷石膏制硫酸联产水泥

将磷酸装置排出的二水石膏转化为无水石膏，再将无水石膏经过高温煅烧，使之分解为二氧化硫和氧化钙。二氧化硫被氧化为三氧化硫而制成硫酸，氧化钙配以其他熟料制成水泥。

（4）磷石膏制硫酸盐和碳酸钙

磷石膏制硫酸铵和碳酸钙，利用了碳酸钙在氨溶液中的溶解度比硫酸钙小很多，硫酸钙很容易转化为碳酸钙沉淀，溶液转化为硫酸铵溶液的原理。碳酸钙是制造水泥的原料，硫酸铵是肥效较好的化肥。经过转化，既可以将价值较低的碳酸氢铵转化为价值较高的、用途更广的产品，又可以利用转化磷石膏。

（5）改良盐碱地

在盐碱地中施放石膏，石膏中的钙离子与土壤中的钠离子交换，生成碳酸钙和碳酸氢钠，钠离子变成硫酸钠随灌溉排出，从而降低土壤的碱度，减少碳酸钠对作物的危害。同时，土壤由钠黏土变成钙黏土，改善了土壤的透气性。磷石膏可以替代天然石膏，同时由于磷石膏呈酸性，可以对盐碱地起到中和作用，磷酸盐又是植物营养元素，可以增产。

323 如何对含油污泥进行处理以及资源化利用?

在油田开发的过程中，因为各种原因会产生大量的含油污泥，如落地油泥、清罐油泥、浮渣底泥、三相分离器油泥、生产事故产生的溢油污泥等。随着油田开发的进一步拓展，生产过程中所产生的含油污泥总量将不断增加，对环境造成极大隐患。

含油污泥的主要成分是原生矿物、原油、次生矿物、化合物和各种杂物等。根据国家标准，虽然油田开发产生的含油污泥被界定为危险固体废物，但是并未明确标注其含油量，也没有提出具体的量化指标。目前油田企业采取的含油污泥减量化、资源化和无害化处理技术方案主要为根据实际情况对含油污泥进行分类，依据油泥的成分、油品性质以及含油浓度等，采用多目标技术系统，对其进行综合处理。具体处理及资源化利用工艺包括以下两种。

(1) 溶剂萃取工艺

其主要技术工艺流程分以下三步。

第一步，粗分。将含油污泥置入化油池中，利用蒸汽直接或间接加热，根据温度情况加入适量水。随温度不断升高，达到 40～60℃时即可分层，上层为油、水以及有机质细泥，可用泵输送至萃取罐中；池底为少量的大颗粒泥水，其中含有极少数的有机质和油，晾干后呈粉状。

第二步，萃取。粗分池中上部分，以泵输送至萃取罐，对其进行反复萃取。当油逐渐溶入到有机溶剂中后，有机质和水会沉入罐底，上层油以及溶剂通过泵输送到蒸发罐。由于油和溶剂具有不同的沸点，可通过蒸出溶剂的方式回收利用。罐内余留的高沸点油以及为数不多的有机质，回收后可用于燃料油。

第三步，脱水。在萃取罐中取出溶剂和油后，剩下的主要是水、有机质以及细泥。先将其置于收集池中，用泥浆泵将其送至调配池，并加入适量的酸，确保 pH 值维持在 5～6 范围之内，以此来实现部分有机质的改性；加入适量的碱用于中和泥浆，增大改性有机质颗粒，用泵输送到卧螺式离心机入口，并且加入絮凝剂，然后从离心机两出口将水、泥和有机质同时排出。该工艺技术的终端产物主要有油、水以及泥沙和有机物。通过上述萃取工艺得到的终端产物均可综合利用或达标排放。

(2) 热处理技术

油田含油污泥处理时还可采用热处理法，可利用全封闭的循环系统对含油污泥进行加热，对其中的烃类物质进行回收利用，油泥经过处理可达到排放标准。或者也可以采用油泥干化协同焚烧联合处理，先干化油泥使其含水率降至 40%以下，再置于焚烧炉内。油泥焚烧过程中会产生大量的热量，可将该热量回收用于干化环节。油泥焚烧工艺主要是利用焚烧炉将含油污泥彻底矿化，该应用条件下油泥减量至少 95%，减量化效果显著，并可实现无害化处理。

324 废催化剂有什么特点?

大部分有机化学反应都依赖催化剂来提高反应速度，催化剂在有机化工生产中有非常广泛的应用。例如石油化学工业中的催化重整、催化裂化、加氢裂化、烷基化等化工生产过程都大量使用催化剂。催化剂在使用一段时间后会失活、老化或中毒，催化活性降低，这时就要定期或不定期报废旧催化剂，换入新催化剂，于是就产生了大量的废催化剂。

有机化工生产中使用的催化剂一般是将 Pt、Co、Mo、Pd、Ni、Cr、Ph、Re、Ru、Ag、Bi、Mn 等稀贵金属中的一种或几种承载在分子筛、活性炭等载体上起催化作用。废催化剂一般具有如下特点。

① 含有稀贵金属　虽然含量一般很少，但仍有很高的回收利用价值。

② 含有有机物　催化剂在使用过程中会附着一定量的有机物，这些有机物会污染环境，同时也对回收催化剂上的稀贵金属带来一定困难。

③ 往往含有重金属　会对环境造成污染。

325 废催化剂如何进行回收和综合利用?

由于废催化剂中含有稀贵金属，可作为宝贵的二次资源加以利用。但由于催化剂的种类繁多，其回收利用技术应根据不同催化剂的特点加以设计。

各种废催化剂的回收方案见表 5-2。

表 5-2　废催化剂种类及回收方案

废催化剂种类	回收方案
废铂催化剂	先经烧炭后用盐酸同时溶解载体和金属，再用铝屑还原溶液中的贵金属离子形成微粒，然后进一步精制提纯
废钴锰催化剂	原用于产聚酯的生产装置。用水萃取，再经离子交换，解析回收金属钴锰，最后制取醋酸钴、醋酸锰，回用于生产
废雷尼镍催化剂	原用于生产锦纶的己二胺合成。采用水洗、干燥再经电极电炉熔炼，可回收金属镍
废银催化剂	采用硝酸溶解，氯化钠沉淀分离出氯化银再用铁置换，最后经熔炼回收金属银
催化裂化装置产生的废催化剂	在再生过程中有部分细粉催化剂（$<40\mu m$）由再生器出口排入大气，严重污染周围的环境，采用高效三级旋风分离器可将催化剂细粉回收，回收的催化剂可代替白土用于油品精制
废三氯化铝催化剂	原用于烷基苯的生产。采用水解流程，可以回收苯、烃类和三氯化铝水溶液

326 有色金属冶炼过程中会产生哪些固体废弃物? 其组成特点是什么?

有色金属冶炼固体废弃物主要包括黄金冶炼废渣、铬渣和赤泥等。

(1) 黄金冶炼废渣

黄金冶炼废渣主要包括浮选得到的金精矿氰化提金尾渣、难选冶金精矿焙烧等预处理得到的尾渣、冶金得到的其他工艺尾渣。黄金冶炼行业中的氰渣中尚有可回收的金、银、铜、铅、锌、铁等有价金属元素，可对尾渣进行有用物质的提取。

(2) 铬渣

铬渣是金属铬和铬盐（如红矾钠）生产过程中产生的固体废物，除部分返回焙烧料中再利用外，其余需要进行安全处理。铬渣外观多呈灰色，以堆放形式进行存储。铬渣堆表层因风化等原因而成散粒体，其下层铬渣黏结成坚硬块体。铬渣的含水率不高，密度较小（1.0～1.22mg/cm^3），渗透性较大，抗剪切能力强但压缩性也较大，从颗粒级配角度看，铬渣为一种砾砂。铬渣成分主要包括 Cr_2O_3、CrO_4^{2-}、SiO_2、CaO、MgO、Al_2O_3、Fe_2O_3 等，其矿物组成主要是氧化镁、四水铬酸钠、正铬酸钠、铬酸钙、铝尖晶石、硅酸二钙固溶体、铁铝酸钙固溶体、硅酸二钙等。

(3) 赤泥

赤泥是从铝土矿中提炼氧化铝后排出的工业固体废物。铝土矿中铝含量高的，采用拜耳法炼铝，而铝含量低的，用烧结法或用烧结法和拜耳法联合炼铝。烧结法赤泥氧化钙含量高，水含量低，而拜耳法赤泥水含量高。干赤泥的主要成分是 Al_2O_3、CaO、SiO_2、Fe_2O_3 等，赤泥浸出液 pH 值在 11.5 左右（9～12.5），不含对环境有特别危害的重金属等污染物。根据《危险废物鉴别标准》（GB 5085.1～3—2007）和《国家危险废物名录》，赤泥不属于危险废物，属于Ⅱ类一般固体废物。新鲜赤泥为高含水性的松散土状物质，具有易变形、易液化的不良工程性质，但经过较长时间的陈化和干燥作用后，不仅强度和抗变形性质明显提高，而且具有不收缩、不崩解的特性，这是赤泥与一般黏土的完全不同之处。

327 铝电解产生的固体废弃物有哪些?

铝电解产生的固体废物主要有以下两种。

(1) 大修渣

电解铝生产过程中，电解槽工作 4～5 年后需进行大修，拆除下来的废碳块、耐火砖、保温材料等称作电解槽大修渣。这些阴极内衬由于长期在高温下与电解质发生电化学反应，吸附了大量的有害物质，并有一些毒性物质生成。一般含有较高的氟化物，其浸出液氟化物浓度远远超过《危险废物鉴别标准　浸出毒性鉴别》（GB 5085.3—2007）的标准值 100mg/L，属有毒废渣。其处置方法主要采用堆场堆存，其中堆场建设需严格按照《危险废物填埋污染控制标准》（GB 18598—2019）进行设计、施工，做好防渗防洪处理。

(2) 氧化铝生产过程中产生的固体废物

主要包括赤泥、石灰消化渣、熔盐加热站灰渣、锅炉灰渣等，均属于一般工业固体废物。其中赤泥是从铝土矿中提炼氧化铝之后，残留的一种红色、粉泥状、高含水率的强碱性固体废渣，是氧化铝生产过程中产生的主要固体废物；石灰消化渣主要是石灰石杂质在煅烧过程中形成的结渣，其主要化学成分为 SiO_2、Al_2O_3、Fe_2O_3、MgO、CaO 等；熔盐加热站加热炉排出的灰渣主要化学成分为 SiO_2、Al_2O_3、Fe_2O_3、MgO、CaO、TiO_2、

K_2O、Na_2O、$CaSO_3$ 和 $CaSO_4$ 等；锅炉产生的灰渣主要成分为 SiO_2、Al_2O_3、Fe_2O_3、CaO、MgO、TiO_2、K_2O、Na_2O、$CaSO_3$ 和 $CaSO_4$ 等。

328 对赤泥如何进行开发与综合利用?

赤泥的开发与综合利用主要包括以下几个方面：

① 提取赤泥中的有用组分、回收有价金属；

② 利用赤泥的孔隙率大、比表面积高等特点，用于环境修复材料的制备；

③ 将赤泥作为大宗建筑材料的原料，整体加以综合利用。

目前对赤泥用于低附加值的建筑材料和筑路材料等领域的研究，已有较为成熟的工艺，而对赤泥中高附加值产品（如有价元素）的回收和开发、赤泥基吸附剂的研发、赤泥基催化材料的研发等都是今后的重要发展方向。

329 铅锌冶炼过程产生的固体废物有哪些?

铅锌冶炼过程产生的固体废物主要有以下几种：

① 铅冶炼系统各类渣，主要包括粗炼还原炉渣、粗炼浮渣、精炼浮渣、贵金属冶炼还原渣、贵金属冶炼还原尘、贵金属冶炼氧化渣、贵金属冶炼氧化尘等；

② 锌冶炼系统各类渣，主要包括锌浸出渣、锌净化结晶渣、镉碱渣、精镉渣、铜渣、钴渣、阳极泥、浮渣等；

③ 铅锌冶炼系统产出的综合渣，主要包括污酸滤渣、石膏渣、富锌渣等。

330 铅锌冶炼过程中产生的固体废物如何进行资源化利用?

铅锌冶炼过程中产生的固体废物有以下几种资源化利用方法。

(1) 铅冶炼渣的处理

① 粗铅还原渣　一般直接冷却成块、破碎，上层清渣丢弃，下层含铅渣返回流程或外销。

② 粗炼浮渣和精炼浮渣　主要采用火法处理，有鼓风炉法、反射炉法、电炉法、回转短窑、转炉等。

③ 各类贵金属渣　采用转炉等火法设备进一步处理提取锑铋等，尘类含砷较高，需送专业工厂处理。

(2) 锌冶炼渣的处理

① 锌浸出渣　主要采用湿法处理和火法处理。

② 净化渣　主要采用火法处理。

③ 锌阳极泥　主要采用返回浸出的方式。

④ 锌浮渣　一般对其进行破碎、筛分，分别得到金属锌粒和锌化合物，然后分类回收。

（3）综合渣的处理

其中石膏渣主要用于水泥添加和免烧砖的制作；富锌渣原多用于回转窑挥发处理。

331 矿山固体废物包括哪些？其组成特点是什么？

矿山固体废物是工业固体废弃物中的一类，指矿山开采过程中所产生的废石及矿石经选冶生产后所产生的尾矿和废渣。废石是矿山开采过程中排出的无工业价值的矿体围岩和夹石，对于露天开采，就是剥离下来的矿体表面围岩；对于井下开采，就是掘进时采出的不能作为矿石使用的夹石。尾矿属于矿产资源开发过程中因目标组分含量较低无法被利用而形成的固体废弃物，当前处于废弃和闲置的资源。

根据废物产生环节的不同，可以将矿山固体废物分为采矿废石和选矿尾矿两类；依据开采矿采的种类，可将矿山固体废物分为能源有机矿产矿山固体废物、金属矿产矿山固体废物、非金属矿产矿山固体废物。

矿山固体废物组成：自然元素矿物、硫化物及其类似化合物矿物、含氧盐矿物、氧化物和氢氧化物矿物、卤化物矿物。

其特点是：

① 矿山固体废弃物产生量大、组成复杂，2021 年我国尾矿产生量为 16.49 亿吨，截止到 2021 年底，我国尾矿累计堆存量达 146 亿吨，废石堆存量达 438 亿吨；

② 对生态环境具有破坏和污染；

③ 处理处置方式多元，但综合利用率低，资源浪费明显，难处理、难利用，处理花费较大、见效相对较慢。

332 矿山固体废物的综合利用途径有哪些？

矿山固体废物主要有以下几种综合利用途径。

（1）有用组分回收

采用先进技术和合理工艺对固体废物进行再选，最大限度地回收固体废物中的有价金属和矿物。

（2）整体利用

整体利用矿山固体废物是解决矿山固体废物大量排放和堆积问题的关键，是解决矿山固体废物问题的有效途径。具体有以下方式。

① 生产建筑材料　矿山废石或尾矿可作为生产水泥和混凝土的原料，废石可直接用于修筑堤坝、房屋、道路等。

② 制造新型材料　尾矿可作为一种建筑陶瓷、玻璃制品、微晶玻璃以及处理污水方面的复合矿物原料。

③ 土壤改良剂及肥料、造地复垦、植被绿化及建立生态区　根据矿山固体废物的化学性质，含有土壤改良成分，可用作土壤改良剂；尾矿中往往含有维持植物生长和发育的微量元素，可用来生产复合矿物肥料；对于不具有基本肥力的矿山尾矿，可采取覆土、掺

土、施肥等方法处理，可造地复垦、植被绿化。

④ 矿山井下充填　将矿山采选过程生成的废石、尾矿用于地下采空区回填，可防止地面沉降塌陷与开裂，减少地质灾害的发生。

⑤ 发电、造纸及其他　矿山固体废物除尾矿、废石外，还有煤矸石、煤泥等。煤矸石可用来发电、制造建材、生产化学原料和新型材料等；矿山废石或尾矿中的硅灰石、云母、蛭石等非金属矿物粉末可作为填料用于造纸工业。

333 煤矸石的组成成分有哪些?

煤矸石是多种矿岩组成的混合物，属沉积岩。主要岩石种类有黏土盐类、砂岩类、碳酸盐类和铝质岩类。黏土岩中主要矿物组分为黏土矿物，其次为石英、长石云母和黄铁矿、碳酸盐等自生矿物，此外还含有植物化石、有机质、碳质等；砂岩类矿物多为石英、长石、云母、植物化石和菱铁矿结核等；碳酸盐类的矿物组成为方解石、白云石、菱铁矿，并混有较多的黏土矿物、陆源碎屑矿物、有机物、黄铁矿等；铝质岩类均含有高铝矿物（三水铝矿、一水软铝石、一水硬铝石），此外还常常含有石英、玉髓、褐铁矿白云母、方解石等。煤矸石的岩石种类和矿物组成直接影响煤矸石的化学成分，如砂岩矸石 SiO_2 含量最高可达 70%，铝质岩矸石 M_2O_3 含量大于 40%，钙质岩矸石 CaO 含量大于 30%。煤矸石的活性大小与其物相组成和煅烧温度有关。黏土类煤矸石加热到一定温度（一般为 700～900℃）时，结晶相分解破坏，变成无定型的非晶体，使煤矸石具有活性。

334 煤矸石的主要危害是什么?

煤矸石的堆积不仅占用大量土地，其中的硫化物散发后还会污染大气和水源，造成严重的危害。煤矸石中所含的黄铁矿容易被空气氧化，放出热量易导致自燃。煤矸石燃烧散发的气味和有害烟雾可能导致附近居民的慢性气管炎和气喘病等，并且能够影响树木和庄稼的生长。煤矸石受到雨水冲刷后可能导致附近河流的河床淤积，污染河水。

335 如何进行煤矸石的综合利用?

煤矸石有很多综合利用的途径，含碳量较高的煤矸石可用作燃料，含碳量较低的和自燃后的煤矸石可生产砖瓦、水泥和轻骨料，含碳量很少的煤矸石可用于填坑造地、回填露天矿和用作路基材料。一些煤矸石粉还可用来改良土壤或作肥料。

(1) 作为替代燃料

煤矸石中含有一定数量的固定碳和挥发成分，一般烧失量为 10%～30%，发热量可达 2.09～6.28MJ/kg，故可以用来作为替代燃料。主要用法包括化铁、烧锅炉、烧石灰、回收煤炭等。

（2）生产砖、瓦

包括生产煤矸石半内燃砖、微孔吸声砖和煤矸石瓦等。煤矸石半内燃砖是利用煤矸石本身的发热量作为内燃料，将煤矸石掺入黏土内压制成型，经焙烧而成。这种砖可节省用煤量50%～60%。微孔吸声砖是将粉碎的各种干料和白云石、半水石膏等混合，加入硫酸溶液，注模、干燥、焙烧后制成，具有隔热、保温、防潮、防火、防冻、耐化学腐蚀等优点，吸声系数也可达到要求。煤矸石瓦是一种新型的屋面材料，生产时最好采用自燃煤矸石。

（3）生产轻骨料、空心砌块、水泥等

适宜烧制轻骨料的煤矸石主要是碳质页岩和选矿厂排出的洗矸，有成球法与非成球法两种烧制方法。煤矸石空心砌块是以自燃或人工煅烧煤矸石为骨料，以磨细生石灰和石膏作胶结剂，经转动成型、蒸汽养护制成的墙体材料。煤矸石和黏土的化学成分相近并能释放一定的热量，用其代替黏土和部分燃料生产普通水泥，能提高熟料质量。用煤矸石作原料，其生产工艺过程与生产普通水泥基本相同。生产出的水泥包括普通硅酸盐水泥、特种水泥、无熟料水泥等。

（4）煤矸石作筑路和充填材料

煤矸石是很好的筑路材料，有很好的抗风雨侵蚀性能，并可降低筑路成本。

（5）生产化工产品

从煤矸石中可以生产化学肥料以及多种化工产品，包括结晶三氯化铝、水玻璃以及化学肥料硫酸铵等。

336 粉煤灰的来源和主要组成成分有哪些？

粉煤灰的主要来源是以煤粉为燃料的火电厂和城市集中供热锅炉，其中90%以上为湿排灰，活性较干灰低，处理起来费水、费电、污染环境，也不利于综合利用。

粉煤灰的化学成分与黏土很相似，主要成分包括SiO_2、Al_2O_3、Fe_2O_3、CaO和未燃烧的炭。但其SiO_2含量偏低，Al_2O_3含量偏高。根据粉煤灰中CaO含量的高低，可以将其分为高钙灰和低钙灰。一般CaO含量高于20%的称为高钙灰，其质量优于低钙灰。

粉煤灰的矿物组成十分复杂，主要有无定形相和结晶相两部分。无定形相主要为玻璃体和未燃尽的炭粒。结晶相包括莫来石、石英、云母、长石、磁铁矿、赤铁矿、少量钙长石、方镁石、硫酸盐矿物、石膏、金红石、方解石等。

337 粉煤灰的综合利用途径有哪几种？

粉煤灰的综合利用途径包括以下几个方面。

（1）作建筑材料

这是粉煤灰的主要利用途径之一。粉煤灰的成分与黏土相似，可以替代黏土生产粉煤灰烧结砖、粉煤灰蒸养砖、粉煤灰免烧免蒸砖、粉煤灰空心砖等。也可用于配制粉煤灰水泥、粉煤灰混凝土、粉煤灰硅酸盐砌块等。粉煤灰水泥又叫粉煤灰硅酸盐水泥，它是由硅酸盐水泥熟料和粉煤灰，加入适量石膏磨细而成的水硬胶凝材料，能广泛用于一般民用、工业建筑工程、水工工程和地下工程。粉煤灰硅酸盐砌块是以粉煤灰作原料，再掺入少量石灰、石膏及骨料，经蒸汽养护而成的一种新型墙体材料，具有轻质、高强、空心和大块等特点，与砖相比具有工效高、投资省等优点，但要求其中 Al_2O_3、SiO_2 含量高，细度好，含炭量低等。

(2) 用于筑路和回填

粉煤灰的化学组成与天然土基本相同，但由于粉煤灰是一种人工火山灰质材料，遇水后具有一定的微胶凝特性。粉煤灰由颗粒组成，相当于粉砂和粉土，气压式的体积密度比土轻。因此粉煤灰适宜做压实地基填方材料。利用粉煤灰做地基回填材料具有较好的施工特性、土工性能，具有较高的抗震液化强度和抗水平推力的刚度。目前我国公路、尤其是高速公路常采用粉煤灰、黏土和石灰掺合作公路路基材料。三门峡、刘家峡、亭下水库等水利工程，秦山核电站、北京亚运工程等，以及国内一些大的地下、水上及铁路的隧道工程均大量掺用了粉煤灰，一般掺用量为 25%～40%，不仅节约大量水泥，还提高了工程质量。

(3) 作农业肥料和土壤改良剂

粉煤灰具有质轻、疏松多孔的物理特性，可用于改造重黏土、生土、酸性土和盐碱土，弥补其酸、瘦、板、黏等缺陷，改善土壤的水、肥、气、热条件。另外，粉煤灰中含有 P、K、Mg、Mn、Ca、Fe、Si 等植物所需的元素，可以根据各种元素的含量不同制成硅钙肥、钙镁肥、各种复合肥等。

(4) 从粉煤灰中回收工业原料

粉煤灰中可回收的物质主要有以下三种。

① 煤炭　其回收方法与排灰方式有关。一般用浮选法回收湿排粉煤灰中的煤炭，回收率可达 85%～94%；用静电分选法回收干灰中的煤炭，回收率一般为 85%～90%，回收煤炭后的灰渣可作建筑原料。

② 金属物质　主要是 Fe 和 Al，其他的一些稀有金属和变价元素，如铂、锗、镓、钪、钛、锌等的回收正在研究和开发中。

③ 空心微珠　空心微珠是 SiO_2、Al_2O_3、Fe_2O_3 及少量 CaO、MgO 等组成的熔融结晶体，在粉煤灰中的含量最多可达 50%～70%，可以通过浮选或机械分选回收。空心微珠具有高强、耐磨、隔热、绝缘等多种优异性能，可以作为多功能无机材料应用于塑料工业、石油化学工业、军工领域等。

(5) 作环保材料

① 利用粉煤灰可以制造人造沸石和分子筛，不但节约原材料，而且工艺简单，生产产品质量达到甚至优于化工合成的分子筛。

② 制造絮凝剂，具有强大的凝聚功能和净水效果。

③ 作吸附材料，浮选回收的精煤具有活化性能。

④ 还可制作活性炭或直接作吸附剂，直接用于印染、造纸、电镀等各行各业工业废水和有害废气的净化、脱色、吸附重金属离子，以及航天航空火箭燃料剂的废水处理，吸

附饱和后的活化煤不需再生，可直接燃烧。

338 制碱工业产生碱渣具有怎样的特点？如何对其进行处理处置和综合资源化利用？

碱渣是指工业生产中制碱和碱处理过程中排放的碱性废渣。包含铵碱法制碱过程中排放的废渣和其他工业生产过程排放的碱性废渣。碱渣成分主要包括 $CaCO_3$、$CaSO_4$、$CaCl_2$ 等以钙盐为主要组分的废渣，还含有少量的 SO_2 等成分。

碱渣的处理方法主要有以下几种。

① 直接处理法　这种一般是以焚烧法为主要技术。

② 中和法　即对碱渣和废液采用 CO_2 或硫酸进行中和，调节 pH 值，然后进入污水处理厂生化处理。

③ 湿式空气氧化法　即在高温高压的条件下，以空气中的 O_2 作为氧化剂，在液相中将有机物氧化为 CO_2 和水等无机物或小分子有机物。或在低温低压下，将碱渣中的碱化物氧化成盐，但对 COD 的去除效果不理想，成本也较高。

④ 化学氧化法　即采用化学药剂为氧化剂，与碱渣中的氧化性有机物和无机物发生氧化还原反应，从而去除污染物的方法。

⑤ 生物法　即通过微生物的新陈代谢作用，使碱渣废液中的无机物等有害物质被微生物降解转化为无毒无害物质的过程。这种方法是应用比较广泛的碱渣处理方法，且经济、实用、高效。

碱渣的综合利用途径主要包括以下两种。

① 利用碱渣制建筑工程材料　如可以利用碱渣制砌块、制建筑胶凝材料、生产新型水泥或用于工程土、干固造地。

② 利用碱渣制造土壤改良剂或钙镁多元复合肥料　碱渣中含有大量农作物所需的 Ca、Mg、Si、K、P 等多种微量元素，用其作土壤改良剂，代替石灰改良酸性、微酸性土壤，可调整土壤的 pH 值。并加强有益微生物活动，促进有机质的分解，补充微量元素，使农作物增产。

339 建筑垃圾主要包含哪些种类？其处置方式和资源化利用途径都有哪些？

建筑垃圾是指建设、施工单位或个人对各类建筑物、构筑物、管网等进行建设、铺设或拆除、修缮过程中所产生的渣土、弃土、弃料、淤泥及其他废弃物。按产生源分类，建筑垃圾可分为工程渣土、装修垃圾、拆迁垃圾、工程泥浆等；按组成成分分类，建筑垃圾可分为渣土、混凝土块、碎石块、砖瓦碎块、废砂浆、泥浆、沥青块、废塑料、废金属、废竹木等。

建筑垃圾并不是真正的垃圾，而是放错了地方的“黄金”，建筑垃圾经分拣、剔除或粉碎后，大多可以作为再生资源重新利用。具体处置和资源化利用方式主要为：

① 利用废弃建筑混凝土和废弃砖石生产粗细骨料，可用于生产相应强度等级的混凝土、砂浆或制备诸如砌块、墙板、地砖等建材制品。粗细骨料添加固化类材料后，也可用于公路路面基层；

② 利用废砖瓦生产骨料，可用于生产再生砖、砌块、墙板、地砖等建材制品；

③ 渣土可用于筑路施工、桩基填料、地基基础等；

④ 对于废弃木材类建筑垃圾，尚未明显破坏的木材可以直接再用于重建建筑，破损严重的木质构件可作为木质再生板材的原材料或造纸等；

⑤ 废弃路面沥青混合料可按适当比例直接用于再生沥青混凝土；

⑥ 废弃道路混凝土可加工成再生骨料用于配制再生混凝土；

⑦ 废钢筋、废铁丝、废电线等金属，经分拣、集中、重新回炉后，可以再加工制造成各种规格的钢材；

⑧ 废玻璃、废塑料、废陶瓷等建筑垃圾视情况区别利用。

340 如何回收利用生活垃圾中的金属物质?

城市生活垃圾中几种常见金属物质的回收利用方法如下。

（1）黑色金属

采用磁选法进行分离。在工业上，也可在废物产生地点用目视法和磁选法把黑色金属和有色金属分开并装入各自的料斗。磁力分选器的功能是回收利用黑色金属，保护设备免遭损坏，提供无铁非磁性物料，以及减少送往焚烧炉和掩埋场的废物量。

（2）铝

从混合废物中回收铝比回收黑色金属要稍微难一些，因为铝从一般意义上说基本上是非磁性材料。然而，能处理这类物质的铝“磁铁”已成功投入使用。从固体废物中分离铝的技术，其基本方法是利用废物的重力分离，以静电装置或铝磁铁进行的电分离或磁分离，以及化学分离或热分离。

（3）铜

铜是一种非常宝贵的资源，具有很高的回收价值，在工业废物中通常以电线或电气部件的形式出现。它的外面常常包有塑料的或纤维质的绝缘材料，有时是橡胶绝缘材料。为了回收铜，必须从电线表面除去绝缘层；这可以采取机械方法或高温方法进行。机械方法是把电线包括其绝缘层切成碎屑，然后采用某种分级方法把铜屑从较轻的绝缘材料中分离出来。高温方法是利用一个炉子把绝缘层烧掉而不使金属熔化。非电线形式的铜（如与其他材料的焊接头）常常通过切、锯和熔化来分离。

（4）铅

铅回收工业中铅的主要来源是汽车蓄电池，蓄电池中有锑-铅板。由工业部门和私人消费者交回的废电池先要压碎以去除硬橡胶或塑料的外壳，然后送入高温铅熔炉中烧掉有机物质，使残留的硫酸蒸发，硫酸一般存在于电池极板上，即使把大量硫酸倒掉以后也是如此。铅的熔点较低，所以高温回收是最好的方法，但要注意空气污染问题。

341 废玻璃的产生途径有哪些？如何进行回收与资源化利用？

废玻璃的产生大体有三种途径：工业领域废玻璃、建筑领域废玻璃和生活消费领域废玻璃。其中生活消费领域废玻璃种类繁多，如啤酒瓶、饮料瓶、化妆品瓶、牛奶瓶、调味瓶、玻璃杯碗、玻璃口服液瓶、玻璃门窗等。一般生活源的废玻璃主要通过生活垃圾分类回收，环卫工人分类分拣回收，废品收购站、便民回收点或个体户上门回收，或是在收集、转运和分拣环节进行回收。

废玻璃是一种载能节能、低碳环保、可重复利用和再生利用的再生资源。废玻璃以其稳定性、耐腐蚀、可视性、密封效果好以及可重复利用和再生利用等优势，在包装、建筑、日用品等行业广泛适用。玻璃制品的回收利用有几种类型：作为铸造用熔剂、转型利用、回炉再造、原料回收和重复利用等。

（1）作为铸造用熔剂

碎玻璃可作为铸钢和铸造铜合金熔炼的熔剂，起覆盖熔液、防止氧化作用。

（2）转型利用

经预处理的碎玻璃被加工成小颗粒的玻璃粒后，有以下多种用途：

① 将玻璃碎片作为路面的组合体，用玻璃碎片作为道路的填料，比用其他材料具有减少车辆横向滑翻的事故、光线的反射合适、路面磨损情况良好、积雪融化得快、适用于气温低的地方使用等优点；

② 将粉碎的玻璃与建筑材料混合，制成建筑预制件、建筑用砖等建筑制品；

③ 粉碎的玻璃用来制造建筑物表面装饰物，反光板材料、工艺美术品和服装用饰品，有美丽的视觉效果；

④ 玻璃和塑料废料与建筑材料的混合料可制成合成建筑制品等。

（3）回炉再造

将回收的玻璃进行预处理后，回炉熔融制造玻璃容器、玻璃纤维等。

（4）原料回收

将回收的碎玻璃作为玻璃制品的添加原料，因为适量地加入碎玻璃有助于玻璃在较低温度下熔融。

（5）重复利用

包装的重复利用范围主要为低值量大的商品包装玻璃瓶，如啤酒瓶、汽水瓶、酱油瓶、食醋瓶及部分罐头瓶等。

342 将废玻璃作为玻璃制品的原料回用应注意哪些问题？

玻璃容器工业在制造过程中约使用20%的碎玻璃，以促进融熔以及与砂子、石灰石等原料的混合。碎玻璃中75%来自玻璃容器的生产过程中，25%来自消费后的容器。将废弃玻璃包装瓶（或碎玻璃料）用于玻璃制品的原料回用，应注意如下问题。

（1）精细挑选去除杂质

在玻璃瓶回收料中必须去除杂质金属和陶瓷等杂物，这是因为玻璃容器制造商需要使用高纯度的原料。例如，在碎玻璃中有金属盖等可能形成干扰熔炉作业的氧化物；陶瓷和其他外来物质则会在容器生产中形成缺陷。

（2）颜色挑选

回收利用颜色也是个问题。因为带色玻璃在制造无色火石玻璃时是不能使用的，而生产琥珀色玻璃时只允许加10%的绿色或火石玻璃，因此，消费后的碎玻璃必须用人工或机器进行颜色挑选。碎玻璃如果不进行颜色挑选直接使用，则只能用来生产浅绿色玻璃容器。

343 废纸分为哪些种类？如何对其进行再生处理？

目前，世界上对废纸的分类方法主要有两种，一种是根据废纸的回收渠道分类，另一种是根据废纸纤维组成的类型分类。我国废纸大致可以分为以下几类：纸袋废纸、牛皮废纸、白色废纸、旧书籍、废纸箱纸板以及混合废纸。

（1）纸袋废纸和牛皮废纸

该类废纸回收利用处理时较麻烦些，需经过仔细的拆线挑选后，方可用于生产纸袋纸和再生条纹纸。

（2）白色废纸

白色废纸通常是指未经过印刷的纸张或印刷厂印刷过程中切下的余边，通常是白色且无颜料沾染的，可用于书写纸和卫生纸等的生产，也可用于手提纸袋的生产。

（3）旧书籍

因为旧书籍含有较少的其他废弃物，所以可以在脱墨后用于新闻纸的抄造，或者用于生产生活用纸和一般文化用纸。

（4）废纸箱纸板

废纸箱纸板主要包括牛皮纸板、瓦楞纸箱纸板、瓦楞纸板切边以及各种废纸盒等，常用来抄造瓦楞原纸和纸板等。

（5）混合废纸

混合废纸是一种低级废纸，包括路边垃圾里的各种废纸，所以一般用来生产一些要求不高的纸板，如屋顶用的纸板和低级纸板芯层等。

另外，废纸回收后还要进行精准分拣、打包等流程，只有做好这些工作，才能最大化地利用废纸资源以及再次销售。

344 塑料具有哪些特点？有哪些种类？

塑料是一种用途广泛的合成高分子材料，它集金属的坚硬性、木材的轻便性、玻璃的透明性、陶瓷的耐腐蚀性、橡胶的弹性和韧性于一身，因此除了日常用品外，更广泛地应用于航空航天、医疗器械、石油化工、机械制造、国防、建筑等各行各业。

塑料种类很多，目前已投入工业生产的约有400多种。塑料通常有两种分类方法。

(1) 根据塑料受热后的性质不同分类

可分为热塑性塑料和热固性塑料。热塑性塑料（如聚氯乙烯、聚乙烯、聚苯乙烯等）遇热即变软，冷却后变硬，可以反复重塑。且其成型过程比较简单，能够连续化生产，并具有相当高的机械强度，发展很快。热固性塑料（如酚醛塑料、氨基塑料、环氧树脂等）是在受热时加入少量固化剂后定型，故只能塑制一次，受热不再软化，因此在日常生活中的应用要少一些，但其耐热性好、不容易变形。

(2) 根据塑料的用途不同分类

可分为通用塑料、工程塑料和特种塑料。通用塑料是指产量大、价格低、应用范围广的塑料，主要包括聚烯烃、聚氯乙烯、聚苯乙烯、酚醛塑料和氨基塑料五大品种，人们日常生活中使用的许多制品都是由这些通用塑料制成。工程塑料指能承受一定外力作用，具有良好的机械性能和耐高、低温性能，尺寸稳定性较好，可以作为工程结构材料和代替金属制造机器零部件等的塑料，例如聚酰胺、聚碳酸酯、聚甲醛、聚砜、聚酰亚胺等。特种塑料一般是指具有特种功能，可用于航空、航天等特殊应用领域的塑料。如氟塑料和有机硅具有突出的耐高温、自润滑等特殊功用，增强塑料具有高强度等特殊性能，这些塑料都属于特种塑料的范畴。

随着塑料制品的大量使用，废弃塑料量急剧增加。废塑料不仅在环境中长期不能被降解，而且散落在市区、风景旅游区、水体、公路和铁道两侧的废塑料，严重影响景观，污染环境。由于废塑料制品多呈白色，所以其对环境的污染通常称为“白色污染”。

345 塑料具有哪些特性?

塑料的特性主要有以下几点。

(1) 塑料具有可塑性

即可以通过加热的方法使固体的塑料变软，然后再把变软了的塑料放在模具中，让它冷却后又重新凝固成一定形状的固体。塑料的可塑性也有一定的缺陷，即遇热时容易软化变形，有的塑料甚至用温度较高的水烫一下就会变形，这种塑料制品一般不宜接触开水。

(2) 塑料具有弹性

有些塑料也像合成纤维一样，具有一定的弹性。当它受到外力拉伸时，会发生弹性形变，一旦拉力消失，它又会恢复原状。但是有些塑料是没有弹性的。

(3) 塑料具有较高的强度

塑料虽然没有金属那样坚硬，但与玻璃、陶瓷、木材等相比，还是具有比较高的强度。塑料可以制成机器上坚固的齿轮和轴承。

(4) 塑料具有耐腐蚀性

塑料既不像金属那样在潮湿的空气中会生锈，也不像木材那样在潮湿的环境中会腐烂或被微生物侵蚀，另外塑料耐酸碱的腐蚀。因此塑料常常被用作化工厂的输水和输液管道、建筑物的门窗等。

(5) 塑料具有绝缘性

塑料的分子链是原子以共价键结合起来的，分子既不能电离，也不能在结构中传递电子，所以塑料具有绝缘性。塑料可用来制造电线的包皮、电插座、电器的外壳等。

346 什么是可降解塑料？有什么特点？

可降解塑料，顾名思义是指在较短的时间内、在自然界的条件下能够自行降解的塑料。它是近年来开发研制出来的，通过在普通塑料中加入填充物质来增加其在自然环境中的降解能力。

可降解塑料一般分为四大类。

（1）光降解塑料

在塑料中掺入光敏剂，在日照下使塑料逐渐分解掉。它属于较早的一代降解塑料，其缺点是降解时间因日照和气候变化难以预测，因而无法控制降解时间。

（2）生物降解塑料

指在自然界微生物（如细菌、霉菌和藻类）的作用下，可完全分解为低分子化合物的塑料。其特点是贮存运输方便，只要保持干燥，不需避光，应用范围广，不但可以用于农用地膜、包装袋，而且广泛用于医药领域。

（3）光、生物联合降解塑料

即光降解和微生物降解相结合的一类塑料，它同时具有光和微生物降解塑料的特点。

（4）水降解塑料

在塑料中添加吸水性物质，用完后弃于水中即能溶解掉，主要用于医药卫生用具方面（如医用手套等），便于销毁和消毒处理。

降解塑料目前只在塑料材料应用的部分领域（如制造薄膜等方面）有所应用。总的说来，降解塑料在质量上不如普通塑料，而在价格上又高于普通塑料，同时其自然降解性质也还有待研究。此外，降解塑料由于添加了其他物质而不利于塑料的再生利用。因此，目前还没有较好的可以广泛应用的降解塑料。

347 废塑料的处理和综合利用途径有哪些？

废塑料回收资源化利用技术主要包括废塑料的再生技术、热分解油化技术、加工成衍生燃料（RDF）技术、化学处理技术、高炉喷吹技术以及利用焦化工艺处理废塑料技术。

（1）再生技术

此技术要求废塑料的组成相对单一、纯净，这样才能从根本上保证再生塑料的质量和再利用价值。因此废塑料再生的第一步是分类收集，然后将可再生的废塑料进行破碎和分选，最终再生成塑料制品或生产建筑材料等。由于该技术对原料要求较高，往往难以做到规模化生产。

（2）热分解油化技术

是指通过加热或加热同时加入一定的催化剂，使塑料分解制取燃料油和燃料气的废塑料资源化利用方法。该法可以处理不易采用再生法利用的废塑料，但大多数工艺以处理同类或单种废塑料为主，对于混合废塑料的处理尚存在一定的技术和经济效益问题，故此技术的发展仍处于探索阶段，长期稳定运行的实例较少。

（3）加工衍生燃料（RDF）技术

城市生活垃圾中的废塑料和垃圾中其他有机可燃物料可以加工制造成衍生燃料（RDF）。RDF燃料燃烧较常规垃圾焚烧具有明显的环境效益，但初始投资和生产成本较高，目前多用于经济发达国家。对广大发展中国家而言，目前在经济上难以承受。用生产RDF法来处理废塑料，解决城市“白色污染”问题，具有一定的发展前景。但相对而言，该方法直接将废塑料资源进行焚烧处理，其资源化利用程度不高，不属于严格意义上的废塑料资源化处理范畴，其可行性还有待进一步考察研究。

（4）化学处理技术

化学法处理废塑料制涂料、油漆、黏合剂、轻质建材等，在研究方面取得了较大进展，具有良好的资源回收利用价值，对环境污染较小，具有明显的经济价值。但是该类技术要求废塑料品种单一，不适合处理城市生活垃圾中的混合废塑料。

（5）高炉喷吹技术

该技术是将废塑料用作炼铁高炉还原剂和燃料，从而使废塑料得以资源化利用和无害化处理，是具有广阔前景的“白色污染”治理方法。但由于该技术对废塑料原料要求较高，特别是要求废塑料有较细的粒度和较低氯含量，使得废塑料加工的成本较高，需要降低成本和投资费用以及配套的优惠政策，才有可能在我国应用。

（6）利用焦化工艺处理废塑料技术

这是新近发展起来的可以大规模处理混合废塑料的工业实用型技术。该技术基于现有炼焦炉的高温炭化技术，将废塑料转化为焦炭、焦油和煤气，实现废塑料的资源化利用和无害化处理。该工艺对废塑料原料要求相对较低，允许含氯废塑料进入焦炉，且可以全部利用现有炼焦炉及其配套系统进行产物回收和净化，易于推广应用。

348 利用废塑料生产的建材有哪些种类?

利用废塑料可以生产许多种类的建材，具体如下。

（1）塑料油膏

这是一种新型建筑防水嵌缝材料，它以废旧聚氯乙烯塑料、煤焦油、增塑剂、稀释剂、防老剂及填弃料等配制而成。主要适用于各种混凝土屋面板嵌缝防水和大板侧墙、天沟、落水管、桥梁、渡槽、堤坝等混凝土构配件接缝防水以及旧屋面的补漏工程。塑料油膏是一种黏结力强、内热度高、低温柔性好、抗老化性好、耐酸碱、宜热施工兼可冷用的新型弹塑性建筑防水防腐蚀材料。

（2）改性耐低温油毡

聚氯乙烯改性耐低温油毡是以废旧聚氯乙烯塑料加入到煤焦油中，并加入一定量的塑化剂、催化剂、热稳定剂等，经一定的工艺过程而制成的一种新型防水材料。

（3）防水涂料

利用废旧聚苯乙烯泡沫塑料，通过加入混合有机溶剂、松香改性树脂、增黏剂、自制分散乳化剂、增塑剂等制得。

(4) 防腐涂料

聚苯乙烯分子中具有饱和的C—C键惰性结构，并带有苯基，因而对许多化学物质有良好的耐腐蚀性，但脆性大，附着力和加工性差，对聚苯乙烯改性后可以制成防腐涂料。

(5) 胶黏剂

将净化处理的废PSF粉碎，加一定量的混合溶剂，搅拌溶解，在一定温度下加入适量改性剂搅拌，再加入增塑剂，继续搅拌沉淀后即可得到改性胶黏剂。

(6) 木质塑料板材

木质塑料板材是用木粉和废旧聚氯乙烯塑料热塑成型的复合材料。它保留了热塑性塑料的特征，而价格仅为一般塑料的三分之一左右。这种板材用途广泛，既适用于建筑材料、交通运输、包装容器，也适用于制作家具。它具有不霉、不腐、不折裂、隔声、隔热、减振、不易老化等特点，在常温下使用至少可达15年。

(7) 人造板材

它利用生产麻黄素后剩下的麻黄草渣、榨油后的葵花子皮和废旧聚氯乙烯塑料为主要原料，加上几种辅助化工原料，经混合热压而成。检测表明，它的各种物理性能指标接近甚至超过木材。它具有耐酸、耐碱、耐油、耐高温、不变形、成本低、亮度好的特点，是制作各种高档家具、室内装饰品和建筑方面的理想材料。

(8) 混塑包装板材

使用废塑料可以生产混塑包装板材。该技术以废塑料、塑料垃圾、非塑料纤维垃圾为原料，利用特有的工艺流程、技术与设备进行综合处理，形成“泥石流效应”，经初级混炼、混熔造粒、混合配方、混熔挤压、压延、冷却，加工成不同厚度、宽度的板、片防水材料及农用塑料制品，生产新型改性混塑板。

(9) 生产色漆

利用可溶于醇、脂类的废旧塑料、环氧树脂、酚醛树脂的下脚料，各种醇类的混合料(或乙醇)，各种着色颜料制得。具有耐磨、耐热、耐寒、防水、耐酸碱等优点，是一种价廉物美的装饰材料。

(10) 塑料砖

以热塑性废旧聚氯乙烯塑料为主要制砖材料，用破碎的废塑料掺合在普通烧砖用的黏土中，可以烧制成轻质保温的建筑用砖。在烧制过程中，热塑性塑料化为灰烬，砖里呈现出孔状空隙，使其重量变轻，保温性能提高。

349 如何进行废旧轮胎的回收和利用?

目前所采用的旧轮胎的处理方法，大致可以分成三大类：整体利用、再生利用和用作再生能源。具体如下。

(1) 整体利用

① 翻修　理论上来讲是最好的处理方法，可以使旧轮胎又能像新轮胎那样重新使用。目前翻修的轮胎主要集中在卡车轮胎和客车轮胎。通常是用打磨方法除去旧轮胎的胎面胶，然后经过清洗和干燥，贴上一层压出成型的胎面胶，最后硫化固定。近来，采用预硫

化胎面胶的方法也日益增多。

② 用作漂浮物　主要用作船坞防护物，鱼船、运沙船漂浮信号灯，漂浮阻波物，游乐场工具等。

(2) 再生利用

① 再生胶　用废橡胶制造再生胶是我国废橡胶利用的主要方式。再生胶是将胶粉“脱硫”后的产品，我国目前大多数采用传统的油法和水油法工艺，由于这两种工艺流程长、能耗高、污染重、效益低，国外已经不再采用，已被高温高压法（如旋转搅拌脱硫）、微波脱硫法等先进工艺取代。后者基本上是干法脱硫，污染少，产品质量好，是今后再生胶生产发展的方向。近年来，由于子午线轮胎的普及，对高性能材料的需求增加。为从子午线轮胎中除去钢丝，需要改装生产设备和增加资本投入。此外，丁苯胶，特别是充油丁苯胶不利于提高再生胶的质量。

② 橡胶粉　将废橡胶在常温或低温下粉碎成不同粒度的胶粉，具有广泛的用途，它不仅可以直接或经过表面活化掺入胶料制造轮胎、胶鞋等橡胶制品，可以用于橡胶地板以及含有橡胶粉的沥青路面等产品中，还可以作为填料用在橡胶轮胎和挡泥板中。

(3) 用作再生能源

此类用途的主要场合是水泥厂。轮胎由混炼胶、钢丝和有机织物组成。混炼胶中含有碳黑、硫黄等。当旧轮胎被投进旋转炉中，一切可燃物都变成了能量，钢丝以氧化铁粉形式保留在水泥中，成了水泥的组成材料。即使最头疼的硫黄也变成了石膏，成了水泥的组成材料，因此不会生成 SO_2 污染。而水泥厂由于利用旧轮胎而节约了 5%～10%的煤炭。旧轮胎用作水泥厂的燃料是一种好的回收方法，因为它消化了大量的轮胎而又不产生污染。除了水泥厂外，造纸厂、金属冶炼厂也正接受高温分解焚烧旧轮胎的方法。用这种方法获得的炭黑经过活化后能用作活性炭黑。

另外，高温热解也是处理旧轮胎的一种方法，它可以得到碳黑、燃料油及气体。此方法目前正处于实验室研究阶段，大规模的成型工艺还有待进一步研究。

350 常用的电池包括哪些种类?

电池的种类繁多，主要有碱性电池（锌-二氧化锰）、锌碳电池（非碱性）、镍镉充电电池、氧化银电池、锌-空气纽扣电池、氧化汞电池和锂电池等。每种电池又具有不同型号。各种不同种类、型号的电池，其组成成分亦大不相同。

(1) 碱性电池

碱性锌锰电池一般称为碱性电池。它以粉末锌作为阳极，二氧化锰作为阴极，电解液为氢氧化钾溶液。

(2) 锌碳电池

同碱性电池一样，也有固体锌阳极和二氧化锰阴极，但是它的电解液用氯化铵和（或）氯化锌的水溶液。因此它是非碱性的。

(3) 镍镉充电电池

用镉作为阳极材料，用氧化镍作为阴极材料，电解液是氢氧化钾溶液。与其他非充电电池不同，在这种电池中电化学反应是可逆的，即可以使氢氧化镍成为阴极，氢氧化镉成为阳极进行充电反应。

(4) 氧化银电池

由氧化银粉末作为阴极，含有饱和锌酸盐的氢氧化钾或氢氧化钠水溶液作为电解液，与汞混合的粉末状锌作为阳极。有时还在阴极中加入二氧化锰。氧化银电池一般为纽扣电池，用于手表、助听器等便携电器。阳极中包括锌汞齐和溶解在碱性电解液中的胶凝剂。

(5) 锌-空气纽扣电池

直接利用空气中的氧气产生电能。空气中的氧气通过扩散进入电池，然后用其作为阴极反应物。阳极由疏松的锌粉末同电解液（有时还要加胶结剂）混合而成。电解液是约30%的氢氧化钾溶液。

(6) 氧化汞电池

氧化汞电池以锌粉或锌箔同5%～15%的汞混合作为阳极，氧化汞与石墨作为阴极，电解液是氢氧化钠或氢氧化钾溶液。有些品种用镉代替锌作阳极用于一些特定的用途。

(7) 锂电池

阳极使用金属锂制成，而阴极和电解液则种类繁多，所用材料种类的变化非常大，没有基本的标准组成。锂电池在市场上是一种全新的电池种类，主要用于摄影器材、便携式电脑、无线电话等。因为锂与水接触会发生反应，锂电池使用非水溶液。根据电解液和阴极材料的种类，锂电池分为三大类，即溶性阴极电池（液态或气态）、固体阴极电池和固态电解剂电池。

351 如何进行铅酸电池的回收利用?

铅酸电池的回收利用主要以废铅再生利用为主。还包括对于废酸以及塑料壳体的利用。

(1) 铅的回收利用

好的铅合金板栅经清洗后可直接回用，供蓄电池的维修使用。其余的板栅主要由再生铅处理厂对其进行处理利用。再生铅业主要采用火法、固相电解和湿法三种处理技术。

① 火法冶金工艺　废铅合金板栅可经过熔化直接铸成合金铅锭，再按要求制作蓄电池用的合金板栅。工艺流程为：铅锑合金板栅→熔化铸锭→铅锑合金。火法处理又可以采取不同的熔炼工艺，普通反射炉、水套炉、鼓风炉和冲天炉等熔炼工艺的技术落后，金属回收率低，能耗高，污染严重。而且目前国内采用此工艺的处理厂生产规模小而分散，生产设备落后。

② 固相电解还原工艺　固相电解还原是一种新型炼铅工艺方法，采用此方法金属铅的回收率比传统炉火熔炼法高出10%左右，生产规模可视回收量多少决定，可大可小，因此便于推广，对于供电资源丰富的地区更容易推广。该工艺机理是把各种铅的化合物放置在阴极上进行电解，正离子型铅离子得到电子被还原成金属铅。其设备采用立式电极电解装置。其工艺流程为：废铅污泥→固相电解→熔化铸锭→金属铅。

③ 湿法冶炼工艺　采用湿法冶炼工艺，可使用铅泥、铅尘等生产含铅化工产品，可

在化工和加工行业得到应用。其工艺简单，操作容易，没有环境污染，可以取得较好的经济效益。工艺流程为：铅泥→转化→溶解沉淀→化学合成→含铅产品。

（2）废酸的集中处理

废酸经集中处理可用作多种用途，具有回收工艺简单、用途广泛等特点。其主要用途有：回收的废酸经提纯、浓度调整等处理，可以作为生产蓄电池的原料；废酸经蒸馏以提高浓度，可用于铁丝厂作除锈用；供纺织厂中和含碱污水使用；利用废酸生产硫酸铜等化工产品。

（3）塑料壳体的回用

铅酸蓄电池多采用聚烯烃塑料制作隔板和壳体，属热塑性塑料，可以重复使用。完整的壳体经清洗后可继续回用；损坏的壳体清洗后，经破碎可重新加工成壳体，或加工成别的制品。

352 如何对废旧汽车进行回收处理?

机动车报废后，主要通过回收拆解和再生利用的方式对其进行回收处理。拆解工艺流程如图 5-1 所示。

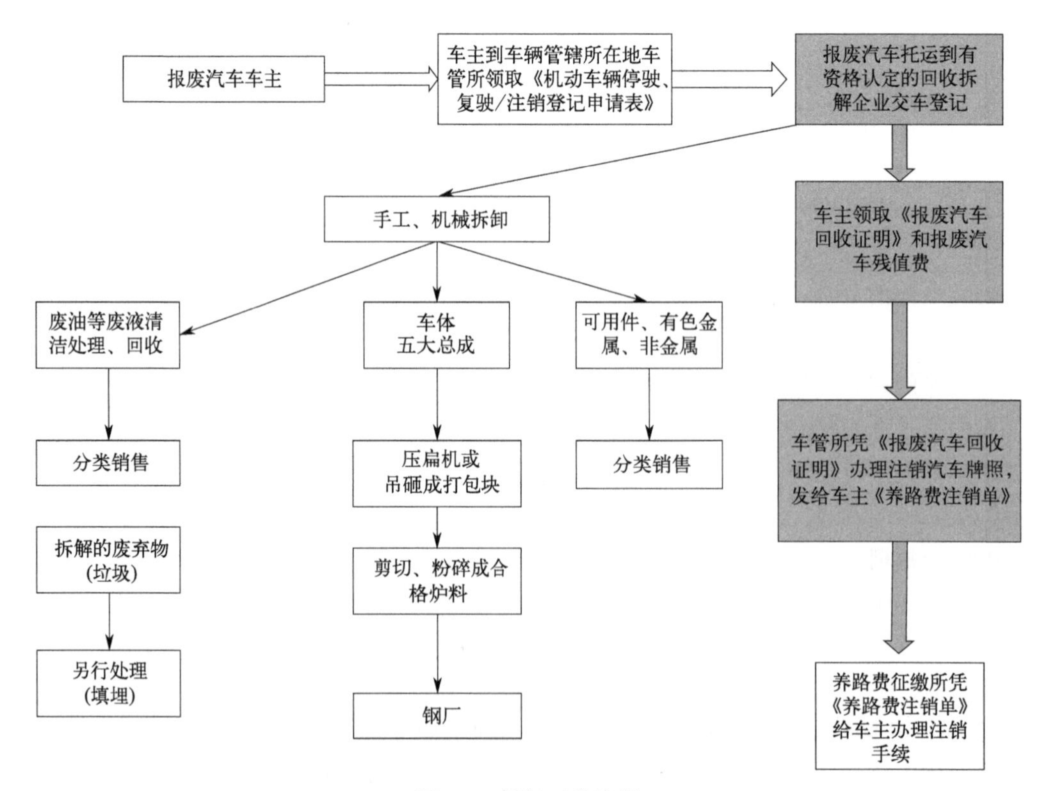

图 5-1 拆解工艺流程

具体拆解过程主要包括：

① 拆除电瓶、轮胎、油箱等危险部件。

② 车身整体切割。在车管所或者商务部门的监督下破拆车身前后桥、车架、转向机、

发动机、变速箱等五大总成。

③ 对车辆进行精分拆解。将报废汽车的胶垫、内饰、座椅、塑料壳等易燃物拆除后，再进行气割，手持喷着蓝色火焰的气割枪，自上而下对车辆的车顶、车身、底盘进行拆解。

拆解之后的零部件主要通过以下几种渠道处理：

① 销售零部件。其中五大总成经检验合格后可以出售，但出售时必须标明是再制造配件。另外，如后视镜、车门、玻璃、座椅等，只要有修理厂或车主需要，都可以拆下来卖。这些配件价格实惠，而且基本能满足使用。

② 蓄电池的处理。汽车的蓄电池部分要单独处理。

③ 废油的收集。拆解前先收集车内的残余油量，一是避免切割的时候造成危险，二是避免渗入地下，污染土壤和地下水。

④ 废钢的处理。报废汽车拆解后会有不少废钢角料，这些废钢通常卖给钢厂。主要分两种，一种是普通钢材，另一种是重金属铝、铜、铅等。因为重金属的价值是普通钢材的数倍，有能力的报废厂会将这些重金属仔细区分开来，分别卖给铝厂、铜厂等。

353 如何对废旧手机等电子产品进行回收处理?

废旧手机含有大量的铅、汞、镉、六价铬、多溴联苯（PBBs）和多溴二苯醚（PBDEs）等有毒有害物质，随意丢弃将会严重污染土壤和地下水，极易对生态环境和人体健康造成严重危害；但另一方面，手机具有高值可再利用的部件、元器件，富含塑料、玻璃陶瓷和丰富的金属元素等，再利用与再资源化的价值高于一般电子废弃物。

手机一般包括 9 个部分，即主板芯片、液晶显示屏、电池、天线、键盘、麦克风、扬声器、外壳以及其他附件（如耳机、装饰品等）。手机淘汰后，拆解下来的部件或器件 95%以上可继续使用。一般而言，手机质量的 30%～40%为各类金属材料，包括铜、锡、钴、铟、锑、金、银、钯、钨、钇等，其中金、银、钯等贵金属含量是普通金精矿的 5～10 倍；40%～50%为塑料；约 20%为其他材料，如玻璃陶瓷等。

废旧手机回收处理再利用的理想模式为：

① 建立正规化、基于“互联网＋”的回收体系，规范回收市场，确保产品流向正规回收渠道。

② 采用无损检测技术对整机产品进行评估，以甄别整机可再利用产品，确保再利用产品的安全与质量。

③ 信息安全擦除。确保原物主的信息不外露，并使整机或部件无损可再利用。

④ 整机无损拆解，关键器件功能恢复。对可再利用的器件（如芯片、内存、电阻、电容、摄像头、指纹识别等）通过修复、重组、再匹配方式实现再利用，可以被再利用于新手机的制造，或被应用于其他产品，如行程记录仪、运动 DV、儿童玩具等。

⑤ 绿色环保的贵金属提取技术。对于拆解后无法再利用的部件，可采用绿色环保的技术对其中的贵金属进行回收。

目前我国废旧手机回收处理多为“非正规化”模式，废旧手机流向不具备废弃电器电子产品回收处理资质的企业或个人进行拆解、贵金属提取或器件再利用，技术手段落后、环境污染和资源浪费严重，未来有待突破关键技术，真正实现废旧手机的再利用与资源化。

354 生物质固体废弃物都有哪些？其资源化转化的方式有哪几种?

生物质固体废弃物根据其来源不同可主要分为以下三种。

（1）城市生物质废物

主要包括家庭厨余垃圾、餐厨垃圾、园林绿化垃圾以及城镇污泥。目前我国大城市的生活垃圾中厨余和餐厨等有机废物比例大，即生物质废物含量较高。

（2）农作物废物

以农作物秸秆为主，主要包括玉米秸、麦秸和稻秸等。农作物废物最大的污染来自田间燃烧，全国每年约有 20.5%的秸秆被弃于田间直接燃烧，产生大量的 CO、CO_2、SO_2、NO_x 和烟尘等污染物，严重污染了大气环境。

（3）禽畜粪便

随着畜禽养殖业的发展，大量的畜禽粪便和污水带来了土地负荷压力过大、土壤及水体污染、空气恶臭和疾病传播等一系列问题。

生物质废物作为固体废物的一种，是人们必须妥善处理的环境污染物，若处理处置不当，将会导致严重的环境污染。生物质废物对区域水环境、大气及土壤环境等均有潜在的威胁。易降解生物质废物在堆积条件下产生的大量恶臭气体也是其周边空气质量的重要影响因素之一；生物质废物的随意堆放还会造成严重的土壤环境污染，生物质废物的成分十分复杂，如畜禽粪便含有大量的病原微生物或寄生虫，一些工业生物质废物含有酸或重金属，城市污泥中含有多种有机物及 Cu、Cr、Zn 等重金属，这些含有多种污染物的生物质废物若不加处理就进行堆放或填埋，将会对土壤环境造成严重的污染。

生物质废物在造成环境污染的同时，也是重要的可再生资源和能源。合理高效地将生物质废物资源化，不仅可以充分利用生物质能这一可再生清洁能源，而且对于 CO_2 减排也具有重要意义。

生物质废物资源化主要有两个途径，即物质利用和能量回收，主要集中于能量回收。常见的技术有厌氧消化、生物质发电、生物质气化和生物质固化等。

355 可饲料化的有机固体废物有哪些?

可饲料化的有机固体废物常见有农作物秸秆和餐厨垃圾等。

（1）农作物秸秆饲料化是秸秆的主要出路之一

秸秆饲料化利用主要体现在秸秆养畜和过腹还田两种形式。我国粗饲料中最常见的就是农作物秸秆，资源丰富，富含粗纤维，在反刍动物营养中具有不可忽视的作用。

（2）餐厨垃圾也可以作为饲料化的原料

餐厨垃圾的化学成分主要包括淀粉、纤维素、蛋白质、脂类和无机盐等几乎所有的营养元素。而且经过处理的餐厨垃圾干物质含粗脂肪 28.82%、粗蛋白 16.73%、灰分

9.49%、粗纤维2.52%、钙0.73%、磷0.76%。相较于其他城市生活垃圾，餐厨垃圾的有毒物质少，且营养元素全面，饲料化再利用具有较高的价值。餐厨垃圾饲料化通常是将餐厨剩余食物经高温脱水后，再经过灭菌和粉碎处理制成动物蛋白饲料原料，或者在对餐厨剩余食物进行高温灭菌处理的基础上，再经微生物发酵或昆虫过腹化处理，制成生物蛋白饲料的一种废物资源化处理工艺。

356 如何考虑有机固体废物转化为饲料的安全性问题?

有机固体废物的饲料工程化产品在一定程度上存在系列的安全问题。如餐厨垃圾物理处理制饲料的常用工艺有高温干化、高温压榨等，对减少餐厨垃圾废物的细菌、病毒污染具有明显的效果。但据相关病原性试验表明，这种工艺方法虽能显著减少餐厨垃圾中的大肠菌群等致病菌数量，却不能完全消除餐厨垃圾中的病原性以及其他残存的微生物。在餐厨垃圾中有毒枝霉素，动物性废物中的毒枝霉素是引发疯牛病等瘟疫的主要原因，而毒枝霉素很难通过高温等常规手段消除。此外，餐厨垃圾存在许多微量的有毒有害物质，如作物的残留农药、食品添加剂等，其中许多物质具有较强的环境稳定性和生物累积效应。

我国的餐厨垃圾成分非常复杂，存在很多动物肉类无法分离出来，而我国饮食习惯中又有吃各种动物内脏的习惯，这都不可避免地造成了餐厨垃圾中各种动物组织混杂。这些餐厨垃圾饲料化后的产品安全难以得到保障，存在很大的饲料安全隐患，不可避免地会出现动物食用同类的现象。目前国内的动物源性饲料掺杂现象严重，也不可避免地会出现非反刍动物源性饲料产品中含有反刍动物成分，这也存在导致疯牛病和痒病发生和传播的隐患。因此，饲料化处理技术存在难以预测的安全隐患，推广应用时应充分做好风险评估，以保证饲料安全。

357 影响饲料安全的饲料微生物都有哪些?

饲料在加工、贮藏、运输过程中极易受到微生物污染，微生物大量繁殖会导致饲料中的营养物质分解变质，甚至会在饲料中产生具有强烈毒性和致癌性的毒素。因此要充分保障饲料安全。

影响饲料安全的微生物主要有各种病毒、霉菌、放线菌、酵母菌、细菌等，这些微生物广泛存在于空气和环境中，很难发现和控制，是影响饲料安全的主要因素。具体可通过对饲料中霉菌、沙门氏菌、大肠菌群、细菌总数等指标的测定，有效表征饲料微生物种类、特性以及卫生质量状况。

(1) 霉菌

霉菌在一般条件环境下都能生长，且在空气中可以存活很长时间，能够在空气中进行传播。饲料加工、贮存和运输过程都存在被霉菌污染的概率。具体影响表现在，霉菌繁殖过程中形成大量的次级代谢物（如真菌霉素等），当动物机体通过饲料摄入真菌霉素后，生殖系统、消化系统、大脑、肺脏等器官都会受到一定程度侵害，容易出现免疫抑制、癌变、肝中毒等情况。此外，霉菌中的玉米赤霉烯酮在动物流产、不孕等方面具有较强的毒副作用，伏马毒素在养殖马的过程中具有引发肺水肿病的较强毒副作用。

（2）沙门氏菌

沙门氏菌对于动物养殖具有不容忽视的危害性，是造成动物急性胃炎、副伤寒、伤寒病症的一大主要因素。

（3）大肠菌群

大肠菌群检测物质一旦在饲料中被检测出来，则意味着动物饲料受到污染。粪便污染程度与菌群数高低呈正比。由于动物粪便内含有正常细菌的同时，还可能存在一定量肠道致病菌的情况，因此，饲料受到污染时，反映出饲料可能存在致病菌，有威胁动物健康安全的隐患。

（4）细菌总数

菌落是细菌总数的标准表示单位，可作为饲料质量卫生优劣的评判标志。

358 有机废物乙醇发酵的基本原理是什么？可用于乙醇发酵的有机废物的种类有哪些？

乙醇发酵通常是指酵母菌将葡萄糖转化成乙醇的过程，广义上也包括其他微生物利用糖生产乙醇的过程。当葡萄糖被摄入细胞内后，酵母菌利用糖酵解途径（EMP）将其分解成丙酮酸，丙酮酸在丙酮酸脱羧酶催化下生成乙醛，乙醛在乙醇脱氢酶催化下被还原型辅酶Ⅰ（NADH）还原成乙醇。环境条件对酵母菌的乙醇发酵有很大影响，厌氧和微酸性 pH 值有利于乙醇的形成。

可用于乙醇发酵的有机废物主要包括农业废弃物和餐厨垃圾。

（1）农业废弃物

秸秆等农业废弃物含有大量的木质纤维素生物质，可用于生产生物乙醇。秸秆主要由木质素、纤维素、半纤维素三大组分组成，具有结构致密、难生物降解的特性。利用木质纤维素生产生物乙醇，通常采用预处理、酶水解、还原糖发酵三步完成。

（2）餐厨垃圾

餐厨垃圾制备燃料乙醇的基本工艺可以分为预处理、水解、发酵和纯化四部分。预处理主要是为了去除垃圾原料中影响水解及发酵的物质，同时采取一定措施，破坏淀粉、纤维素等多糖的高级结构，提高后续水解糖化的效率及乙醇发酵的产率。水解是将淀粉、纤维素等多糖水解转化为可供乙醇发酵的还原糖类。发酵是采用微生物将还原糖类酵解为乙醇。纯化过程主要通过蒸馏、过滤等手段，获得纯度较高的乙醇。

359 利用木质纤维素类物质生产乙醇具有哪些优点？

乙醇（俗称酒精）是一种重要的工业原料，广泛应用于化工、食品、饮料工业、军工、日用化工和医药卫生等领域，还能作为能源工业的基础原料、燃料。将乙醇进一步脱水，再添加适量汽油后形成变性燃料，被视为替代和节约汽油的最佳燃料，具有廉价、清洁、环保、安全、可再生等优点。

利用木质纤维素类固体废物（主要是农村固体废物）生产乙醇具有以下优点。

（1）原料来源丰富

每年地球上约形成1000亿吨植物有机物，约含3×10^{21}J的能量，是全世界人类每年消耗量的10倍。就纤维素类生物质而言，我国农村可供利用的农作物秸秆达5亿～6亿吨，相当于2亿多吨标准煤。林产加工废料约为3000万吨，此外还有1000万吨左右的甘蔗渣。

（2）可以节约粮食

由于在世界范围内，粮食供应仍是一大问题。以粮食为原料生产燃料乙醇必将受到限制。在国内，随着粮食价格的逐渐放开，以粮食为原料的乙醇发酵工业成本剧增，生产难以为继，急需寻找能取代粮食的廉价原料。利用木质纤维素类物质生产乙醇，可以代替粮食。

（3）减少环境问题

目前农村固体废物纤维素类物质，除少量用于造纸、建筑、纺织等行业外，大部分未被有效利用，有16%～38%是作为垃圾处理的，其余部分的利用也多处于低级水平，如造成环境污染的随意焚烧、采用热效率仅约为10%的直接燃烧方法等。从解决环境污染考虑，以废纤维类物质为原料生产乙醇也是一种行之有效的方法。

360 利用木质纤维素类废物生物发酵产乙醇的原理是什么？

图5-2为木质纤维素发酵产乙醇的机理，纤维素、半纤维素类物质经过水解都可以生产乙醇，木质素物质不能以发酵的方法转化为乙醇。

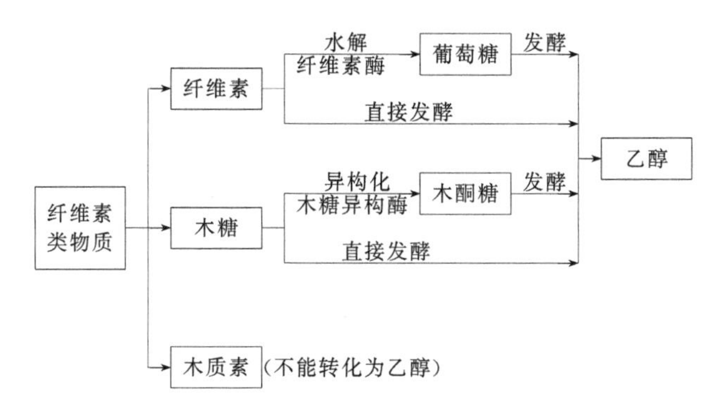

图5-2 木质纤维素类物质发酵产乙醇的原理

361 利用废纤维素生产乙醇有哪些工艺？

在以纤维素类物质生产乙醇的过程中，一般首先利用纤维素酶或产纤维素酶的微生物先将纤维素水解成可发酵性糖，再利用酵母将其发酵成乙醇，也有少数菌种可以直接发酵纤维素产生乙醇。一般地，嗜热厌氧细菌在生长速度和纤维素代谢速度上比其他菌株快，同时它所产生的纤维素酶的稳定性也较高。

纤维素发酵生产乙醇可分为直接发酵法、间接发酵法、同时糖化发酵法（SSF 法）、非等温同时糖化发酵法（NSSF 法）及固定化细胞发酵工艺和基因重组技术等几种。

（1）直接发酵法

即以纤维素为原料进行直接发酵，不需要进行酸解或酶解前处理过程。这种工艺方法设备简单，成本低廉，但乙醇产率不高，而且易产生有机酸等副产物。利用基因工程技术改造菌株的性能，也有望进行纤维素直接发酵产乙醇。即先从某一生物来源（或人工合成）取得合成纤维素酶的基因，将其同载体（通常是一种称为质粒的 DNA 大分子）连接，再将这个经过重组的环状 DNA 引入受体细胞（称为主细胞）并使其大量表达（产生）纤维素酶。由于要受到 DNA 供体、载体质粒、DNA 受体菌等多种因素的影响，构筑基因工程菌非常复杂，难度很大。

（2）间接发酵法

又叫糖化、发酵二段发酵法，是目前研究最多的一种方法。首先利用纤维素酶水解纤维素，生成葡萄糖；再将葡萄糖作为发酵碳源，进一步发酵成乙醇。乙醇产物的形成主要受以下因素限制：末端产物抑制、低细胞浓度以及基质抑制。为了克服乙醇产物的抑制，必须不断将其从发酵罐中移出。对细胞进行循环利用，可以克服细胞浓度低的问题；筛选在高糖浓度下存活并能利用高糖的微生物突变株，以及使菌体分阶段逐步适应高浓度基质，是克服基质抑制的关键。

（3）同时糖化发酵法

由于纤维素水解和乙醇发酵所需的酶系通常来自不同的微生物，最适反应条件各不相同，所以，最初的水解和发酵过程一般是分开进行的。为了克服反馈抑制作用，Ghose 等提出了在同一个反应罐中进行纤维素糖化和乙醇发酵的同步糖化发酵法，即纤维素酶对纤维素的水解和发酵糖化过程在同一装置内连续进行，水解产物葡萄糖被菌体不断利用，消除了葡萄糖对纤维素酶的反馈抑制作用。在工艺上采用一步发酵法，简化了设备，节约了总生产时间，提高了生产效率。同时糖化发酵法也存在一些抑制因素，如木糖的抑制、糖化和发酵的温度不协调所产生的问题等。消除木糖的抑制办法是利用能转化木糖为乙醇的菌株，如假丝酵母、管囊酵母等。现在研究较多的是用能利用葡萄糖与能利用木糖的菌株混合发酵；而解决糖化和发酵的温度不协调的方法是采用耐热酵母，如假丝酵母、克劳森氏酵母等。

（4）非等温同时糖化发酵法

纤维素酶糖化过程中，纤维素酶糖化与酵母发酵两个过程存在温度不协调的矛盾，前者的最适温度为 50℃左右，而酵母发酵的控制温度是 31～38℃，这在同时糖化发酵法工艺中难以解决。由此，研究人员提出了非等温同时糖化发酵法，即通过热交换控制，使糖化反应产物和初始底物进行热量交换，糖化产物温度降低进而进入酵母发酵阶段，初始底物则继续进行糖化反应，由此，很好地解决了两个过程温度不协调的矛盾。

（5）固定化细胞发酵工艺

固定化技术是生物工程技术的一个重要方面。固定化技术就是通过化学或物理方法将酶乃至整个细胞固定在固相载体上。固定化酶和固定化细胞可以反复使用，便于回收。因此，固定化技术可以变革传统的生产工艺，缩短生产周期，降低成本。该法使用固定化细胞提高发酵器内细胞浓度，使最终发酵液的乙醇浓度得以提高，其优点在于固定化细胞可连续使用。对于固定化细胞的研究，目前研究较多的是酵母和运动发酵单胞菌的固定化，研究结果表明，固定化运动发酵单胞菌比酵母更有优越性。最近又有将微生物固定在气液界面上进行发酵的研究报道。固定化细胞的新动向是混合固定化细胞发酵，如酵母与纤维二糖酶一起固定化，将纤维二糖基质转换成乙醇。此法颇引人注目，被看作是纤维素原料生产乙醇的重要阶梯。

(6) 基因重组技术

利用基因重组技术改良现有的高温菌并得到高效菌种，是乙醇发酵工业值得关注的一项技术。针对木质纤维素发酵产乙醇过程中存在木糖不能被有效地转化成乙醇的问题，研究人员克隆了木糖异构酶基因，转入受体菌酿酒酵母中，得到重组酵母转化子，实现了木糖异构酶的活性表达，为在酿酒酵母中建立新的木糖代谢途径奠定了基础。另外有研究报道采用双载体系统，将携带有里氏木霉木糖脱氢酶基因的表达质粒转入已带有树干毕赤氏酵母木糖还原酶基因的重组酿酒酵母中，构建了同时带有该两个基因的重组酿酒酵母HX1，使之能够在以木糖为唯一碳源的合成培养基上生长，并有效转化木糖为木糖醇及其他副产品，转化率达到90%以上，从而达到了提高木糖转化利用率的效果。

尽管通过生物学手段，有关纤维素发酵产乙醇的基础研究和实际应用已取得了可喜的成果，并不断转化成生产力，但在应用过程中，由于已知菌种产酶能力的欠缺，使得其发酵产率比较低，生产成本比较高，同时，糖类抑制作用对发酵过程影响也比较大。因此，开发或改良现有的高温木质纤维素分解菌菌种，选育高效的发酵菌种是该领域的当务之急。

362 农作物秸秆的预处理技术有哪些?

农作物秸秆产出时具有数量分散、体积较大和能量密度低等特点，同时具有一定的含水率。为了达到后续处理或资源化技术的要求，首先需要对秸秆进行预处理，主要包括干燥和破碎。

(1) 秸秆的干燥

根据是否需要消耗能源，可以分为自然干燥和机械干燥两种方式。自然干燥指利用太阳能或自然空气流通对秸秆进行干燥的方法，它不需要消耗能源，在广大农村地区应用较多。但是，自然干燥处理效率低下，手工劳动强度大，而且容易受到天气条件的影响，因此难以大规模连续化作业。机械干燥指利用机械干燥设备并消耗一定能源，对农作物秸秆进行加热干燥的方法。通常使用的干燥机包括转鼓式干燥器、带式干燥机、隧道式干燥室和流化床等干燥设备，而消耗的外界能源通常是热烟气或水蒸气等。机械干燥受外界因素影响小，处理时间短，效率高，但同时成本也高，一般在高附加值生物质的烘干过程中使用。

(2) 秸秆的破碎

农作物秸秆通常比较长，不经过破碎处理难以进行后续的作业。因此，适当的破碎处理是其处理与资源化利用的前提和保证。农作物秸秆的破碎一般使用秸秆粉碎机，通常为锤片式，主要用于加工秸秆、草粉，侧切干青秸秆还田，粉碎玉米、高粱等多种饲料等。

363 农作物秸秆直接还田技术包括哪几种方式?

农作物秸秆中含有一定量的营养成分，可以直接或经过一定处理之后还田利用，成为很好的农田肥料。秸秆还田技术是秸秆肥料化技术的一种。

（1）机械直接还田

又包括粉碎还田和整秆还田两种方式。粉碎还田是利用机械作业将田间秸秆直接粉碎还田，生产效率是手工还田的几十甚至上百倍。整秆还田主要是利用机械化技术将小麦、水稻和玉米秸秆整秆还田，可将田间直立的作物秸秆整秆翻埋或平铺为覆盖栽培。

（2）机械旋耕翻埋还田

对于玉米青秆等木质化程度低的秸秆，由于其秆壁脆嫩，容易折断，所以在收获后使用旋拼式手扶拖拉机横竖两遍旋拼，即可切成 20cm 左右长的秸秆并旋耕还田。由于秆茎通气组织发达，遇水易软化，腐解速度快，其养分当季就能利用。

（3）覆盖栽培还田

秸秆覆盖栽培可以使秸秆腐解后增加土壤的有机质含量，补充氮、磷、钾和其他微量元素，改善土壤的理化性能，加速土壤中物质的生物循环。此外秸秆的覆盖可以提高土壤的饱和导水率，增强土壤的蓄水能力，提高水分的利用率，促进植株地上部分生长。由于秸秆传热性能差，在覆盖情况下，秸秆能够调节土壤温度，可以有效缓解气温激变对作物的伤害。

364 农作物秸秆饲料化的目的是什么?

由于秸秆中含有大量的木质素，与其中的糖类结合在一起，使其难以被动物肠胃中的微生物和酶分解吸收，且秸秆中蛋白质和其他必要营养元素含量也较低，因此，未经处理的秸秆难以被消化，能量利用率很低，不适合直接用作饲料。秸秆饲料化技术的目的就是通过物理、化学或生物的手段，缩小秸秆饲料化的限制，为动物的消化吸收创造适宜的条件。

365 什么是农作物秸秆的挤压膨化技术?

秸秆挤压膨化技术是一种新兴的秸秆饲料加工技术。与压缩成型技术类似，挤压膨化的原理是将秸秆加水调质后输入专用挤压机（主要使用螺杆式挤压膨化机）的挤压腔，依靠秸秆与挤压腔中螺套壁及螺杆之间相互挤压、摩擦的作用，产生热量和压力，秸秆在压力下被挤出喷嘴，压力骤然下降，从而使秸秆体积迅速膨大，其产品通常称为膨化秸秆。挤压膨化技术生产的膨化饲料质地疏松、采食率高，利于微生物生长，提高了消化率，而且便于运输和贮存，可以直接用于喂猪、喂鸡、牛羊甚至喂鱼，实现了低投入高产出的秸秆养畜和过腹还田。

366 农作物秸秆的化学处理技术主要有哪些种类?

利用化学制剂作用于作物秸秆，破坏秸秆细胞壁中半纤维素与木质素形成的共价键，以利于瘤胃微生物对纤维素与半纤维素的分解，从而提高秸秆消化率与营养价值的技术称作秸秆的化学处理技术。

用于作物秸秆化学处理的化学制剂有很多，碱化处理主要使用氢氧化钠、氢氧化钙、氢氧化钾和碳酸钠等常用碱性物质；氧化处理常用氯气、过氧化氢、次氯酸盐等氧化剂；氨化处理则使用液氨、氨水、尿素和碳酸氢铵等化学试剂。其中使用氢氧化钠的碱处理和氨化处理应用最为广泛，另有其他成本低、效果好、操作简单的复合处理技术也逐渐推广应用。

367 利用生物质类固体废物制氢有哪些方法?

利用生物质类固体废物制氢包括两种方法。

(1) 生物转化制氢法

即利用能够转化生物质产生氢气的各种微生物对废物进行作用，从而得到氢气。

(2) 生物质气化法

将生物质通过热化学转化方式转化为高品位的气体燃气或合成气，产品气主要是 H_2、CO、少量 CO_2、CH_4 和其他轻烃气体。相对来说，生物质气化技术已比较完善，但存在着制取成本高，气体净化困难，副产物（煤焦油等）污染环境等缺点，还有待工艺的进一步改进。

368 什么是单细胞蛋白? 其主要来源和发展情况如何?

单细胞蛋白（singlecell protein，简称 SCP）就是通过培养单细胞生物而获得的菌体蛋白质。生产 SCP 的单细胞生物包括酵母菌、非病原细菌、真菌、单细胞藻类等，它们可以利用各种基质，如碳水化合物、烃类化合物、石油副产品、氢气以及有机废水等在适宜的培养条件下生产单细胞蛋白。

单细胞微生物体内蛋白质含量相当高，达 40%～80%。其中，酵母菌体中蛋白质含量占细胞干物质的 35%～60%；细菌体内蛋白质占干物质的 40%～80%；霉菌菌丝体蛋白质占干物质的 15%～50%；单细胞藻类（如小球藻等）蛋白质占干物质的 40%～60%。同时微生物细胞中还有丰富的碳水化合物及脂类、维生素、矿物质，所以微生物菌体可以作为食品和饲料。

单细胞蛋白生产有相当长的历史。第一次世界大战期间，苦于粮食不足的德国已经将食用酵母投入生产，最初是用糖来生产，后来发展到利用造纸工业的亚硫酸废液制造饲料酵母。第二次世界大战期间，德国因缺乏蛋白质和维生素食品，建立起生产单细胞蛋白的工厂。二战后，许多国家都建立了生产 SCP 的工厂。SCP 的生产不仅可以应付战时蛋白质供应的短缺，而且在农业、畜牧及渔业歉收时，也可补充蛋白质供应的不足。

369 跟传统农业生产蛋白质相比，工业化大规模生产 SCP 有哪些优点?

跟传统农业生产蛋白质相比，工业化大规模生产 SCP 具有许多优越性。

① 比农业生产需要的劳动力少，不受季节和气候的制约。

② 原料来源广泛，如农产品的下脚料、工业废水、烃类及其衍生物。

③ 可用占地有限的小设备进行生产且产量高。

④ 生产周期短，生产效率高。在适宜条件下，细菌 0.15～1h，酵母 1～3h 即可增殖一倍。

⑤ SCP 含有丰富的蛋白质、维生素和矿物质，可以开辟新的饲料蛋白源，节约粮食，减少环境污染，促进畜牧业发展。有些 SCP 的营养成分符合人体的需要，容易被吸收利用，可以直接做成食品。

⑥ SCP 的生产使人类摆脱大自然的束缚，是发展工业化生产蛋白质的途径。

370 生产单细胞蛋白的微生物包括哪些?

生产单细胞蛋白选用的微生物必须是无毒的，不致病的。目前生产 SCP 的微生物有四大类，即非致病和非产毒的酵母、细菌、真菌和藻类。这些微生物生产单细胞蛋白的优缺点如表 5-3 所示。

表 5-3 各类微生物生产单细胞蛋白的优缺点

微生物种类	优点	缺点
酵母	历史悠久，工艺成熟，核酸含量较低，个体大，容易回收	一般不能直接利用木质纤维素类物质
细菌	原料广泛，生长周期短	个体较小，收获分离比较困难，核酸含量高，消化性不好
藻类	一般只需要阳光和 CO_2，属于自养型微生物	纤维质细胞壁不易消化
真菌	易于回收，可从培养液中滤出挤压成形	生产速度慢，蛋白质含量不高，易受酵母污染

371 生产单细胞蛋白的原料和工艺应满足哪些条件?

适合生产 SCP 的有机废料应具备的条件有：

① 价格低廉，易于大量获取；

② 易于被微生物降解或者预处理过程简单；

③ 原料能够常年可靠供应并且安全经济地贮存；

④ 原料运输方便而且经济。

某种 SCP 生产工艺是否可行，需要从多个方面进行考察，要实现工业生产的商品化，更需要满足很多条件，主要包括以下几点：

① 生产所用菌种增殖速度快，对营养要求低且广谱，易于培养且可连续发酵；

② 原料容易获取而且价格低廉，直接利用工农业废料为原料则更佳；

③ 菌体易于分离回收；

④ 生产过程不容易被杂菌污染；

⑤ 生产过程原料利用率高，排污量小；

⑥ 菌体蛋白质含量高，氨基酸组成适宜；

⑦ 无毒性物质、病原微生物及致癌物质的产生；

⑧ 适口性好，易于吸收；

⑨ 易于包装贮藏运输。

372 生产单细胞蛋白的工艺流程如何？

生产单细胞蛋白的一般工艺流程如图 5-3 所示。

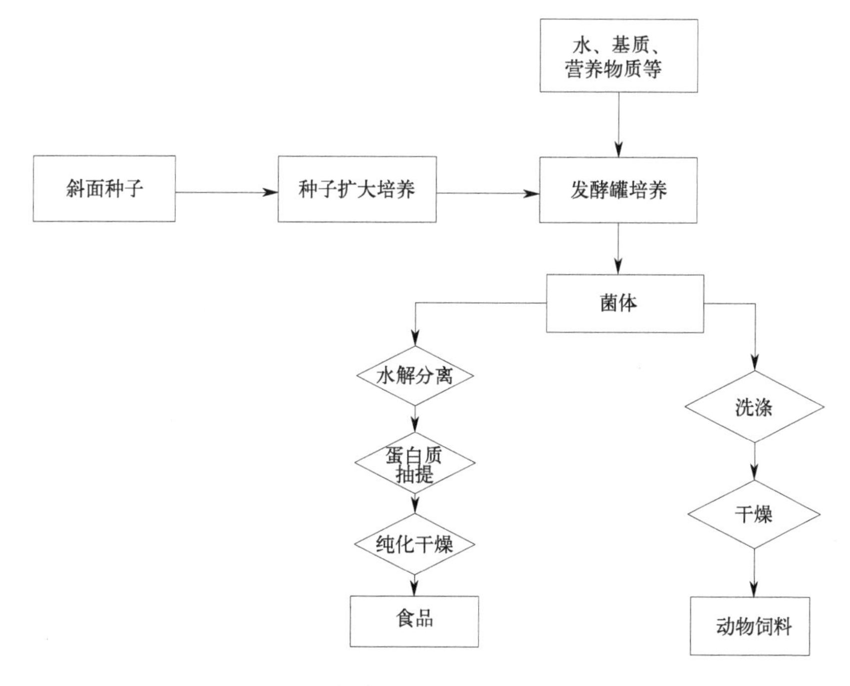

图 5-3 生产单细胞蛋白的一般工艺流程

373 利用固体废物生产单细胞蛋白目前存在哪些问题？

目前，SCP 产品的广泛应用还存在若干问题，主要有以下几点：

① SCP 中的核酸含量很高，可能会危害某些生理功能紊乱症患者的健康；

② 由于有毒性物质存在的可能，如微生物从培养基中富集重金属，微生物自身产生毒素等，人们必须花费大量的人力、物力和财力进行质量检测；

③ 由于微生物在人类消化道中消化得很慢，可能会使一些食用者产生消化不良或者过敏等症状；

④ SCP 产品的成本还不够低廉，与一些其他来源的蛋白质（如大豆蛋白等）相比更加昂贵；

⑤ 新的安全而又经济的生产工艺还有待开发，对于不同微生物的生长特性、遗传代谢特征、生产出的单细胞蛋白的适口性及安全性等问题还有待于进一步研究。

附录一 《中华人民共和国固体废物污染环境防治法》

中华人民共和国固体废物污染环境防治法

第一章 总则

第一条 为了保护和改善生态环境，防治固体废物污染环境，保障公众健康，维护生态安全，推进生态文明建设，促进经济社会可持续发展，制定本法。

第二条 固体废物污染环境的防治适用本法。

固体废物污染海洋环境的防治和放射性固体废物污染环境的防治不适用本法。

第三条 国家推行绿色发展方式，促进清洁生产和循环经济发展。

国家倡导简约适度、绿色低碳的生活方式，引导公众积极参与固体废物污染环境防治。

第四条 固体废物污染环境防治坚持减量化、资源化和无害化的原则。

任何单位和个人都应当采取措施，减少固体废物的产生量，促进固体废物的综合利用，降低固体废物的危害性。

第五条 固体废物污染环境防治坚持污染担责的原则。

产生、收集、贮存、运输、利用、处置固体废物的单位和个人，应当采取措施，防止或者减少固体废物对环境的污染，对所造成的环境污染依法承担责任。

第六条 国家推行生活垃圾分类制度。

生活垃圾分类坚持政府推动、全民参与、城乡统筹、因地制宜、简便易行的原则。

第七条 地方各级人民政府对本行政区域固体废物污染环境防治负责。

国家实行固体废物污染环境防治目标责任制和考核评价制度，将固体废物污染环境防治目标完成情况纳入考核评价的内容。

第八条 各级人民政府应当加强对固体废物污染环境防治工作的领导，组织、协调、督促有关部门依法履行固体废物污染环境防治监督管理职责。

省、自治区、直辖市之间可以协商建立跨行政区域固体废物污染环境的联防联控机制，统筹规划制定、设施建设、固体废物转移等工作。

第九条 国务院生态环境主管部门对全国固体废物污染环境防治工作实施统一监督管

理。国务院发展改革、工业和信息化、自然资源、住房城乡建设、交通运输、农业农村、商务、卫生健康、海关等主管部门在各自职责范围内负责固体废物污染环境防治的监督管理工作。

地方人民政府生态环境主管部门对本行政区域固体废物污染环境防治工作实施统一监督管理。地方人民政府发展改革、工业和信息化、自然资源、住房城乡建设、交通运输、农业农村、商务、卫生健康等主管部门在各自职责范围内负责固体废物污染环境防治的监督管理工作。

第十条　国家鼓励、支持固体废物污染环境防治的科学研究、技术开发、先进技术推广和科学普及，加强固体废物污染环境防治科技支撑。

第十一条　国家机关、社会团体、企业事业单位、基层群众性自治组织和新闻媒体应当加强固体废物污染环境防治宣传教育和科学普及，增强公众固体废物污染环境防治意识。

学校应当开展生活垃圾分类以及其他固体废物污染环境防治知识普及和教育。

第十二条　各级人民政府对在固体废物污染环境防治工作以及相关的综合利用活动中做出显著成绩的单位和个人，按照国家有关规定给予表彰、奖励。

第二章　监督管理

第十三条　县级以上人民政府应当将固体废物污染环境防治工作纳入国民经济和社会发展规划、生态环境保护规划，并采取有效措施减少固体废物的产生量、促进固体废物的综合利用、降低固体废物的危害性，最大限度降低固体废物填埋量。

第十四条　国务院生态环境主管部门应当会同国务院有关部门根据国家环境质量标准和国家经济、技术条件，制定固体废物鉴别标准、鉴别程序和国家固体废物污染环境防治技术标准。

第十五条　国务院标准化主管部门应当会同国务院发展改革、工业和信息化、生态环境、农业农村等主管部门，制定固体废物综合利用标准。

综合利用固体废物应当遵守生态环境法律法规，符合固体废物污染环境防治技术标准。使用固体废物综合利用产物应当符合国家规定的用途、标准。

第十六条　国务院生态环境主管部门应当会同国务院有关部门建立全国危险废物等固体废物污染环境防治信息平台，推进固体废物收集、转移、处置等全过程监控和信息化追溯。

第十七条　建设产生、贮存、利用、处置固体废物的项目，应当依法进行环境影响评价，并遵守国家有关建设项目环境保护管理的规定。

第十八条　建设项目的环境影响评价文件确定需要配套建设的固体废物污染环境防治设施，应当与主体工程同时设计、同时施工、同时投入使用。建设项目的初步设计，应当按照环境保护设计规范的要求，将固体废物污染环境防治内容纳入环境影响评价文件，落实防治固体废物污染环境和破坏生态的措施以及固体废物污染环境防治设施投资概算。

建设单位应当依照有关法律法规的规定，对配套建设的固体废物污染环境防治设施进行验收，编制验收报告，并向社会公开。

第十九条　收集、贮存、运输、利用、处置固体废物的单位和其他生产经营者，应当加强对相关设施、设备和场所的管理和维护，保证其正常运行和使用。

第二十条　产生、收集、贮存、运输、利用、处置固体废物的单位和其他生产经营者，应当采取防扬散、防流失、防渗漏或者其他防止污染环境的措施，不得擅自倾倒、堆放、丢弃、遗撒固体废物。

禁止任何单位或者个人向江河、湖泊、运河、渠道、水库及其最高水位线以下的滩地和岸坡以及法律法规规定的其他地点倾倒、堆放、贮存固体废物。

第二十一条　在生态保护红线区域、永久基本农田集中区域和其他需要特别保护的区域内，禁止建设工业固体废物、危险废物集中贮存、利用、处置的设施、场所和生活垃圾填埋场。

第二十二条　转移固体废物出省、自治区、直辖市行政区域贮存、处置的，应当向固体废物移出地的省、自治区、直辖市人民政府生态环境主管部门提出申请。移出地的省、自治区、直辖市人民政府生态环境主管部门应当及时商经接受地的省、自治区、直辖市人民政府生态环境主管部门同意后，在规定期限内批准转移该固体废物出省、自治区、直辖市行政区域。未经批准的，不得转移。

转移固体废物出省、自治区、直辖市行政区域利用的，应当报固体废物移出地的省、自治区、直辖市人民政府生态环境主管部门备案。移出地的省、自治区、直辖市人民政府生态环境主管部门应当将备案信息通报接受地的省、自治区、直辖市人民政府生态环境主管部门。

第二十三条　禁止中华人民共和国境外的固体废物进境倾倒、堆放、处置。

第二十四条　国家逐步实现固体废物零进口，由国务院生态环境主管部门会同国务院商务、发展改革、海关等主管部门组织实施。

第二十五条　海关发现进口货物疑似固体废物的，可以委托专业机构开展属性鉴别，并根据鉴别结论依法管理。

第二十六条　生态环境主管部门及其环境执法机构和其他负有固体废物污染环境防治监督管理职责的部门，在各自职责范围内有权对从事产生、收集、贮存、运输、利用、处置固体废物等活动的单位和其他生产经营者进行现场检查。被检查者应当如实反映情况，并提供必要的资料。

实施现场检查，可以采取现场监测、采集样品、查阅或者复制与固体废物污染环境防治相关的资料等措施。检查人员进行现场检查，应当出示证件。对现场检查中知悉的商业秘密应当保密。

第二十七条　有下列情形之一，生态环境主管部门和其他负有固体废物污染环境防治监督管理职责的部门，可以对违法收集、贮存、运输、利用、处置的固体废物及设施、设备、场所、工具、物品予以查封、扣押：

（一）可能造成证据灭失、被隐匿或者非法转移的；

（二）造成或者可能造成严重环境污染的。

第二十八条　生态环境主管部门应当会同有关部门建立产生、收集、贮存、运输、利用、处置固体废物的单位和其他生产经营者信用记录制度，将相关信用记录纳入全国信用信息共享平台。

第二十九条　设区的市级人民政府生态环境主管部门应当会同住房城乡建设、农业农村、卫生健康等主管部门，定期向社会发布固体废物的种类、产生量、处置能力、利用处置状况等信息。

产生、收集、贮存、运输、利用、处置固体废物的单位，应当依法及时公开固体废物污染环境防治信息，主动接受社会监督。

利用、处置固体废物的单位，应当依法向公众开放设施、场所，提高公众环境保护意识和参与程度。

第三十条　县级以上人民政府应当将工业固体废物、生活垃圾、危险废物等固体废物污染环境防治情况纳入环境状况和环境保护目标完成情况年度报告，向本级人民代表大会或者人民代表大会常务委员会报告。

第三十一条　任何单位和个人都有权对造成固体废物污染环境的单位和个人进行举报。

生态环境主管部门和其他负有固体废物污染环境防治监督管理职责的部门应当将固体废物污染环境防治举报方式向社会公布，方便公众举报。

接到举报的部门应当及时处理并对举报人的相关信息予以保密；对实名举报并查证属实的，给予奖励。

举报人举报所在单位的，该单位不得以解除、变更劳动合同或者其他方式对举报人进行打击报复。

第三章　工业固体废物

第三十二条　国务院生态环境主管部门应当会同国务院发展改革、工业和信息化等主管部门对工业固体废物对公众健康、生态环境的危害和影响程度等作出界定，制定防治工业固体废物污染环境的技术政策，组织推广先进的防治工业固体废物污染环境的生产工艺和设备。

第三十三条　国务院工业和信息化主管部门应当会同国务院有关部门组织研究开发、推广减少工业固体废物产生量和降低工业固体废物危害性的生产工艺和设备，公布限期淘汰产生严重污染环境的工业固体废物的落后生产工艺、设备的名录。

生产者、销售者、进口者、使用者应当在国务院工业和信息化主管部门会同国务院有关部门规定的期限内分别停止生产、销售、进口或者使用列入前款规定名录中的设备。生产工艺的采用者应当在国务院工业和信息化主管部门会同国务院有关部门规定的期限内停止采用列入前款规定名录中的工艺。

列入限期淘汰名录被淘汰的设备，不得转让给他人使用。

第三十四条　国务院工业和信息化主管部门应当会同国务院发展改革、生态环境等主管部门，定期发布工业固体废物综合利用技术、工艺、设备和产品导向目录，组织开展工业固体废物资源综合利用评价，推动工业固体废物综合利用。

第三十五条　县级以上地方人民政府应当制定工业固体废物污染环境防治工作规划，组织建设工业固体废物集中处置等设施，推动工业固体废物污染环境防治工作。

第三十六条　产生工业固体废物的单位应当建立健全工业固体废物产生、收集、贮存、运输、利用、处置全过程的污染环境防治责任制度，建立工业固体废物管理台账，如实记录产生工业固体废物的种类、数量、流向、贮存、利用、处置等信息，实现工业固体废物可追溯、可查询，并采取防治工业固体废物污染环境的措施。

禁止向生活垃圾收集设施中投放工业固体废物。

第三十七条　产生工业固体废物的单位委托他人运输、利用、处置工业固体废物的，应当对受托方的主体资格和技术能力进行核实，依法签订书面合同，在合同中约定污染防治要求。

受托方运输、利用、处置工业固体废物，应当依照有关法律法规的规定和合同约定履行污染防治要求，并将运输、利用、处置情况告知产生工业固体废物的单位。

产生工业固体废物的单位违反本条第一款规定的，除依照有关法律法规的规定予以处罚外，还应当与造成环境污染和生态破坏的受托方承担连带责任。

第三十八条　产生工业固体废物的单位应当依法实施清洁生产审核，合理选择和利用原材料、能源和其他资源，采用先进的生产工艺和设备，减少工业固体废物的产生量，降低工业固体废物的危害性。

第三十九条　产生工业固体废物的单位应当取得排污许可证。排污许可的具体办法和实施步骤由国务院规定。

产生工业固体废物的单位应当向所在地生态环境主管部门提供工业固体废物的种类、数量、流向、贮存、利用、处置等有关资料，以及减少工业固体废物产生、促进综合利用的具体措施，并执行排污许可管理制度的相关规定。

第四十条　产生工业固体废物的单位应当根据经济、技术条件对工业固体废物加以利用；对暂时不利用或者不能利用的，应当按照国务院生态环境等主管部门的规定建设贮存设施、场所，安全分类存放，或者采取无害化处置措施。贮存工业固体废物应当采取符合国家环境保护标准的防护措施。

建设工业固体废物贮存、处置的设施、场所，应当符合国家环境保护标准。

第四十一条　产生工业固体废物的单位终止的，应当在终止前对工业固体废物的贮存、处置的设施、场所采取污染防治措施，并对未处置的工业固体废物作出妥善处置，防止污染环境。

产生工业固体废物的单位发生变更的，变更后的单位应当按照国家有关环境保护的规定对未处置的工业固体废物及其贮存、处置的设施、场所进行安全处置或者采取有效措施保证该设施、场所安全运行。变更前当事人对工业固体废物及其贮存、处置的设施、场所的污染防治责任另有约定的，从其约定；但是，不得免除当事人的污染防治义务。

对 2005 年 4 月 1 日前已经终止的单位未处置的工业固体废物及其贮存、处置的设施、场所进行安全处置的费用，由有关人民政府承担；但是，该单位享有的土地使用权依法转让的，应当由土地使用权受让人承担处置费用。当事人另有约定的，从其约定；但是，不得免除当事人的污染防治义务。

第四十二条　矿山企业应当采取科学的开采方法和选矿工艺，减少尾矿、煤矸石、废石等矿业固体废物的产生量和贮存量。

国家鼓励采取先进工艺对尾矿、煤矸石、废石等矿业固体废物进行综合利用。

尾矿、煤矸石、废石等矿业固体废物贮存设施停止使用后，矿山企业应当按照国家有关环境保护等规定进行封场，防止造成环境污染和生态破坏。

第四章　生活垃圾

第四十三条　县级以上地方人民政府应当加快建立分类投放、分类收集、分类运输、分类处理的生活垃圾管理系统，实现生活垃圾分类制度有效覆盖。

县级以上地方人民政府应当建立生活垃圾分类工作协调机制，加强和统筹生活垃圾分类管理能力建设。

各级人民政府及其有关部门应当组织开展生活垃圾分类宣传，教育引导公众养成生活垃圾分类习惯，督促和指导生活垃圾分类工作。

第四十四条　县级以上地方人民政府应当有计划地改进燃料结构，发展清洁能源，减少燃料废渣等固体废物的产生量。

县级以上地方人民政府有关部门应当加强产品生产和流通过程管理，避免过度包装，组织净菜上市，减少生活垃圾的产生量。

第四十五条　县级以上人民政府应当统筹安排建设城乡生活垃圾收集、运输、处理设施，确定设施厂址，提高生活垃圾的综合利用和无害化处置水平，促进生活垃圾收集、处理的产业化发展，逐步建立和完善生活垃圾污染环境防治的社会服务体系。

县级以上地方人民政府有关部门应当统筹规划，合理安排回收、分拣、打包网点，促进生活垃圾的回收利用工作。

第四十六条　地方各级人民政府应当加强农村生活垃圾污染环境的防治，保护和改善农村人居环境。

国家鼓励农村生活垃圾源头减量。城乡结合部、人口密集的农村地区和其他有条件的地方，应当建立城乡一体的生活垃圾管理系统；其他农村地区应当积极探索生活垃圾管理模式，因地制宜，就近就地利用或者妥善处理生活垃圾。

第四十七条　设区的市级以上人民政府环境卫生主管部门应当制定生活垃圾清扫、收集、贮存、运输和处理设施、场所建设运行规范，发布生活垃圾分类指导目录，加强监督管理。

第四十八条　县级以上地方人民政府环境卫生等主管部门应当组织对城乡生活垃圾进行清扫、收集、运输和处理，可以通过招标等方式选择具备条件的单位从事生活垃圾的清扫、收集、运输和处理。

第四十九条　产生生活垃圾的单位、家庭和个人应当依法履行生活垃圾源头减量和分类投放义务，承担生活垃圾产生者责任。

任何单位和个人都应当依法在指定的地点分类投放生活垃圾。禁止随意倾倒、抛撒、堆放或者焚烧生活垃圾。

机关、事业单位等应当在生活垃圾分类工作中起示范带头作用。

已经分类投放的生活垃圾，应当按照规定分类收集、分类运输、分类处理。

第五十条　清扫、收集、运输、处理城乡生活垃圾，应当遵守国家有关环境保护和环境卫生管理的规定，防止污染环境。

从生活垃圾中分类并集中收集的有害垃圾，属于危险废物的，应当按照危险废物管理。

第五十一条　从事公共交通运输的经营单位，应当及时清扫、收集运输过程中产生的生活垃圾。

第五十二条　农贸市场、农产品批发市场等应当加强环境卫生管理，保持环境卫生清洁，对所产生的垃圾及时清扫、分类收集、妥善处理。

第五十三条　从事城市新区开发、旧区改建和住宅小区开发建设、村镇建设的单位，以及机场、码头、车站、公园、商场、体育场馆等公共设施、场所的经营管理单位，应当按照国家有关环境卫生的规定，配套建设生活垃圾收集设施。

县级以上地方人民政府应当统筹生活垃圾公共转运、处理设施与前款规定的收集设施的有效衔接，并加强生活垃圾分类收运体系和再生资源回收体系在规划、建设、运营等方面的融合。

第五十四条　从生活垃圾中回收的物质应当按照国家规定的用途、标准使用，不得用于生产可能危害人体健康的产品。

第五十五条　建设生活垃圾处理设施、场所，应当符合国务院生态环境主管部门和国务院住房城乡建设主管部门规定的环境保护和环境卫生标准。

鼓励相邻地区统筹生活垃圾处理设施建设，促进生活垃圾处理设施跨行政区域共建共享。

禁止擅自关闭、闲置或者拆除生活垃圾处理设施、场所；确有必要关闭、闲置或者拆除的，应当经所在地的市、县级人民政府环境卫生主管部门商所在地生态环境主管部门同意后核准，并采取防止污染环境的措施。

第五十六条　生活垃圾处理单位应当按照国家有关规定，安装使用监测设备，实时监测污染物的排放情况，将污染排放数据实时公开。监测设备应当与所在地生态环境主管部门的监控设备联网。

第五十七条　县级以上地方人民政府环境卫生主管部门负责组织开展厨余垃圾资源化、无害化处理工作。

产生、收集厨余垃圾的单位和其他生产经营者，应当将厨余垃圾交由具备相应资质条件的单位进行无害化处理。

禁止畜禽养殖场、养殖小区利用未经无害化处理的厨余垃圾饲喂畜禽。

第五十八条　县级以上地方人民政府应当按照产生者付费原则，建立生活垃圾处理收费制度。

县级以上地方人民政府制定生活垃圾处理收费标准，应当根据本地实际，结合生活垃圾分类情况，体现分类计价、计量收费等差别化管理，并充分征求公众意见。生活垃圾处理收费标准应当向社会公布。

生活垃圾处理费应当专项用于生活垃圾的收集、运输和处理等，不得挪作他用。

第五十九条　省、自治区、直辖市和设区的市、自治州可以结合实际，制定本地方生活垃圾具体管理办法。

第五章　建筑垃圾、农业固体废物等

第六十条　县级以上地方人民政府应当加强建筑垃圾污染环境的防治，建立建筑垃圾分类处理制度。

县级以上地方人民政府应当制定包括源头减量、分类处理、消纳设施和场所布局及建设等在内的建筑垃圾污染环境防治工作规划。

第六十一条　国家鼓励采用先进技术、工艺、设备和管理措施，推进建筑垃圾源头减量，建立建筑垃圾回收利用体系。

县级以上地方人民政府应当推动建筑垃圾综合利用产品应用。

第六十二条　县级以上地方人民政府环境卫生主管部门负责建筑垃圾污染环境防治工

作，建立建筑垃圾全过程管理制度，规范建筑垃圾产生、收集、贮存、运输、利用、处置行为，推进综合利用，加强建筑垃圾处置设施、场所建设，保障处置安全，防止污染环境。

第六十三条　工程施工单位应当编制建筑垃圾处理方案，采取污染防治措施，并报县级以上地方人民政府环境卫生主管部门备案。

工程施工单位应当及时清运工程施工过程中产生的建筑垃圾等固体废物，并按照环境卫生主管部门的规定进行利用或者处置。

工程施工单位不得擅自倾倒、抛撒或者堆放工程施工过程中产生的建筑垃圾。

第六十四条　县级以上人民政府农业农村主管部门负责指导农业固体废物回收利用体系建设，鼓励和引导有关单位和其他生产经营者依法收集、贮存、运输、利用、处置农业固体废物，加强监督管理，防止污染环境。

第六十五条　产生秸秆、废弃农用薄膜、农药包装废弃物等农业固体废物的单位和其他生产经营者，应当采取回收利用和其他防止污染环境的措施。

从事畜禽规模养殖应当及时收集、贮存、利用或者处置养殖过程中产生的畜禽粪污等固体废物，避免造成环境污染。

禁止在人口集中地区、机场周围、交通干线附近以及当地人民政府划定的其他区域露天焚烧秸秆。

国家鼓励研究开发、生产、销售、使用在环境中可降解且无害的农用薄膜。

第六十六条　国家建立电器电子、铅蓄电池、车用动力电池等产品的生产者责任延伸制度。

电器电子、铅蓄电池、车用动力电池等产品的生产者应当按照规定以自建或者委托等方式建立与产品销售量相匹配的废旧产品回收体系，并向社会公开，实现有效回收和利用。

国家鼓励产品的生产者开展生态设计，促进资源回收利用。

第六十七条　国家对废弃电器电子产品等实行多渠道回收和集中处理制度。

禁止将废弃机动车船等交由不符合规定条件的企业或者个人回收、拆解。

拆解、利用、处置废弃电器电子产品、废弃机动车船等，应当遵守有关法律法规的规定，采取防止污染环境的措施。

第六十八条　产品和包装物的设计、制造，应当遵守国家有关清洁生产的规定。国务院标准化主管部门应当根据国家经济和技术条件、固体废物污染环境防治状况以及产品的技术要求，组织制定有关标准，防止过度包装造成环境污染。

生产经营者应当遵守限制商品过度包装的强制性标准，避免过度包装。县级以上地方人民政府市场监督管理部门和有关部门应当按照各自职责，加强对过度包装的监督管理。

生产、销售、进口依法被列入强制回收目录的产品和包装物的企业，应当按照国家有关规定对该产品和包装物进行回收。

电子商务、快递、外卖等行业应当优先采用可重复使用、易回收利用的包装物，优化物品包装，减少包装物的使用，并积极回收利用包装物。县级以上地方人民政府商务、邮政等主管部门应当加强监督管理。

国家鼓励和引导消费者使用绿色包装和减量包装。

第六十九条　国家依法禁止、限制生产、销售和使用不可降解塑料袋等一次性塑料制品。

商品零售场所开办单位、电子商务平台企业和快递企业、外卖企业应当按照国家有关规定向商务、邮政等主管部门报告塑料袋等一次性塑料制品的使用、回收情况。

国家鼓励和引导减少使用、积极回收塑料袋等一次性塑料制品，推广应用可循环、易回收、可降解的替代产品。

第七十条　旅游、住宿等行业应当按照国家有关规定推行不主动提供一次性用品。

机关、企业事业单位等的办公场所应当使用有利于保护环境的产品、设备和设施，减少使用一次性办公用品。

第七十一条　城镇污水处理设施维护运营单位或者污泥处理单位应当安全处理污泥，保证处理后的污泥符合国家有关标准，对污泥的流向、用途、用量等进行跟踪、记录，并报告城镇排水主管部门、生态环境主管部门。

县级以上人民政府城镇排水主管部门应当将污泥处理设施纳入城镇排水与污水处理规划，推动同步建设污泥处理设施与污水处理设施，鼓励协同处理，污水处理费征收标准和补偿范围应当覆盖污泥处理成本和污水处理设施正常运营成本。

第七十二条　禁止擅自倾倒、堆放、丢弃、遗撒城镇污水处理设施产生的污泥和处理后的污泥。

禁止重金属或者其他有毒有害物质含量超标的污泥进入农用地。

从事水体清淤疏浚应当按照国家有关规定处理清淤疏浚过程中产生的底泥，防止污染环境。

第七十三条　各级各类实验室及其设立单位应当加强对实验室产生的固体废物的管理，依法收集、贮存、运输、利用、处置实验室固体废物。实验室固体废物属于危险废物的，应当按照危险废物管理。

第六章　危险废物

第七十四条　危险废物污染环境的防治，适用本章规定；本章未作规定的，适用本法其他有关规定。

第七十五条　国务院生态环境主管部门应当会同国务院有关部门制定国家危险废物名录，规定统一的危险废物鉴别标准、鉴别方法、识别标志和鉴别单位管理要求。国家危险废物名录应当动态调整。

国务院生态环境主管部门根据危险废物的危害特性和产生数量，科学评估其环境风险，实施分级分类管理，建立信息化监管体系，并通过信息化手段管理、共享危险废物转移数据和信息。

第七十六条　省、自治区、直辖市人民政府应当组织有关部门编制危险废物集中处置设施、场所的建设规划，科学评估危险废物处置需求，合理布局危险废物集中处置设施、场所，确保本行政区域的危险废物得到妥善处置。

编制危险废物集中处置设施、场所的建设规划，应当征求有关行业协会、企业事业单位、专家和公众等方面的意见。

相邻省、自治区、直辖市之间可以开展区域合作，统筹建设区域性危险废物集中处置设施、场所。

第七十七条　对危险废物的容器和包装物以及收集、贮存、运输、利用、处置危险废物的设施、场所，应当按照规定设置危险废物识别标志。

第七十八条　产生危险废物的单位，应当按照国家有关规定制定危险废物管理计划；建立危险废物管理台账，如实记录有关信息，并通过国家危险废物信息管理系统向所在地生态环境主管部门申报危险废物的种类、产生量、流向、贮存、处置等有关资料。

前款所称危险废物管理计划应当包括减少危险废物产生量和降低危险废物危害性的措施以及危险废物贮存、利用、处置措施。危险废物管理计划应当报产生危险废物的单位所在地生态环境主管部门备案。

产生危险废物的单位已经取得排污许可证的，执行排污许可管理制度的规定。

第七十九条　产生危险废物的单位，应当按照国家有关规定和环境保护标准要求贮存、利用、处置危险废物，不得擅自倾倒、堆放。

第八十条　从事收集、贮存、利用、处置危险废物经营活动的单位，应当按照国家有关规定申请取得许可证。许可证的具体管理办法由国务院制定。

禁止无许可证或者未按照许可证规定从事危险废物收集、贮存、利用、处置的经营活动。

禁止将危险废物提供或者委托给无许可证的单位或者其他生产经营者从事收集、贮存、利用、处置活动。

第八十一条　收集、贮存危险废物，应当按照危险废物特性分类进行。禁止混合收集、贮存、运输、处置性质不相容而未经安全性处置的危险废物。

贮存危险废物应当采取符合国家环境保护标准的防护措施。禁止将危险废物混入非危险废物中贮存。

从事收集、贮存、利用、处置危险废物经营活动的单位，贮存危险废物不得超过一年；确需延长期限的，应当报经颁发许可证的生态环境主管部门批准；法律、行政法规另有规定的除外。

第八十二条　转移危险废物的，应当按照国家有关规定填写、运行危险废物电子或者纸质转移联单。

跨省、自治区、直辖市转移危险废物的，应当向危险废物移出地省、自治区、直辖市人民政府生态环境主管部门申请。移出地省、自治区、直辖市人民政府生态环境主管部门应当及时商经接受地省、自治区、直辖市人民政府生态环境主管部门同意后，在规定期限内批准转移该危险废物，并将批准信息通报相关省、自治区、直辖市人民政府生态环境主管部门和交通运输主管部门。未经批准的，不得转移。

危险废物转移管理应当全程管控、提高效率，具体办法由国务院生态环境主管部门会同国务院交通运输主管部门和公安部门制定。

第八十三条　运输危险废物，应当采取防止污染环境的措施，并遵守国家有关危险货物运输管理的规定。

禁止将危险废物与旅客在同一运输工具上载运。

第八十四条　收集、贮存、运输、利用、处置危险废物的场所、设施、设备和容器、包装物及其他物品转作他用时，应当按照国家有关规定经过消除污染处理，方可使用。

第八十五条　产生、收集、贮存、运输、利用、处置危险废物的单位，应当依法制定意外事故的防范措施和应急预案，并向所在地生态环境主管部门和其他负有固体废物污染环境防治监督管理职责的部门备案；生态环境主管部门和其他负有固体废物污染环境防治监督管理职责的部门应当进行检查。

第八十六条　因发生事故或者其他突发性事件，造成危险废物严重污染环境的单位，应当立即采取有效措施消除或者减轻对环境的污染危害，及时通报可能受到污染危害的单位和居民，并向所在地生态环境主管部门和有关部门报告，接受调查处理。

第八十七条　在发生或者有证据证明可能发生危险废物严重污染环境、威胁居民生命财产安全时，生态环境主管部门或者其他负有固体废物污染环境防治监督管理职责的部门应当立即向本级人民政府和上一级人民政府有关部门报告，由人民政府采取防止或者减轻危害的有效措施。有关人民政府可以根据需要责令停止导致或者可能导致环境污染事故的作业。

第八十八条　重点危险废物集中处置设施、场所退役前，运营单位应当按照国家有关规定对设施、场所采取污染防治措施。退役的费用应当预提，列入投资概算或者生产成本，专门用于重点危险废物集中处置设施、场所的退役。具体提取和管理办法，由国务院财政部门、价格主管部门会同国务院生态环境主管部门规定。

第八十九条　禁止经中华人民共和国过境转移危险废物。

第九十条　医疗废物按照国家危险废物名录管理。县级以上地方人民政府应当加强医疗废物集中处置能力建设。

县级以上人民政府卫生健康、生态环境等主管部门应当在各自职责范围内加强对医疗废物收集、贮存、运输、处置的监督管理，防止危害公众健康、污染环境。

医疗卫生机构应当依法分类收集本单位产生的医疗废物，交由医疗废物集中处置单位处置。医疗废物集中处置单位应当及时收集、运输和处置医疗废物。

医疗卫生机构和医疗废物集中处置单位，应当采取有效措施，防止医疗废物流失、泄漏、渗漏、扩散。

第九十一条　重大传染病疫情等突发事件发生时，县级以上人民政府应当统筹协调医疗废物等危险废物收集、贮存、运输、处置等工作，保障所需的车辆、场地、处置设施和防护物资。卫生健康、生态环境、环境卫生、交通运输等主管部门应当协同配合，依法履行应急处置职责。

第七章　保障措施

第九十二条　国务院有关部门、县级以上地方人民政府及其有关部门在编制国土空间规划和相关专项规划时，应当统筹生活垃圾、建筑垃圾、危险废物等固体废物转运、集中处置等设施建设需求，保障转运、集中处置等设施用地。

第九十三条　国家采取有利于固体废物污染环境防治的经济、技术政策和措施，鼓励、支持有关方面采取有利于固体废物污染环境防治的措施，加强对从事固体废物污染环境防治工作人员的培训和指导，促进固体废物污染环境防治产业专业化、规模化发展。

第九十四条　国家鼓励和支持科研单位、固体废物产生单位、固体废物利用单位、固体废物处置单位等联合攻关，研究开发固体废物综合利用、集中处置等的新技术，推动固体废物污染环境防治技术进步。

第九十五条　各级人民政府应当加强固体废物污染环境的防治，按照事权划分的原则安排必要的资金用于下列事项：

（一）固体废物污染环境防治的科学研究、技术开发；

（二）生活垃圾分类；

（三）固体废物集中处置设施建设；

（四）重大传染病疫情等突发事件产生的医疗废物等危险废物应急处置；

（五）涉及固体废物污染环境防治的其他事项。

使用资金应当加强绩效管理和审计监督，确保资金使用效益。

第九十六条　国家鼓励和支持社会力量参与固体废物污染环境防治工作，并按照国家有关规定给予政策扶持。

第九十七条　国家发展绿色金融，鼓励金融机构加大对固体废物污染环境防治项目的信贷投放。

第九十八条　从事固体废物综合利用等固体废物污染环境防治工作的，依照法律、行政法规的规定，享受税收优惠。

国家鼓励并提倡社会各界为防治固体废物污染环境捐赠财产，并依照法律、行政法规的规定，给予税收优惠。

第九十九条　收集、贮存、运输、利用、处置危险废物的单位，应当按照国家有关规定，投保环境污染责任保险。

第一百条　国家鼓励单位和个人购买、使用综合利用产品和可重复使用产品。

县级以上人民政府及其有关部门在政府采购过程中，应当优先采购综合利用产品和可重复使用产品。

第八章　法律责任

第一百零一条　生态环境主管部门或者其他负有固体废物污染环境防治监督管理职责的部门违反本法规定，有下列行为之一，由本级人民政府或者上级人民政府有关部门责令改正，对直接负责的主管人员和其他直接责任人员依法给予处分：

（一）未依法作出行政许可或者办理批准文件的；

（二）对违法行为进行包庇的；

（三）未依法查封、扣押的；

（四）发现违法行为或者接到对违法行为的举报后未予查处的；

（五）有其他滥用职权、玩忽职守、徇私舞弊等违法行为的。

依照本法规定应当作出行政处罚决定而未作出的，上级主管部门可以直接作出行政处罚决定。

第一百零二条　违反本法规定，有下列行为之一，由生态环境主管部门责令改正，处以罚款，没收违法所得；情节严重的，报经有批准权的人民政府批准，可以责令停业或者关闭：

（一）产生、收集、贮存、运输、利用、处置固体废物的单位未依法及时公开固体废物污染环境防治信息的；

（二）生活垃圾处理单位未按照国家有关规定安装使用监测设备、实时监测污染物的排放情况并公开污染排放数据的；

（三）将列入限期淘汰名录被淘汰的设备转让给他人使用的；

（四）在生态保护红线区域、永久基本农田集中区域和其他需要特别保护的区域内，建设工业固体废物、危险废物集中贮存、利用、处置的设施、场所和生活垃圾填埋场的；

（五）转移固体废物出省、自治区、直辖市行政区域贮存、处置未经批准的；

（六）转移固体废物出省、自治区、直辖市行政区域利用未报备案的；

（七）擅自倾倒、堆放、丢弃、遗撒工业固体废物，或者未采取相应防范措施，造成工业固体废物扬散、流失、渗漏或者其他环境污染的；

（八）产生工业固体废物的单位未建立固体废物管理台账并如实记录的；

（九）产生工业固体废物的单位违反本法规定委托他人运输、利用、处置工业固体废物的；

（十）贮存工业固体废物未采取符合国家环境保护标准的防护措施的；

（十一）单位和其他生产经营者违反固体废物管理其他要求，污染环境、破坏生态的。

有前款第一项、第八项行为之一，处五万元以上二十万元以下的罚款；有前款第二项、第三项、第四项、第五项、第六项、第九项、第十项、第十一项行为之一，处十万元以上一百万元以下的罚款；有前款第七项行为，处所需处置费用一倍以上三倍以下的罚款，所需处置费用不足十万元的，按十万元计算。对前款第十一项行为的处罚，有关法律、行政法规另有规定的，适用其规定。

第一百零三条　违反本法规定，以拖延、围堵、滞留执法人员等方式拒绝、阻挠监督检查，或者在接受监督检查时弄虚作假的，由生态环境主管部门或者其他负有固体废物污染环境防治监督管理职责的部门责令改正，处五万元以上二十万元以下的罚款；对直接负责的主管人员和其他直接责任人员，处二万元以上十万元以下的罚款。

第一百零四条　违反本法规定，未依法取得排污许可证产生工业固体废物的，由生态环境主管部门责令改正或者限制生产、停产整治，处十万元以上一百万元以下的罚款；情节严重的，报经有批准权的人民政府批准，责令停业或者关闭。

第一百零五条　违反本法规定，生产经营者未遵守限制商品过度包装的强制性标准的，由县级以上地方人民政府市场监督管理部门或者有关部门责令改正；拒不改正的，处二千元以上二万元以下的罚款；情节严重的，处二万元以上十万元以下的罚款。

第一百零六条　违反本法规定，未遵守国家有关禁止、限制使用不可降解塑料袋等一次性塑料制品的规定，或者未按照国家有关规定报告塑料袋等一次性塑料制品的使用情况的，由县级以上地方人民政府商务、邮政等主管部门责令改正，处一万元以上十万元以下的罚款。

第一百零七条　从事畜禽规模养殖未及时收集、贮存、利用或者处置养殖过程中产生的畜禽粪污等固体废物的，由生态环境主管部门责令改正，可以处十万元以下的罚款；情节严重的，报经有批准权的人民政府批准，责令停业或者关闭。

第一百零八条　违反本法规定，城镇污水处理设施维护运营单位或者污泥处理单位对污泥流向、用途、用量等未进行跟踪、记录，或者处理后的污泥不符合国家有关标准的，由城镇排水主管部门责令改正，给予警告；造成严重后果的，处十万元以上二十万元以下的罚款；拒不改正的，城镇排水主管部门可以指定有治理能力的单位代为治理，所需费用由违法者承担。

违反本法规定，擅自倾倒、堆放、丢弃、遗撒城镇污水处理设施产生的污泥和处理后的污泥的，由城镇排水主管部门责令改正，处二十万元以上二百万元以下的罚款，对直接负责的主管人员和其他直接责任人员处二万元以上十万元以下的罚款；造成严重后果的，处二百万元以上五百万元以下的罚款，对直接负责的主管人员和其他直接责任人员处五万元以上五十万元以下的罚款；拒不改正的，城镇排水主管部门可以指定有治理能力的单位代为治理，所需费用由违法者承担。

第一百零九条　违反本法规定，生产、销售、进口或者使用淘汰的设备，或者采用淘汰的生产工艺的，由县级以上地方人民政府指定的部门责令改正，处十万元以上一百万元以下的罚款，没收违法所得；情节严重的，由县级以上地方人民政府指定的部门提出意见，报经有批准权的人民政府批准，责令停业或者关闭。

第一百一十条　尾矿、煤矸石、废石等矿业固体废物贮存设施停止使用后，未按照国家有关环境保护规定进行封场的，由生态环境主管部门责令改正，处二十万元以上一百万元以下的罚款。

第一百一十一条　违反本法规定，有下列行为之一，由县级以上地方人民政府环境卫生主管部门责令改正，处以罚款，没收违法所得：

（一）随意倾倒、抛撒、堆放或者焚烧生活垃圾的；

（二）擅自关闭、闲置或者拆除生活垃圾处理设施、场所的；

（三）工程施工单位未编制建筑垃圾处理方案报备案，或者未及时清运施工过程中产生的固体废物的；

（四）工程施工单位擅自倾倒、抛撒或者堆放工程施工过程中产生的建筑垃圾，或者未按照规定对施工过程中产生的固体废物进行利用或者处置的；

（五）产生、收集厨余垃圾的单位和其他生产经营者未将厨余垃圾交由具备相应资质条件的单位进行无害化处理的；

（六）畜禽养殖场、养殖小区利用未经无害化处理的厨余垃圾饲喂畜禽的；

（七）在运输过程中沿途丢弃、遗撒生活垃圾的。

单位有前款第一项、第七项行为之一，处五万元以上五十万元以下的罚款；单位有前款第二项、第三项、第四项、第五项、第六项行为之一，处十万元以上一百万元以下的罚款；个人有前款第一项、第五项、第七项行为之一，处一百元以上五百元以下的罚款。

违反本法规定，未在指定的地点分类投放生活垃圾的，由县级以上地方人民政府环境卫生主管部门责令改正；情节严重的，对单位处五万元以上五十万元以下的罚款，对个人依法处以罚款。

第一百一十二条　违反本法规定，有下列行为之一，由生态环境主管部门责令改正，处以罚款，没收违法所得；情节严重的，报经有批准权的人民政府批准，可以责令停业或者关闭：

（一）未按照规定设置危险废物识别标志的；

（二）未按照国家有关规定制定危险废物管理计划或者申报危险废物有关资料的；

（三）擅自倾倒、堆放危险废物的；

（四）将危险废物提供或者委托给无许可证的单位或者其他生产经营者从事经营活动的；

（五）未按照国家有关规定填写、运行危险废物转移联单或者未经批准擅自转移危险废物的；

（六）未按照国家环境保护标准贮存、利用、处置危险废物或者将危险废物混入非危险废物中贮存的；

（七）未经安全性处置，混合收集、贮存、运输、处置具有不相容性质的危险废物的；

（八）将危险废物与旅客在同一运输工具上载运的；

（九）未经消除污染处理，将收集、贮存、运输、处置危险废物的场所、设施、设备和容器、包装物及其他物品转作他用的；

（十）未采取相应防范措施，造成危险废物扬散、流失、渗漏或者其他环境污染的；

（十一）在运输过程中沿途丢弃、遗撒危险废物的；

（十二）未制定危险废物意外事故防范措施和应急预案的；

（十三）未按照国家有关规定建立危险废物管理台账并如实记录的。

有前款第一项、第二项、第五项、第六项、第七项、第八项、第九项、第十二项、第十三项行为之一，处十万元以上一百万元以下的罚款；有前款第三项、第四项、第十项、第十一项行为之一，处所需处置费用三倍以上五倍以下的罚款，所需处置费用不足二十万元的，按二十万元计算。

第一百一十三条　违反本法规定，危险废物产生者未按照规定处置其产生的危险废物被责令改正后拒不改正的，由生态环境主管部门组织代为处置，处置费用由危险废物产生者承担；拒不承担代为处置费用的，处代为处置费用一倍以上三倍以下的罚款。

第一百一十四条　无许可证从事收集、贮存、利用、处置危险废物经营活动的，由生态环境主管部门责令改正，处一百万元以上五百万元以下的罚款，并报经有批准权的人民政府批准，责令停业或者关闭；对法定代表人、主要负责人、直接负责的主管人员和其他责任人员，处十万元以上一百万元以下的罚款。

未按照许可证规定从事收集、贮存、利用、处置危险废物经营活动的，由生态环境主管部门责令改正，限制生产、停产整治，处五十万元以上二百万元以下的罚款；对法定代表人、主要负责人、直接负责的主管人员和其他责任人员，处五万元以上五十万元以下的罚款；情节严重的，报经有批准权的人民政府批准，责令停业或者关闭，还可以由发证机关吊销许可证。

第一百一十五条　违反本法规定，将中华人民共和国境外的固体废物输入境内的，由海关责令退运该固体废物，处五十万元以上五百万元以下的罚款。

承运人对前款规定的固体废物的退运、处置，与进口者承担连带责任。

第一百一十六条　违反本法规定，经中华人民共和国过境转移危险废物的，由海关责令退运该危险废物，处五十万元以上五百万元以下的罚款。

第一百一十七条　对已经非法入境的固体废物，由省级以上人民政府生态环境主管部门依法向海关提出处理意见，海关应当依照本法第一百一十五条的规定作出处罚决定；已经造成环境污染的，由省级以上人民政府生态环境主管部门责令进口者消除污染。

第一百一十八条　违反本法规定，造成固体废物污染环境事故的，除依法承担赔偿责任外，由生态环境主管部门依照本条第二款的规定处以罚款，责令限期采取治理措施；造成重大或者特大固体废物污染环境事故的，还可以报经有批准权的人民政府批准，责令关闭。

造成一般或者较大固体废物污染环境事故的，按照事故造成的直接经济损失的一倍以上三倍以下计算罚款；造成重大或者特大固体废物污染环境事故的，按照事故造成的直接经济损失的三倍以上五倍以下计算罚款，并对法定代表人、主要负责人、直接负责的主管人员和其他责任人员处上一年度从本单位取得的收入百分之五十以下的罚款。

第一百一十九条　单位和其他生产经营者违反本法规定排放固体废物，受到罚款处罚，被责令改正的，依法作出处罚决定的行政机关应当组织复查，发现其继续实施该违法行为的，依照《中华人民共和国环境保护法》的规定按日连续处罚。

第一百二十条　违反本法规定，有下列行为之一，尚不构成犯罪的，由公安机关对法定代表人、主要负责人、直接负责的主管人员和其他责任人员处十日以上十五日以下的拘留；情节较轻的，处五日以上十日以下的拘留：

（一）擅自倾倒、堆放、丢弃、遗撒固体废物，造成严重后果的；

（二）在生态保护红线区域、永久基本农田集中区域和其他需要特别保护的区域内，建设工业固体废物、危险废物集中贮存、利用、处置的设施、场所和生活垃圾填埋场的；

（三）将危险废物提供或者委托给无许可证的单位或者其他生产经营者堆放、利用、处置的；

（四）无许可证或者未按照许可证规定从事收集、贮存、利用、处置危险废物经营活动的；

（五）未经批准擅自转移危险废物的；

（六）未采取防范措施，造成危险废物扬散、流失、渗漏或者其他严重后果的。

第一百二十一条　固体废物污染环境、破坏生态，损害国家利益、社会公共利益的，有关机关和组织可以依照《中华人民共和国环境保护法》、《中华人民共和国民事诉讼法》、《中华人民共和国行政诉讼法》等法律的规定向人民法院提起诉讼。

第一百二十二条　固体废物污染环境、破坏生态给国家造成重大损失的，由设区的市级以上地方人民政府或者其指定的部门、机构组织与造成环境污染和生态破坏的单位和其他生产经营者进行磋商，要求其承担损害赔偿责任；磋商未达成一致的，可以向人民法院提起诉讼。

对于执法过程中查获的无法确定责任人或者无法退运的固体废物，由所在地县级以上地方人民政府组织处理。

第一百二十三条　违反本法规定，构成违反治安管理行为的，由公安机关依法给予治安管理处罚；构成犯罪的，依法追究刑事责任；造成人身、财产损害的，依法承担民事责任。

第九章　附则

第一百二十四条　本法下列用语的含义：

（一）固体废物，是指在生产、生活和其他活动中产生的丧失原有利用价值或者虽未丧失利用价值但被抛弃或者放弃的固态、半固态和置于容器中的气态的物品、物质以及法律、行政法规规定纳入固体废物管理的物品、物质。经无害化加工处理，并且符合强制性国家产品质量标准，不会危害公众健康和生态安全，或者根据固体废物鉴别标准和鉴别程序认定为不属于固体废物的除外。

（二）工业固体废物，是指在工业生产活动中产生的固体废物。

（三）生活垃圾，是指在日常生活中或者为日常生活提供服务的活动中产生的固体废物，以及法律、行政法规规定视为生活垃圾的固体废物。

（四）建筑垃圾，是指建设单位、施工单位新建、改建、扩建和拆除各类建筑物、构筑物、管网等，以及居民装饰装修房屋过程中产生的弃土、弃料和其他固体废物。

（五）农业固体废物，是指在农业生产活动中产生的固体废物。

（六）危险废物，是指列入国家危险废物名录或者根据国家规定的危险废物鉴别标准和鉴别方法认定的具有危险特性的固体废物。

（七）贮存，是指将固体废物临时置于特定设施或者场所中的活动。

（八）利用，是指从固体废物中提取物质作为原材料或者燃料的活动。

（九）处置，是指将固体废物焚烧和用其他改变固体废物的物理、化学、生物特性的方法，达到减少已产生的固体废物数量、缩小固体废物体积、减少或者消除其危险成分的活动，或者将固体废物最终置于符合环境保护规定要求的填埋场的活动。

第一百二十五条　液态废物的污染防治，适用本法；但是，排入水体的废水的污染防治适用有关法律，不适用本法。

第一百二十六条　本法自 2020 年 9 月 1 日起施行。

附录二　《生活垃圾填埋场污染控制标准》(GB 16889—2024)(摘录)

生活垃圾填埋场污染控制标准

1　适用范围

本标准规定了生活垃圾填埋场的选址、设计及施工与验收、入场、运行、封场及后期维护与管理、污染物排放控制、监测、实施与监督等生态环境保护要求。

本标准适用于新建生活垃圾填埋场的建设、运行和封场及后期维护与管理过程中的污染控制和监督管理，以及排污许可证核发。本标准适用于现有生活垃圾填埋场的运行和封场及后期维护与管理过程中的污染控制和监督管理。

4　选址要求

4.1　填埋场场址应遵守生态环境保护法律法规，并符合生态环境分区管控、城乡总体规划和环境卫生专项规划要求。

4.2　填埋场场址不应选在生态保护红线区域、永久基本农田集中区域、泉域保护范围以及岩溶强发育、存在较多落水洞和岩溶漏斗的区域和其他需要特别保护的区域内。

4.3　填埋场选址的标高应位于重现期不小于 50 年一遇的洪水位之上，并建设在长远规划中的水库等人工蓄水设施的淹没区和保护区之外。

拟建有可靠防洪设施的山谷型填埋场，并经过环境影响评价证明洪水对填埋场的环境风险在可接受范围内，前款规定的选址标准可以适当降低。

4.4　填埋场场址的选择应避开下列区域：破坏性地震带及活动构造区；活动中的坍塌、滑坡和隆起地带；活动中的断裂带；石灰岩溶洞发育带；地下水污染防治重点区；废弃矿区的活动塌陷区；活动沙丘区；海啸及涌浪影响区；湿地；尚未稳定的冲积扇及冲沟地区；泥炭以及其他可能危及填埋场安全的区域。

确实无法避开在石灰岩溶洞发育带选址的，应通过选址调查选择地质条件较为稳定的场地，并采取有效的工程措施提高场地的稳定性。

4.5 填埋场的位置与常住居民居住场所、地表水域、高速公路、交通主干道（国道或省道）、铁路、飞机场、军事基地等敏感对象之间合理的位置关系以及防护距离应依据环境影响评价文件及审批意见确定。

5 设计及施工与验收要求

5.1 一般规定

5.1.1 填埋场应根据当地自然条件和填埋废物特性合理设置以下设施：计量设施、垃圾坝、防渗系统、渗滤液收集和导排系统、渗滤液处理系统、防洪系统、雨污分流系统、地下水导排系统、填埋气体导排及处理系统、覆盖和封场系统、环境监测设施、应急设施及其他公用工程和配套设备设施。

5.1.2 填埋场应实行雨污分流并设置雨水集排水系统，以收集、排出汇水区内可能流向填埋区的雨水以及未填埋区域内未与生活垃圾接触的雨水。雨水集排水系统收集的雨水不应与渗滤液混合。

5.1.3 填埋库区基础层底部应与地下水年最高水位保持3m及以上的距离。当填埋区基础层底部与地下水年最高水位距离不足3m时，应建设地下水导排系统。地下水导排系统的设计应符合GB 50869的相关规定。

5.1.4 填埋场应建设围墙或栅栏等隔离设施，并在填埋区边界或其他必要的位置设置防飞散设施、安全防护设施、防火隔离带。

5.2 防渗系统设计

5.2.1 填埋场应根据填埋区天然基础层的地质情况以及环境影响评价的结论，选择单人工复合衬层或双人工复合衬层作为填埋区防渗衬层。

5.2.2 当天然基础层饱和渗透系数不大于1.0×10^{-5}cm/s，且厚度不小于2m时，可采用单人工复合衬层，并应满足以下条件：

a）人工合成材料衬层应采用高密度聚乙烯膜，厚度不小于2.0mm；

b）人工合成材料衬层下应具有厚度不小于0.75m，且其被压实后的饱和渗透系数不大于1.0×10^{-7}cm/s的天然黏土防渗衬层或改性黏土防渗衬层。

5.2.3 当天然基础层饱和渗透系数大于1.0×10^{-5}cm/s，或天然基础层厚度小于2m时，应采用双人工复合衬层，并应满足以下条件：

a）人工合成材料衬层应采用高密度聚乙烯膜，主防渗衬层厚度不小于2.0mm，次防渗衬层厚度不小于1.5mm；

b）人工合成材料衬层下应具有厚度不小于0.75m，且其被压实后的饱和渗透系数不大于1.0×10^{-7}cm/s的天然黏土防渗衬层或改性黏土防渗衬层；

c）双人工复合衬层之间应布设细砾石、复合排水网等材料作为渗漏检测层，用于收集、导排和检测通过主防渗衬层的渗漏液体。

5.2.4 黏土防渗衬层的饱和渗透系数应按照GB/T 50123中的变水头渗透试验的规定进行测定。高密度聚乙烯膜的技术性能指标应符合CJ/T 234的规定。

5.2.5 使用其他材料代替人工合成材料衬层或黏土防渗衬层时，应具有同等以上隔水效力。

5.2.6　接收生活垃圾焚烧飞灰和医疗废物焚烧残渣（包括飞灰、底渣）的独立填埋分区应符合5.2.3中双人工复合衬层的防渗规定。

5.2.7　填埋场应具有防渗衬层渗漏监测能力，以及时发现防渗衬层的渗漏。渗漏监测可选择以下一种以上的方式实现：防渗衬层渗漏监测设备、地下水监测井、渗漏检测层。

5.3　渗滤液收集和导排及处理系统设计

5.3.1　填埋场应设置渗滤液收集和导排系统，其设计应确保在填埋场的运行、封场及后期维护和管理期内防渗衬层上的渗滤液深度不大于30cm。

5.3.2　填埋场应设置渗滤液调节池，其防渗要求不应低于填埋库区的防渗要求。调节池容量应根据GB 50869的要求进行计算。

5.3.3　填埋场应根据当地自然条件和渗滤液产生情况合理建设渗滤液处理设施，确保在填埋场的运行、封场及后期维护与管理期内对渗滤液的处理达标。

5.3.4　建设渗滤液处理设施的填埋场，其渗滤液调节池应采取封闭和负压抽吸措施，将抽吸的气体经化学吸收式除臭、生物除臭、吸附除臭等集中处理达标。封闭设计应兼顾雨水导排、气体导排及池底污泥清理。

5.4　填埋气体导排及处理系统设计

5.4.1　填埋场应设置填埋气体导排系统。

5.4.2　设计填埋量不小于250万吨且生活垃圾填埋厚度超过20m的填埋场，应建设填埋气利用或火炬燃烧设施，优先选择效率高的利用方式。

5.4.3　小于5.4.2中规模的填埋场不具备填埋气体利用条件时，应采用能够有效减少甲烷产生和排放的准好氧填埋工艺，或采用火炬燃烧设施、生物覆盖、生物滤池等方式处理填埋气。采用减少甲烷产生和排放的准好氧填埋工艺时，其渗滤液导排管的设计应满足下列条件：

a）渗滤液导排管与导气竖管连接，并与大气连通；

b）采取措施保证渗滤液导排管排放口位于调节池或集液井渗滤液液位上方。

5.5　施工与验收要求

5.5.1　填埋场施工方案中应包括施工质量保证和施工质量控制措施，明确施工过程的污染控制措施及相关方责任。

5.5.2　黏土防渗衬层的施工应满足CJJ 176中相关技术规定。高密度聚乙烯膜铺设焊接过程应符合CJJ 113中相关技术规定。填埋区施工完毕后，需按照CJJ/T 214中相关技术规定对高密度聚乙烯膜进行完整性检测。

5.5.3　填埋场人工合成材料衬层铺设完成后，未填埋的部分应采取有效的工程措施防止人工合成材料衬层和土工布在日光下直接暴露。

5.5.4　填埋场竣工环境保护验收中，应对已建成填埋场的防渗衬层完整性、渗滤液收集和导排系统、渗滤液处理系统、地下水导排系统、填埋气体导排及处理系统的建设和调试运行效果进行验收。

6　填埋废物的入场要求

6.1　下列废物可直接进入填埋场进行填埋处置：

a）由环境卫生机构收集或者自行收集的生活垃圾；

b）生活垃圾焚烧炉渣（不包括焚烧飞灰）；

c）生活垃圾堆肥处理产生的固态残余物；

d）与生活垃圾性质相近的一般工业固体废物；

e）除 b）和 c）以外的其他生活垃圾处理设施产生的固体废物；

f）装修垃圾和拆除垃圾回收利用后产生的固体废物。

6.2　满足国家危险废物名录有关处置环节豁免管理规定的医疗废物，经消毒、破碎毁形处理后，可以进入填埋场进行填埋处置。

6.3　生活垃圾焚烧飞灰和医疗废物焚烧残渣（包括飞灰、底渣），仅可进入填埋场的独立填埋分区进行填埋处置，且应满足下列条件：

a）二噁英类含量低于 3μg TEQ/kg；

b）按照 HJ/T 300 制备的浸出液中危害成分浓度低于表 1 规定的限值。

表 1　浸出液污染物控制限值

序号	污染物项目	控制限值/(mg/L)	检测方法
1	总汞	0.05	GB/T 15555.1、HJ 702
2	总铜	40	HJ 751、HJ 752、HJ 766、HJ 781
3	总锌	100	HJ 766、HJ 781、HJ 786
4	总铅	0.25	HJ 766、HJ 781、HJ 786、HJ 787
5	总镉	0.15	HJ 766、HJ 781、HJ 786、HJ 787
6	总铍	0.02	HJ 752、HJ 766、HJ 781
7	总钡	25	HJ 766、HJ 767、HJ 781
8	总镍	0.5	GB/T 15555.10、HJ 751、HJ 752、HJ 766、HJ 781
9	总砷	0.3	GB/T 15555.3、HJ 702、HJ 766
10	总铬	4.5	GB/T 15555.5、HJ 749、HJ 750、HJ 766、HJ 781
11	六价铬	1.5	GB/T 15555.4、GB/T 15555.7、HJ 687
12	总硒	0.1	HJ 702、HJ 766

6.4　除 6.1 的 d）外，其他一般工业固体废物经处理后，按照 HJ/T 300 制备的浸出液中危害成分浓度低于表 1 规定的限值，仅可进入填埋场的独立填埋分区进行填埋处置。

6.5　厌氧产沼等生物处理后的固态残余物、粪便经处理后的固态残余物和经处理后含水率小于 60%的生活污水处理厂污泥，可进入填埋场进行填埋处置。生活污水处理厂污泥进行混合填埋时还应符合 GB/T 23485 中关于混合填埋的规定。

6.6　除国家生态环境标准另行规定外，下列物质不应进入填埋场填埋：

a）除符合 6.2 和 6.3 以及国家危险废物名录豁免管理规定以外的危险废物；

b）未经处理的餐厨垃圾；

c）未经处理的粪便；

d）禽畜养殖废物；

e）电子废物及其处理处置残余物；

f）除本填埋场产生的渗滤液之外的任何液态废物和废水。

7　运行要求

7.1　填埋场投入运行前，应制定突发环境事件应急预案。突发环境事件应急预案应说明填埋库区和调节池泄漏、地下水污染等环境事件以及其他次生环境事件的应急处置措施。

7.2　生活垃圾场内运输时应防止渗滤液沿途遗洒，运输车辆离场前应进行冲洗。

7.3　填埋作业应分区、分单元进行，作业面以外的堆体应及时覆盖。每天填埋作业结束后，应对作业面进行覆盖。

7.4　填埋作业应采取控制作业面积、及时喷洒除臭药剂、及时覆盖、膜下负压抽气等措施减少恶臭气体影响。静风等不利气象条件下应加强作业面覆盖、加大除臭药剂喷洒频次、加大抽气量。

7.5　填埋生活垃圾产生的渗滤液采用回灌方式进行处置时，不应对填埋场的稳定性造成不利影响。当渗滤液导排不畅导致无法满足稳定性要求时，应立刻停止渗滤液回灌。

7.6　渗滤液回灌时应采取措施减少恶臭气体影响。不应采用表面喷洒等表面回灌方式；采用竖井回灌或水平管回灌时，应采取措施防止回灌井（管）的恶臭散逸。

7.7　填埋场运行期内，应定期检测渗滤液导排系统的有效性，保证正常运行。

7.8　填埋场运行期内，应根据 CJJ 176 中关于稳定性的要求对填埋场进行边坡稳定验算。填埋场运行、封场及后期维护与管理期内，还应根据 CJJ 176 中关于填埋场稳定控制措施的要求监测填埋场水位，当垃圾堆体主水位接近或超过警戒水位时，应采取措施降低渗滤液水位、提高边坡稳定性。

7.9　填埋场运行、封场及后期维护与管理期内，应每三年开展一次防渗衬层完整性检测，并根据防渗衬层完整性检测结果以及地下水水质等信息，定期评估填埋场环境风险。当环境风险较大时，应采取 7.10 规定的应急处置措施。

7.10　填埋场运行、封场及后期维护与管理期内，当发现地下水有被污染的迹象时，应及时查找原因，发现渗漏位置并尽快启动应急处置措施和污染防治措施。应急处置措施和污染防治措施可采用地下水抽提处理、堆体内渗滤液抽排处理、防渗衬层修补、垂直防渗工程管控等方式。

7.11　填埋场运行、封场及后期维护与管理期间，应建立运行情况记录制度，如实记载有关运行管理情况，主要包括进场垃圾运输车牌号、车辆数量、生活垃圾量、材料消耗、填埋作业记录、渗滤液收集处理记录、填埋气体收集处理记录、封场及后期维护与管理情况、环境监测数据等，以及进入填埋场处置的非生活垃圾等固体废物的来源、种类、数量、填埋位置。

8　封场及后期维护与管理要求

8.1　填埋场作业达到设计标高后，应根据 GB 51220 的规定及时进行封场覆盖和环境现状调查。

8.2　填埋场封场覆盖系统应包括气体导排层、防渗层、排水层、覆土层和植被层。

8.3　气体导排层应与导气竖管相连。导气竖管应按照 CJJ 133 中关于导气井的规定进行设置。

8.4　封场覆盖系统应按照 GB 51220 中关于坡度的要求进行设置，以保证填埋堆体稳定，防止雨水侵蚀。

8.5　封场覆盖系统的建设应与生态恢复相结合，并防止发达的植物根系对防渗层和排水层的损害。

8.6　封场覆盖系统防渗层施工完毕后应对其完整性进行检测。

8.7　封场后进入后期维护与管理阶段的填埋场，应继续运行维护渗滤液收集和导排系统；继续处理填埋场产生的渗滤液和填埋气体，定期进行监测，直到填埋场产生的渗滤液中水污染物浓度连续两年低于表 2、表 3 中的限值。

8.8　填埋场土地开发利用时，应按照 HJ 25.1、HJ 25.2、HJ 25.3 等相关标准进行环境调查和风险评估。稳定化场地利用还应满足 GB/T 25179 中稳定化利用的判定要求。

8.9　填埋场应建立有关填埋场的全部档案，包括场址选择、勘察、征地、设计、施工、验收、运行管理、封场及后期维护与管理、监测以及应急处置等资料，必须按国家档案管理等法律法规进行整理、归档与保存。

9　污染物排放控制要求

9.1　水污染物直接排放控制要求

9.1.1　现有和新建填埋场直接排放的水污染物，执行表 2 规定的排放限值。

表 2　直接排放的水污染物排放限值

序号	污染物项目	排放限值	污染物排放监测位置
1	色度	40	渗滤液处理设施排放口
2	化学需氧量(COD_{Cr})/(mg/L)	100	
3	生化需氧量(BOD_5)/(mg/L)	30	
4	悬浮物/(mg/L)	30	
5	总氮/(mg/L)	40	
6	氨氮/(mg/L)	25	
7	总磷/(mg/L)	3	
8	粪大肠菌群数/(个/L)	10000	
9	总铜①/(mg/L)	0.5	
10	总锌①/(mg/L)	1	
11	总汞/(mg/L)	0.001	
12	总镉/(mg/L)	0.01	
13	总铬/(mg/L)	0.1	
14	六价铬/(mg/L)	0.05	
15	总砷/(mg/L)	0.1	
16	总铅/(mg/L)	0.1	
17	总铍①/(mg/L)	0.002	
18	总镍①/(mg/L)	0.05	

①填埋生活垃圾焚烧飞灰时需要增加控制的污染物。

9.1.2　根据生态环境保护工作的要求，在国土开发密度已经较高、环境承载能力开始减弱，或环境容量较小、生态环境脆弱，容易发生严重环境污染问题而需要采取特别保护措施的地区，如地下水污染防治重点区等，应严格控制填埋场的污染物排放行为，在上述地区的填埋场直接排放的水污染物执行表 3 规定的水污染物特别排放限值。

执行水污染物特别排放限值的地域范围、时间，由国务院生态环境主管部门或省级人民政府规定。

表 3　直接排放的水污染物特别排放限值

序号	污染物项目	排放限值	污染物排放监测位置
1	色度	30	渗滤液处理设施排放口
2	化学需氧量(COD_{Cr})/(mg/L)	60	
3	生化需氧量(BOD_5)/(mg/L)	20	
4	悬浮物/(mg/L)	30	
5	总氮/(mg/L)	20	
6	氨氮/(mg/L)	8	
7	总磷/(mg/L)	1.5	

续表

序号	污染物项目	排放限值	污染物排放监测位置
8	粪大肠菌群数/(个/L)	1000	渗滤液处理设施排放口
9	总铜[①]/(mg/L)	0.5	
10	总锌[①]/(mg/L)	1	
11	总汞/(mg/L)	0.001	
12	总镉/(mg/L)	0.01	
13	总铬/(mg/L)	0.1	
14	六价铬/(mg/L)	0.05	
15	总砷/(mg/L)	0.1	
16	总铅/(mg/L)	0.1	
17	总铍[①]/(mg/L)	0.002	
18	总镍[①]/(mg/L)	0.05	

①填埋生活垃圾焚烧飞灰时需要增加控制的污染物。

9.2 水污染物间接排放控制要求

9.2.1 填埋场的水污染物排入污水集中处理设施的，应与污水集中处理设施运营单位就排入污水集中处理设施的水质水量、排入方式、监测监控、信息共享、应急响应、违约赔偿、争议解决等内容协商一致，签订具备法律效力的书面合同。污水集中处理设施包括城镇污水处理厂和工业污水处理厂。

9.2.2 填埋场处理后的渗滤液应均匀排入污水集中处理设施，不应影响污水集中处理设施正常运行和处理效果。

9.2.3 填埋场的渗滤液排入污水集中处理设施，应满足以下要求：

a）渗滤液应通过污水干管排入城镇污水处理厂；不能直接排至污水干管的，需通过单独排水管道排至污水干管；不具备排入污水干管条件，并无法铺设单独排水管道的，从国家有关规定；

b）渗滤液应通过单独排水管道排入工业污水处理厂；无法铺设单独排水管道的，从国家有关规定；

c）水污染物应执行表 4 规定的排放限值。

表 4 间接排放的水污染物排放限值

序号	污染物项目	排放限值	污染物排放监测位置
1	色度	64	渗滤液处理设施排放口
2	化学需氧量(COD_{Cr})/(mg/L)	500	
3	生化需氧量(BOD_5)/(mg/L)	350	
4	悬浮物/(mg/L)	400	
5	总氮/(mg/L)	70	
6	氨氮/(mg/L)	45	
7	总磷/(mg/L)	8	
8	总铜[①]/(mg/L)	2	
9	总锌[①]/(mg/L)	5	
10	总汞/(mg/L)	0.001	
11	总镉/(mg/L)	0.01	
12	总铬/(mg/L)	0.1	
13	六价铬/(mg/L)	0.05	
14	总砷/(mg/L)	0.1	
15	总铅/(mg/L)	0.1	

续表

序号	污染物项目	排放限值	污染物排放监测位置
16	总铍①/(mg/L)	0.002	渗滤液处理设施排放口
17	总镍①/(mg/L)	0.05	

①填埋生活垃圾焚烧飞灰时需要增加控制的污染物。

9.3 填埋场上方甲烷气体含量应小于5%，填埋场建（构）筑物内甲烷气体含量应小于1.25%。

9.4 填埋场大气污染物（含恶臭污染物）排放应符合GB 16297和GB 14554的规定。

10 监测要求

10.1 一般要求

10.1.1 填埋场应按照有关法律、《排污许可管理条例》《环境监测管理办法》和HJ 819等规定，建立自行监测制度，制定自行监测方案，对污染物排放状况及其对周边环境质量的影响开展自行监测，保存原始监测记录，如实在全国排污许可证管理信息平台上公开污染物自行监测结果。

10.1.2 填埋场安装、运维污染物排放自动监控设备的要求，应按照相关法律、《污染源自动监控管理办法》和排污许可证的规定执行。

10.1.3 填埋场应按照环境监测管理规定和技术规范的要求，设计、建设、维护永久性采样口、采样测试平台和排污口标志。

10.1.4 本标准发布实施后国家发布的监测方法标准，如适用性满足要求，同样适用于本标准相应控制项目的测定。

10.2 水污染物排放监测要求

10.2.1 采样点的设置与采样方法，按HJ 91.1的规定执行。

10.2.2 填埋场应对渗滤液处理设施排放口实施在线监测。对于没有在线监测技术规范的污染物应进行手工监测，监测频率不少于每月1次。填埋场监测数据应及时共享至生态环境主管部门和污水集中处理设施运营单位。

10.3 地下水监测要求

10.3.1 地下水监测井的布设应满足HJ 164中地下水环境监测点布设的要求，同时还应符合以下要求：

a）在填埋场上游应设置1眼监测井作为本底井，在填埋场下游至少设置2眼监测井作为污染监视井，在填埋场两侧各设置不少于1眼的监测井作为污染扩散井；

b）设置地下水导排系统的，应在导排管出口处设置1眼污染监测井，无地下水导排系统时无需设置；

c）监测井的建设与管理应符合HJ 164的相关规定；

d）大型填埋场宜在上述要求基础上适当增加监测井的数量。

10.3.2 对于地下水含水层埋藏较深或地下水监测井较难布设的区域，可根据水文地质条件及环境风险确定地下水监测井的数量。

10.3.3 在填埋场投入使用之前应监测地下水环境背景水平，填埋场投入使用之时即对地下水进行持续监测。

10.3.4 地下水监测指标为 pH 值、总硬度、溶解性总固体、耗氧量（COD_{Cr} 法）、氨氮、硝酸盐、亚硝酸盐、硫酸盐、氯化物、挥发性酚类、氰化物、砷、汞、总铬、六价铬、铅、氟化物、镉、铁、锰、铜、锌、镍、铍、总大肠菌群。

10.3.5 填埋场运行期间，对地下水导排系统的导排管出口处污染监测井的水质监测频率应不少于每周 1 次，对污染扩散井和污染监视井的水质监测频率应不少于每 2 周 1 次，对本底井的水质监测频率应不少于每月 1 次；封场后，应继续监测地下水，频率至少每季度 1 次；如监测结果出现异常，应在 3 天内进行重新监测，并根据实际情况增加监测项目。

10.4 满足 6.3 要求的生活垃圾焚烧飞灰应在填埋前按照 HJ 1134 中的规定进行监测。

10.5 甲烷监测要求

10.5.1 填埋场上方和填埋场建（构）筑物内的甲烷气体的采样点布设应按照 GB/T 18772 的规定执行，监测频率不应少于每日 1 次。

10.5.2 对空气中甲烷气体含量的监测应采用符合 GB 13486 要求或具有相同效果的便携式分析仪器进行测定。对空气中甲烷气体含量的执法监测应按照 HJ 604 中规定的方法进行测定。

10.6 大气污染物监测要求

10.6.1 恶臭污染物无组织排放的监测因子应与 GB 14554 的控制项目一致。其他无组织气体排放的监测因子应根据填埋废物的特性确定，必须具备代表性且能表征填埋废物特性。

10.6.2 采样点布设、采样及监测方法按照 GB 16297 和 HJ 905 的规定执行，污染源下风向为主要监测范围。

10.6.3 填埋场运行期间，应对场界恶臭污染物和无组织气体进行监测，频率分别为每月至少 1 次和每季度至少 1 次。如监测结果出现异常，应在 1 周内进行重新监测。

10.6.4 建设渗滤液处理设施的填埋场，应对有组织恶臭污染物进行监测，监测因子应与 GB 14554 的控制项目一致，频率为每季度至少 1 次。如监测结果出现异常，应在 1 周内进行重新监测。

10.7 污染物浓度测定方法应采用表 5 所列的方法标准。

表 5 污染物浓度测定方法标准

序号	污染物项目	方法标准名称	方法标准编号
1	色度	水质 色度的测定 稀释倍数法	HJ 1182
2	化学需氧量(COD_{Cr})	高氯废水 化学需氧量的测定 氯气校正法	HJ/T 70
		高氯废水 化学需氧量的测定 碘化钾碱性高锰酸钾法	HJ/T 132
		水质 化学需氧量的测定 快速消解分光光度法	HJ/T 399
		水质 化学需氧量的测定 重铬酸盐法	HJ 828
3	生化需氧量(BOD_5)	水质 五日生化需氧量(BOD_5)的测定 稀释与接种法	HJ 505
4	悬浮物	水质 悬浮物的测定 重量法	GB 11901
5	氨氮	水质 氨氮的测定 气相分子吸收光谱法	HJ 195
		水质 氨氮的测定 纳氏试剂分光光度法	HJ 535
		水质 氨氮的测定 水杨酸分光光度法	HJ 536
		水质 氨氮的测定 蒸馏-中和滴定法	HJ 537
		水质 氨氮的测定 流动注射-水杨酸分光光度法	HJ 665
		水质 氨氮的测定 流动注射-水杨酸分光光度法	HJ 666

续表

序号	污染物项目	方法标准名称	方法标准编号
6	总氮	水质　总氮的测定　碱性过硫酸钾消解紫外分光光度法	HJ 636
		水质　总氮的测定　流动注射-盐酸萘乙二胺分光光度法	HJ 667
		水质　总氮的测定　流动注射-盐酸萘乙二胺分光光度法	HJ 668
		水质　总氮的测定　气相分子吸收光谱法	HJ 199
7	总磷	水质　总磷的测定　钼酸铵分光光度法	GB 11893
		水质　磷酸盐和总磷的测定　流动注射-钼酸铵分光光度法	HJ 670
		水质　总磷的测定　流动注射-钼酸铵分光光度法	HJ 671
8	总汞	水质　总汞的测定　高锰酸钾-过硫酸钾消解法　双硫腙分光光度法	GB 7469
		水质　汞的测定　冷原子荧光法(试行)	HJ/T 341
		水质　总汞的测定　冷原子吸收分光光度法	HJ 597
		水质　汞、砷、硒、铋和锑的测定　原子荧光法	HJ 694
9	总砷	水质　总砷的测定　二乙基二硫代氨基甲酸银分光光度法	GB 7485
		水质　汞、砷、硒、铋和锑的测定　原子荧光法	HJ 694
		水质　65 种元素的测定　电感耦合等离子体质谱法	HJ 700
		水质　32 种元素的测定　电感耦合等离子体发射光谱法	HJ 776
10	总镉	水质　镉的测定　双硫腙分光光度法	GB 7471
		水质　铜、锌、铅、镉的测定　原子吸收分光光度法	GB 7475
		水质　65 种元素的测定　电感耦合等离子体质谱法	HJ 700
		水质　32 种元素的测定　电感耦合等离子体发射光谱法	HJ 776
11	总铬	水质　总铬的测定　(第一篇)	GB 7466
		水质　65 种元素的测定　电感耦合等离子体质谱法	HJ 700
		水质　铬的测定　火焰原子吸收分光光度法	HJ 757
		水质　32 种元素的测定　电感耦合等离子体发射光谱法	HJ 776
12	六价铬	水质　六价铬的测定　二苯碳酰二肼分光光度法	GB 7467
		水质　六价铬的测定　流动注射-二苯碳酰二肼光度法	HJ 908
13	总铅	水质　铅的测定　双硫腙分光光度法	GB 7470
		水质　铜、锌、铅、镉的测定　原子吸收分光光度法	GB 7475
		水质　65 种元素的测定　电感耦合等离子体质谱法	HJ 700
		水质　32 种元素的测定　电感耦合等离子体发射光谱法	HJ 776
14	总铜	水质　铜、锌、铅、镉的测定　原子吸收分光光度法	GB 7475
		水质　铜的测定　二乙基二硫代氨基甲酸钠分光光度法	HJ 485
		水质　铜的测定　2,9-二甲基-1,10-菲啰啉分光光度法	HJ 486
		水质　65 种元素的测定　电感耦合等离子体质谱法	HJ 700
		水质　32 种元素的测定　电感耦合等离子体发射光谱法	HJ 776
15	总锌	水质　锌的测定　双硫腙分光光度法	GB 7472
		水质　铜、锌、铅、镉的测定　原子吸收分光光度法	GB 7475
		水质　65 种元素的测定　电感耦合等离子体质谱法	HJ 700
		水质　32 种元素的测定　电感耦合等离子体发射光谱法	HJ 776
16	总铍	水质　铍的测定　石墨炉原子吸收分光光度法	HJ/T 59
		水质　65 种元素的测定　电感耦合等离子体质谱法	HJ 700
		水质　32 种元素的测定　电感耦合等离子体发射光谱法	HJ 776
17	总镍	水质　65 种元素的测定　电感耦合等离子体质谱法	HJ 700
		水质　32 种元素的测定　电感耦合等离子体发射光谱法	HJ 776
18	粪大肠菌群数	水质　粪大肠菌群的测定　滤膜法	HJ 347.1
		水质　粪大肠菌群的测定　多管发酵法	HJ 347.2
		水质　总大肠菌群、粪大肠菌群和大肠埃希氏菌的测定　酶底物法	HJ 1001
19	甲烷	环境空气　总烃、甲烷和非甲烷总烃的测定　直接进样-气相色谱法	HJ 604

11　实施与监督

11.1　本标准由生态环境主管部门监督实施。

11.2 在任何情况下，填埋场均应遵守本标准的污染物排放控制要求，采取必要措施保证污染防治设施正常运行。各级生态环境主管部门在依法对其进行执法监测时，可以现场即时采样，将监测结果作为判定排污行为是否符合排放标准以及实施相关环境保护管理措施的依据。各级生态环境主管部门可以利用自动监控系统收集环境违法行为的证据。

附录三 《生活垃圾焚烧污染控制标准》(GB 18485—2014)(摘录)

生活垃圾焚烧污染控制标准

1 适用范围

本标准规定了生活垃圾焚烧厂的选址要求、技术要求、入炉废物要求、运行要求、排放控制要求、监测要求、实施与监督等内容。

本标准适用于生活垃圾焚烧厂的设计、环境影响评价、竣工验收以及运行过程中的污染控制及监督管理。

掺加生活垃圾质量超过入炉（窑）物料总质量30%的工业窑炉以及生活污水处理设施产生的污泥、一般工业固体废物的专用焚烧炉的污染控制参照本标准执行。

本标准适用于法律允许的污染物排放行为；新设立污染源的选址和特殊保护区域内现有污染源的管理，按照《中华人民共和国大气污染防治法》、《中华人民共和国水污染防治法》、《中华人民共和国海洋环境保护法》、《中华人民共和国固体废物污染环境防治法》、《中华人民共和国放射性污染防治法》、《中华人民共和国环境影响评价法》、《中华人民共和国城乡规划法》和《中华人民共和国土地管理法》等法律、法规、规章的相关规定执行。

4 选址要求

4.1 生活垃圾焚烧厂的选址应符合当地的城乡总体规划、环境保护规划和环境卫生专项规划，并符合当地的大气污染防治、水资源保护、自然生态保护等要求。

4.2 应依据环境影响评价结论确定生活垃圾焚烧厂厂址的位置及其与周围人群的距离。经具有审批权的环境保护行政主管部门批准后，这一距离可作为规划控制的依据。

4.3 在对生活垃圾焚烧厂厂址进行环境影响评价时，应重点考虑生活垃圾焚烧厂内各设施可能产生的有害物质泄漏、大气污染物（含恶臭物质）的产生与扩散以及可能的事故风险等因素，根据其所在地区的环境功能区类别，综合评价其对周围环境、居住人群的身体健康、日常生活和生产活动的影响，确定生活垃圾焚烧厂与常住居民居住场所、农用地、地表水体以及其他敏感对象之间合理的位置关系。

5 技术要求

5.1 生活垃圾的运输应采取密闭措施，避免在运输过程中发生垃圾遗撒、气味泄漏和污水滴漏。

5.2 生活垃圾贮存设施和渗滤液收集设施应采取封闭负压措施，并保证其在运行期和停炉期均处于负压状态。这些设施内的气体应优先通入焚烧炉中进行高温处理，或收集并经除臭处理满足GB 14554要求后排放。

5.3 生活垃圾焚烧炉的主要技术性能指标应满足下列要求。

（1）炉膛内焚烧温度、炉膛内烟气停留时间和焚烧炉渣热灼减率应满足表1的要求。

表1 生活垃圾焚烧炉主要技术性能指标

序号	项目	指标	检验方法
1	炉膛内焚烧温度	≥850℃	在二次空气喷入点所在断面、炉膛中部断面和炉膛上部断面中至少选择两个断面分别布设监测点，实行热电偶实时在线测量
2	炉膛内烟气停留时间	≥2s	根据焚烧炉设计书检验和制造图核验炉膛内焚烧温度监测点断面间的烟气停留时间
3	焚烧炉渣热灼减率	≤5%	HJ/T 20

（2）2015年12月31日前，现有生活垃圾焚烧炉排放烟气中一氧化碳浓度执行GB 18485—2001中规定的限值。

（3）自2016年1月1日起，现有生活垃圾焚烧炉排放烟气中一氧化碳浓度执行表2规定的限值。

（4）自2014年7月1日起，新建生活垃圾焚烧炉排放烟气中一氧化碳浓度执行表2规定的限值。

表2 新建生活垃圾焚烧炉排放烟气中一氧化碳浓度限值

取值时间	限值/(mg/m^3)	监测方法
24h均值	80	HJ/T 44
1h均值	100	

5.4 每台生活垃圾焚烧炉必须单独设置烟气净化系统并安装烟气在线监测装置，处理后的烟气应采用独立的排气筒排放；多台生活垃圾焚烧炉的排气筒可采用多筒集束式排放。

5.5 焚烧炉烟囱高度不得低于表3规定的高度，具体高度应根据环境影响评价结论确定。如果在烟囱周围200m半径距离内存在建筑物时，烟囱高度应至少高出这一区域内最高建筑物3m以上。

表3 焚烧炉烟囱高度

焚烧处理能力/(t/d)	烟囱最低允许高度/m
＜300	45
≥300	60

注：在同一厂区内如同时有多台焚烧炉，则以各焚烧炉焚烧处理能力总和作为评判依据。

5.6 焚烧炉应设置助燃系统，在启、停炉时以及当炉膛内焚烧温度低于表1要求的温度时使用并保证焚烧炉的运行工况满足本标准5.3条的要求。

5.7 应按照GB/T 16157的要求设置永久采样孔，并在采样孔的正下方约1m处设置不小于3m^{2}的带护栏的安全监测平台，并设置永久电源（220V）以便放置采样设备，进行采样操作。

6 入炉废物要求

6.1 下列废物可以直接进入生活垃圾焚烧炉进行焚烧处置：

（1）由环境卫生机构收集或者生活垃圾产生单位自行收集的混合生活垃圾；

（2）由环境卫生机构收集的服装加工、食品加工以及其他为城市生活服务的行业产生的性质与生活垃圾相近的一般工业固体废物；

(3) 生活垃圾堆肥处理过程中筛分工序产生的筛上物，以及其他生化处理过程中产生的固态残余组分；

(4) 按照 HJ/T 228、HJ/T 229、HJ/T 276 要求进行破碎毁形和消毒处理并满足消毒效果检验指标的《医疗废物分类目录》中的感染性废物。

6.2 在不影响生活垃圾焚烧炉污染物排放达标和焚烧炉正常运行的前提下，生活污水处理设施产生的污泥和一般工业固体废物可以进入生活垃圾焚烧炉进行焚烧处置，焚烧炉排放烟气中污染物浓度执行表 4 规定的限值。

6.3 下列废物不得在生活垃圾焚烧炉中进行焚烧处置：

① 危险废物，本标准 6.1 条规定的除外；

② 电子废物及其处理处置残余物。

国家环境保护行政主管部门另有规定的除外。

7 运行要求

7.1 焚烧炉在启动时，应先将炉膛内焚烧温度升至本标准 5.3 条规定的温度后才能投入生活垃圾。自投入生活垃圾开始，应逐渐增加投入量直至达到额定垃圾处理量；在焚烧炉启动阶段，炉膛内焚烧温度应满足本标准表 1 要求，焚烧炉应在 4h 内达到稳定工况。

7.2 焚烧炉在停炉时，自停止投入生活垃圾开始，启动垃圾助燃系统，保证剩余垃圾完全燃烧，并满足本标准表 1 所规定的炉膛内焚烧温度的要求。

7.3 焚烧炉在运行过程中发生故障，应及时检修，尽快恢复正常。如果无法修复应立即停止投加生活垃圾，按照本标准 7.2 条要求操作停炉。每次故障或者事故持续排放污染物时间不应超过 4h。

7.4 焚烧炉每年启动、停炉过程排放污染物的持续时间以及发生故障或事故排放污染物持续时间累计不应超过 60h。

7.5 生活垃圾焚烧厂运行期间，应建立运行情况记录制度，如实记载运行管理情况，至少应包括废物接收情况、入炉情况、设施运行参数以及环境监测数据等。运行情况记录簿应按照国家有关档案管理的法律法规进行整理和保管。

8 排放控制要求

8.1 2015 年 12 月 31 日前，现有生活垃圾焚烧炉排放烟气中污染物浓度执行 GB 18485—2001 中规定的限值。

8.2 自 2016 年 1 月 1 日起，现有生活垃圾焚烧炉排放烟气中污染物浓度执行表 4 规定的限值。

8.3 自 2014 年 7 月 1 日起，新建生活垃圾焚烧炉排放烟气中污染物浓度执行表 4 规定的限值。

表 4 生活垃圾焚烧炉排放烟气中污染物限值

序号	污染物项目	限值	取值时间
1	颗粒物/(mg/m^3)	30	1h 均值
		20	24h 均值
2	氮氧化物(NO_x)/(mg/m^3)	300	1h 均值
		250	24h 均值

续表

序号	污染物项目	限值	取值时间
3	二氧化硫(SO_2)/(mg/m^3)	100	1h 均值
		80	24h 均值
4	氯化氢(HCl)/(mg/m^3)	60	1h 均值
		50	24h 均值
5	汞及其化合物(以 Hg 计)/(mg/m^3)	0.05	测定均值
6	镉、铊及其化合物(以 Cd+Tl 计)/(mg/m^3)	0.1	测定均值
7	锑、砷、铅、铬、钴、铜、锰、镍及其化合物(以 Sb+As+Pb+Cr+Co+Cu+Mn+Ni 计)/(mg/m^3)	1.0	测定均值
8	二噁英类/ ($ngTEQ/m^3$)	0.1	测定均值
9	一氧化碳(CO)/(mg/m^3)	100	1h 均值
		80	24h 均值

8.4 生活污水处理设施产生的污泥、一般工业固体废物的专用焚烧炉排放烟气中二噁英类污染物浓度执行表 5 中规定的限值。

表 5 生活污水处理设施产生的污泥、一般工业固体废物专用焚烧炉排放烟气中二噁英类限值

焚烧处理能力/(t/d)	二噁英类排放限值/($ngTEQ/m^3$)	取值时间
>100	0.1	测定均值
50～100	0.5	测定均值
<50	1.0	测定均值

8.5 在本标准 7.1、7.2、7.3 和 7.4 条规定的时间内，所获得的监测数据不作为评价是否达到本标准排放限值的依据，但在这些时间内颗粒物浓度的 1h 均值不得大于 $150mg/m^3$。

8.6 生活垃圾焚烧飞灰与焚烧炉渣应分别收集、贮存、运输和处置。生活垃圾焚烧飞灰应按危险废物进行管理，如进入生活垃圾填埋场处置，应满足 GB 16889 的要求；如进入水泥窑处置，应满足 GB 30485 的要求。

8.7 生活垃圾渗滤液和车辆清洗废水应收集并在生活垃圾焚烧厂内处理或送至生活垃圾填埋场渗滤液处理设施处理，处理后满足 GB 16889 表 2 的要求（如厂址在符合 GB 16889 中第 9.1.4 条要求的地区，应满足 GB 16889 表 3 的要求）后，可直接排放。

若通过污水管网或采用密闭输送方式送至采用二级处理方式的城市污水处理厂处理，应满足以下条件：

(1) 在生活垃圾焚烧厂内处理后，总汞、总镉、总铬、六价铬、总砷、总铅等污染物浓度达到 GB 16889 表 2 规定的浓度限值要求；

(2) 城市二级污水处理厂每日处理生活垃圾渗滤液和车辆清洗废水总量不超过污水处理量的 0.5%；

(3) 城市二级污水处理厂应设置生活垃圾渗滤液和车辆清洗废水专用调节池，将其均匀注入生化处理单元；

(4) 不影响城市二级污水处理厂的污水处理效果。

9 监测要求

9.1 生活垃圾焚烧厂运行企业应按照有关法律和《环境监测管理办法》等规定，建立企业监测制度，制定监测方案，并向当地环境保护行政主管部门和行业主管部门本备案。对污染物排放状况及其对周边环境质量的影响开展自行监测，保存原始监测记录，并公布监测结果。

9.2　生活垃圾焚烧厂运行企业应按照环境监测管理规定和技术规范的要求，设计、建设、维护永久采样口、采样测试平台和排污口标志。

9.3　对生活垃圾焚烧厂运行企业排放废气的采样，应根据监测污染物的种类，在规定的污染物排放监控位置进行；有废气处理设施的，应在该设施后检测。排气筒中大气污染物的监测采样按 GB/T 16157、HJ/T 397 或 HJ/T 75 的规定进行。

9.4　生活垃圾焚烧厂运行企业对烟气中重金属类污染物和焚烧炉渣热灼减率的监测应每月至少开展 1 次；对烟气中二噁英类的监测应每年至少开展 1 次，其采样要求按 HJ 77.2 的有关规定执行，其浓度为连续 3 次测定值的算术平均值。对其他大气污染物排放情况监测的频次、采样时间等要求，按有关环境监测管理规定和技术规范的要求执行。

9.5　环境保护行政主管部门应采用随机方式对生活垃圾焚烧厂进行日常监督性监测，对焚烧炉渣热灼减率与烟气中颗粒物、二氧化硫、氮氧化物、氯化氢、重金属类污染物和一氧化碳的监测应每季度至少开展 1 次，对烟气中二噁英类的监测应每年至少开展 1 次。

9.6　焚烧炉大气污染物浓度监测时的测定方法采用表 6 所列的方法标准。

表 6　污染物浓度测定方法

序号	污染物项目	方法标准名称	标准编号
1	颗粒物	固定污染源排气中颗粒物测定与气态污染物采样方法	GB/T 16157
2	二氧化硫(SO_2)	固定污染源排气中二氧化硫的测定　碘量法	HJ/T 56
		固定污染源排气中二氧化硫的测定　定电位电解法	HJ/T 57
		固定污染源废气　二氧化硫的测定　非分散红外吸收法	HJ 629
3	氮氧化物(NO_x)	固定污染源排气中氮氧化物的测定　紫外分光光度法	HJ/T 42
		固定污染源排气中氮氧化物的测定　盐酸萘乙二胺分光光度法	HJ/T 43
		固定污染源废气　氮氧化物的测定　定电位电解法	HJ693
4	氯化氢(HCl)	固定污染源排气中氯化氢的测定　硫氰酸汞分光光度法	HJ/T 27
		固定污染源排气中氯化氢的测定　硝酸银容量法(暂行)	HJ 548
		环境空气和废气　氯化氢的测定　离子色谱法(暂行)	HJ 549
5	汞	固定污染源废气　汞的测定　冷原子吸收分光光度法(暂行)	HJ 543
6	镉、铊、砷、铅、铬、锰、镍、锡、锑、铜、钴	空气和废气　颗粒物中铅等金属元素的测定　电感耦合等离子体质谱法	HJ 657
7	二噁英类	环境空气和废气　二噁英类的测定　同位素稀释高分辨气相色谱-高分辨质谱法	HJ 77.2
8	一氧化碳(CO)	固定污染源排气中一氧化碳的测定　非色散红外吸收法	HJ/T 44

9.7　生活垃圾焚烧厂应设置焚烧炉运行工况在线监测装置，监测结果应采用电子显示板进行公示并与当地环境保护行政主管部门和行业行政主管部门监控中心联网。焚烧炉运行工况在线监测指标应至少包括烟气中一氧化碳浓度和炉膛内焚烧温度。

9.8　生活垃圾焚烧厂烟气在线监测装置安装要求应按《污染源自动监控管理办法》等规定执行并定期进行校对。在线监测结果应采用电子显示板进行公示并与当地环保行政主管部门和行业行政主管部门监控中心联网。烟气在线监测指标应至少包括烟气中一氧化碳、颗粒物、二氧化硫、氮氧化物和氯化氢。

10 实施与监督

10.1 本标准由县级以上人民政府环境保护行政主管部门和行业主管部门负责监督实施。

10.2 在任何情况下，生活垃圾焚烧厂均应遵守本标准的污染物排放控制要求，采取必要措施保证污染防治设施正常运行。各级环保部门在对生活垃圾焚烧厂进行监督性检查时，可以现场即时采样获得均值，将监测结果作为判定排污行为是否符合排放标准以及实施相关环境保护管理措施的依据。

参考文献

[1] 宋国君．城市生活垃圾分类难点与对策［J］．人民论坛，2019，(12)：70-72.

[2] 徐振威，吴晓晖．生活垃圾分类对垃圾主要参数的影响分析［J］．环境卫生工程，2021，29 (01)：26-31.

[3] 姜薇．垃圾分类背景下北京市生活垃圾处理的影响分析［J］．中国资源综合利用，2021，39 (04)：138-141.

[4] 贾川．我国生活垃圾焚烧发展现状与趋势［J］．环境与可持续发展，2019，44 (04)：59-62.

[5] 朱亮，陈涛，王健生，等．自动燃烧控制系统（ACC）垃圾热值估算模型研究［J］．环境卫生工程，2015，23 (6)：33-35.

[6] 邢春燕．垃圾焚烧烟气脱酸工艺的性能比较及应用［J］．中国资源综合利用，2021，39 (6)：150-152.

[7] 邓靖，罗慧，刘玉坤．生活垃圾焚烧烟气脱硝技术对比［J］．节能与环保，2021 (7)：66-68.

[8] 赵茹男，刘晓，俞玲，等．生活垃圾焚烧电厂二噁英控制技术研究［J］．科技与创新，2021 (10)：171-172.

[9] 周裕成，华玉龙，马科伟，等．生活垃圾焚烧烟气净化处理技术［J］．化学工程与装备，2020 (10)：277-279.

[10] 洪仁华，戚飞鸿．生活垃圾焚烧发电飞灰处置方法［J］．江苏建材，2021 (2)：12-13.

[11] 李兆华，赵丽娅．湖北农村环境保护对策与技术［M］．武汉：湖北科学技术出版社，2014.

[12] 许海云．垃圾填埋场常见污染问题及防治方法［J］．中国环保产业，2002 (8)：16-18.

[13] 程磊，刘意立，杨妍妍，等．我国生活垃圾填埋场特征性问题原因分析与对策探讨［J］．环境卫生工程，2019，27 (4)：1-4.

[14] 陆树立，邢华．危险废物填埋场渗漏检测方法简介［J］．环境研究与监测，2008，21 (1)：32-34.

[15] 隋继超，黄少伟，方志成，等．基于渗滤液流量变化的卫生填埋场堵塞问题分析与实例［J］．给水排水，2013，39 (3)：129-134.

[16] Rowe R K，Armstrong M D，Cullimore D R. Particle size and clogging of granular media permeated with leachate［J］. American Society of Civil Engineers，2000，126 (9)：775-786.

[17] Fleming I R，Rowe R C，Cullimore D R. Field observations of clogging in a landfill leachate collection system［J］. Canadian Geotechnical Journal，1999，36 (4)：685-707.

[18] 范茂军．垃圾渗滤液膜滤浓缩液处理技术的研究进展［J］．节能，2019，38 (11)：145-147.

[19] 钱学德，郭志平．填埋场气体收集系统［J］．水利水电科技进展，1997 (2)：66-70.

[20] 胡健明．简易填埋场内存量垃圾治理技术浅析［J］．广州化工，2019，47 (14)：139-141.

[21] 靳晨曦，孙士强，盛维杰，等．中国厨余垃圾处理技术及资源化方案选择［J］．中国环境科学，2022，42 (3)：1240-1251.

[22] 郜晋楠．玉米干秸秆氨化过程机理及厌氧消化研究［D］．郑州：郑州大学，2016.

[23] 张媛媛．五种预处理方法对秸秆厌氧消化影响比较及其机理研究［D］．北京：北京化工大学，2019.

[24] 孔鑫．零价铁对生活垃圾有机质高负荷厌氧消化的调控效应研究［D］．北京：清华大学，2017.

[25] 张文哲，陈静，刘玉，等．中温和高温厌氧消化的比较［J］．化工进展，2018，37 (12)：4853-4861.

[26] 韩文彪，王毅琪，徐霞，等．沼气提纯净化与高值利用技术研究进展［J］．中国沼气，2017，35 (5)：57-61.

[27] 陈坚，童晓庆．两相厌氧工艺的研究现状及其应用［J］．环境科技，2009，22 (4)：65-69.

[28] 潘坚．单相厌氧反应器处理餐厨垃圾试验研究［D］．重庆：重庆大学，2008.

[29] 赵佳奇，范晓丹，邱春生，等．厨余垃圾厌氧消化处理难点及调控策略分析［J］．环境工程，2020，38 (12)：143-148.

[30] 郭鹏，许洁．垃圾焚烧专题研究：碳减排驱动增长“焚烧＋”模式加速推广［R］．广发证券，2021.

[31] 王凯军，李景明．中国沼气行业“双碳”发展报告［R］．中国沼气学会，2021.